World
Cutting-Edge Vision

国际一流的愿景

天津滨海新区规划设计国际征集汇编

Compilation of International Competitions for Urban
Planning & Design Schemes in Binhai New Area, Tianjin

《天津滨海新区规划设计丛书》编委会　编

霍　兵　主编

江苏凤凰科学技术出版社

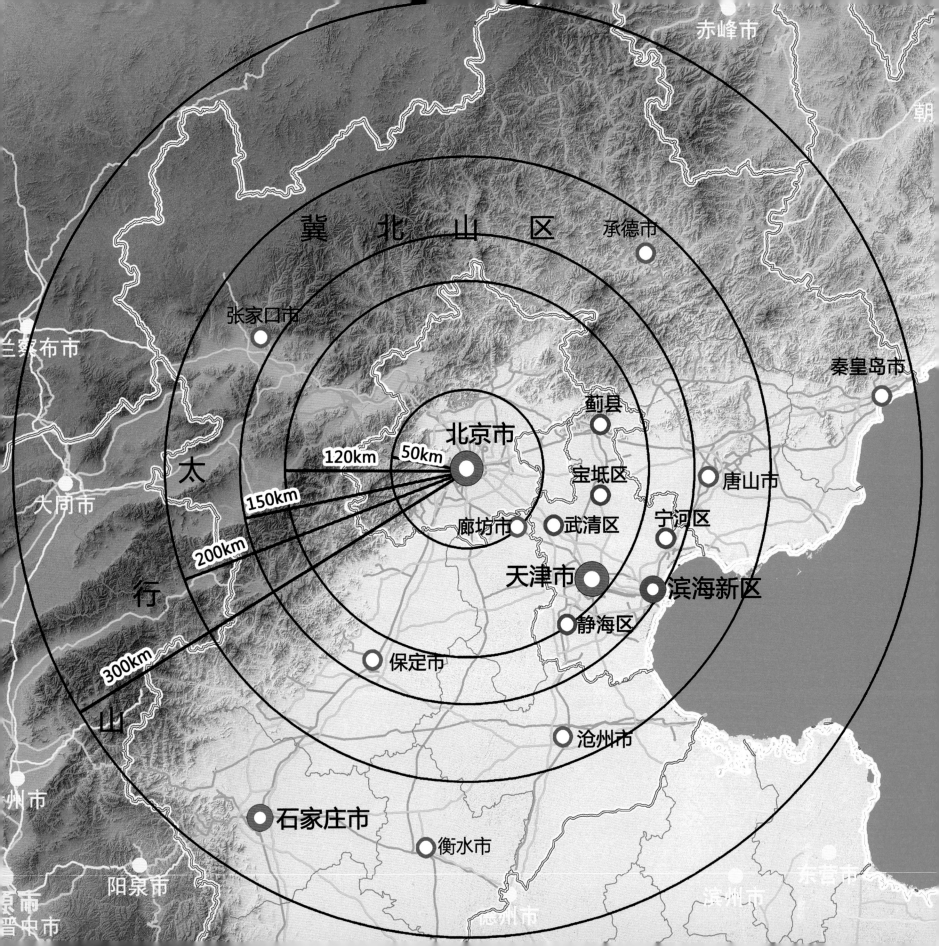

序
Preface

　　2006 年 5 月，国务院下发《关于推进天津滨海新区开发开放有关问题的意见》（国发〔2006〕20 号），滨海新区正式被纳入国家发展战略，成为综合配套改革试验区。按照党中央、国务院的部署，在国家各部委的大力支持下，天津市委市政府举全市之力建设滨海新区。经过艰苦的奋斗和不懈的努力，滨海新区的开发开放取得了令人瞩目的成绩。今天的滨海新区与十年前相比有了天翻地覆的变化，经济总量和八大支柱产业规模不断壮大，改革创新不断取得新进展，城市功能和生态环境质量不断改善，社会事业不断进步，居民生活水平不断提高，科学发展的滨海新区正在形成。

　　回顾和总结十年来的成功经验，其中最重要的就是坚持高水平规划引领。我们深刻地体会到，规划是指南针，是城市发展建设的龙头。要高度重视规划工作，树立国际一流的标准，运用先进的规划理念和方法，与实际情况相结合，探索具有中国特色的城镇化道路，使滨海新区社会经济发展和城乡规划建设达到高水平。为了纪念滨海新区被纳入国家发展战略十周年，滨海新区规划和国土资源局组织编写了这套《天津滨海新区城市规划设计丛书》，内容包括滨海新区总体规划、规划设计国际征集、城市设计探索、控制性详细规划全覆盖、于家堡金融区规划设计、滨海新区文化中心规划设计、城市社区规划设计、保障房规划设计、城市道路交通基础设施和建设成就等，共十册。这是一种非常有意义的纪念方式，目的是总结新区十年来在城市规划设计方面的成功经验，寻找差距和不足，树立新的目标，实现更好的发展。

　　未来五到十年，是滨海新区实现国家定位的关键时期。在新的历史时期，在"一带一路"、京津冀协同发展国家战略及自贸区的背景下，在我国经济发展进入新常态的情形下，滨海新区作为国家级新区和综合配套改革试验区，要在深化改革开放方面进行先行先试探索，期待用高水平的规划引导经济社会发展和城市规划建设，实现转型升级，为其他国家级新区和我国新型城镇化提供可推广、可复制的经验，为全面建成小康社会、实现中华民族的伟大复兴做出应有的贡献。

天津市委常委　　　　　　　　　天津市副市长
滨海新区区委书记

2016 年 2 月

前 言
Foreword

　　天津市委市政府历来高度重视滨海新区城市规划工作。2007 年，天津市第九次党代会提出：全面提升城市规划水平，使新区的规划设计达到国际一流水平。2008 年，天津市政府设立重点规划指挥部，开展 119 项规划编制工作，其中新区 38 项，内容包括滨海新区空间发展战略和城市总体规划、中新天津生态城等功能区规划、于家堡金融区等重点地区规划，占全市任务的三分之一。在天津市空间发展战略的指导下，滨海新区空间发展战略规划和城市总体规划明确了新区发展的空间格局，满足了新区快速建设的迫切需求，为建立完善的新区规划体系奠定了基础。

　　天津市规划局多年来一直将滨海新区规划工作作为重点。1986 年，天津城市总体规划提出"工业东移"的发展战略，大力发展滨海地区。1994 年，开始组织编制滨海新区总体规划。1996 年，成立滨海新区规划分局，配合滨海新区领导小组办公室和管委会做好新区规划工作，为新区的规划打下良好的基础，并培养锻炼一支务实的规划管理人员队伍。2009 年滨海新区政府成立后，按照市委市政府的要求，天津市规划局率先将除城市总体规划和分区规划之外的规划审批权和行政许可权依法下放给滨海新区政府；同时，与滨海新区政府共同组织新区各委局、各功能区管委会，再次设立新区规划提升指挥部，统筹编制 50 余项规划，进一步完善规划体系，提高规划设计水平。市委市政府和新区区委区政府主要领导对新区规划工作不断提出要求，通过设立规划指挥部和开展专题会等方式对新区重大规划给予审查。市规划局各位局领导和各部门积极支持新区局

工作，市有关部门也对新区规划工作给予指导支持，以保证新区各项规划建设的高水平。

　　滨海新区区委区政府十分重视规划工作。滨海新区行政体制改革后，以原市规划局滨海分局和市国土房屋管理局滨海分局为班底组建了新区规划和国土资源管理局。五年来，在新区区委区政府的正确领导下，新区规划和国土资源管理局认真贯彻落实中央和市委市政府、区委区政府的工作部署，以规划为龙头，不断提高规划设计和管理水平；通过实施全区控规全覆盖，实现新区各功能区统一的规划管理；通过推广城市设计和城市设计规范化、法定化改革，不断提高规划管理水平，较好地完成本职工作。在滨海新区被纳入国家发展战略十周年之际，新区规划和国土资源管理局组织编写这套《天津滨海新区城市规划设计丛书》，对过去的工作进行总结，非常有意义；希望以此为契机，再接再厉，进一步提高规划设计和管理水平，为新区在新的历史时期再次腾飞作出更大的贡献。

天津市规划局局长　　　　天津市滨海新区区长

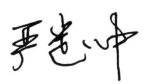 

2016 年 3 月

滨海新区城市规划的十年历程
Ten Years Development Course of Binhai Urban Planning

白驹过隙，在持续的艰苦奋斗和改革创新中，滨海新区迎来了被纳入国家发展战略后的第一个十年。作为中国经济增长的第三极，在快速城市化的进程中，滨海新区的城市规划建设以改革创新为引领，尝试在一些关键环节先行先试，成绩斐然。组织编写这套《天津滨海新区城市规划设计丛书》，对过去十年的工作进行回顾总结，是纪念新区十周年一种很有意义的方式，希望为国内外城市提供经验借鉴，也为新区未来发展和规划的进一步提升夯实基础。这里，我们把滨海新区的历史沿革、开发开放的基本情况以及在城市规划编制、管理方面的主要思路和做法介绍给大家，作为丛书的背景资料，方便读者更好地阅读。

一、滨海新区十年来的发展变化

1. 滨海新区重要的战略地位

滨海新区位于天津东部、渤海之滨，是北京的出海口，战略位置十分重要。历史上，在明万历年间，塘沽已成为沿海军事重镇。到清末，随着京杭大运河淤积，南北漕运改为海运，塘沽逐步成为河、海联运的中转站和货物集散地。大沽炮台是我国近代史上重要的海防屏障。

1860 年第二次鸦片战争，八国联军从北塘登陆，中国的大门向西方打开。天津被迫开埠，海河两岸修建起八国租界。塘沽成为当时军工和民族工业发展的一个重要基地。光绪十一年 (1885 年)，清政府在大沽创建"北洋水师大沽船坞"。光绪十四年 (1888 年)，开滦矿务局唐 (山) 胥 (各庄) 铁路延长至塘沽。1914 年，实业家范旭东在塘沽创办久大精盐厂和中国第一个纯碱厂——永利碱厂，使这里成为中国民族化工业的发源地。抗战爆发后，日本侵略者出于掠夺的目的于 1939 年在海河口开建人工海港。

新中国成立后，天津市获得新生。1951 年，天津港正式开港。凭借良好的工业传统，在第一个"五年计划"期间，我国许多自主生产的工业产品，如第一台电视机、第一辆自行车、第一辆汽车等，都在天津诞生，天津逐步从商贸城市转型为生产型城市。1978 年改革开放，天津迎来了新的机遇。1986 年城市总体规划确定了"一个扁担挑两头"的城市布局，在塘沽城区东北部盐场选址规划建设天津经济技术开发区 (Tianjin Economic-Technological Development Area——TEDA)——泰达，一批外向型工业兴起，开发区成为天津走向世界的一个窗口。1986 年，被称为"中国改革开放总设计师"的邓小平高瞻远瞩地指出："你们在港口和市区之间有这么多荒地，这是个很大的优势，我看你们潜力很大"，并欣然题词："开发区大有希望"。

1992 年小平同志南行后，中国的改革开放进入新的历史时期。1994 年，天津市委市政府加大实施"工业东移"战略，提出：用十年的时间基本建成滨海新区，把饱受发展限制的天津老城区的工业转移至地域广阔的滨海新区，转型升级。1999 年，时任中央总书记的江泽民充分肯定了滨海新区的发展："滨海新区的战略布局思路正确，肯定大有希望。"经过十多年的努力奋斗，进入 21 世纪以来，天津滨海新区已经具备了一定的发展基础，取得了一定的成绩，为被纳入国家发展战略奠定了坚实的基础。

2. 中国经济增长的第三极

2005 年 10 月，党的十六届五中全会在《中共中央关于制定国民经济和社会发展第十一个五年规划的建议》中提出：继续发挥经济特区、上海浦东新区的作用，推进天津滨海新区等条件较好地区的开发开放，带动区域经济发展。2006 年，滨海新区被纳入国家"十一五"规划。2006 年 6 月，国务院下发《关于推进天津滨海新区开发开放有关问题的意见》（国发〔2006〕20 号），滨海新区被正式纳入国家发展战略，成为综合配套改革试验区。

20 世纪 80 年代深圳经济特区设立的目的是在改革开放的初期，打开一扇看世界的窗。20 世纪 90 年代上海浦东新区的设立正处于我国改革开放取得重大成绩的历史时期，其目的是扩大开放、深化改革。21 世纪天津滨海新区设立的目的是在我国初步建成小康社会的条件下，按照科学发展观的要求，做进一步深化改革的试验区、先行区。国务院对滨海新区的定位是：依托京津冀、服务环渤海、辐射"三北"、面向东北亚，努力建设成为我国北方对外开放的门户、高水平的现代制造业和研发转化基地、北方国际航运中心和国际物流中心，逐步成为经济繁荣、社会和谐、环境优美的宜居生态型新城区。

滨海新区距北京只有 1 小时车程，有北方最大的港口天津港。有国外记者预测，"未来 20 年，滨海新区将成为中国经济增长的第三极——中国经济增长的新引擎"。这片有着深厚历史积淀和基础、充满活力和激情的盐田滩涂将成为新一代领导人政治理论和政策举措的示范窗口和试验田，要通过"科学发展"建设一个"和谐社会"，以带动北方经济的振兴。与此同时，

滨海新区也处于金融改革、技术创新、环境保护和城市规划建设等政策试验的最前沿。

3. 滨海新区十年来取得的成绩

按照党中央、国务院的部署，天津市委市政府举全市之力建设滨海新区。经过不懈的努力，滨海新区开发开放取得了令人瞩目的成绩，以行政体制改革引领的综合配套改革不断推进，经济高速增长，产业转型升级，今天的滨海新区与十年前相比有了沧海桑田般的变化。

2015 年，滨海新区国内生产总值达到 9300 万亿左右，是 2006 年的 5 倍，占天津全市比重 56%。航空航天等八大支柱产业初步形成，空中客车 A-320 客机组装厂、新一代运载火箭、天河一号超级计算机等国际一流的产业生产研发基地建成运营。1000 万吨炼油和 120 万吨乙烯厂建成投产。丰田、长城汽车年产量提高至 100 万辆，三星等手机生产商生产手机 1 亿部。天津港吞吐量达到 5.4 亿吨，集装箱 1400 万标箱，邮轮母港的客流量超过 40 万人次，天津滨海国际机场年吞吐量突破 1400 万人次。京津塘城际高速铁路延伸线、津秦客运专线投入运营。滨海新区作为高水平的现代制造业和研发转化基地、北方国际航运中心和国际物流中心的功能正在逐步形成。

十年来，滨海新区的城市规划建设也取得了令人瞩目的成绩，城市建成区面积扩大了 130 平方千米，人口增加了 130 万。完善的城市道路交通、市政基础设施骨架和生态廊道初步建立，产业布局得以优化，特别是各具特色的功能区竞相发展，一个既符合新区地域特点又适应国际城市发展趋势、富有竞争优势、多组团网络化的城市区域格局正在形成。中心商务区于家堡金

融区海河两岸、开发区MSD、中新天津生态城以及空港商务区、高新区渤龙湖地区、东疆港、北塘等区域的规划建设都体现了国际水准，滨海新区现代化港口城市的轮廓和面貌初露端倪。

二、滨海新区十年城市规划编制的经验总结

回顾十年来滨海新区取得的成绩，城市规划发挥了重要的引领作用，许多领导、国内外专家学者和外省市的同行到新区考察时都对新区的城市规划予以肯定。作为中国经济增长的第三极，新区以深圳特区和浦东新区为榜样，力争城市规划建设达到更高水平。要实现这一目标，规划设计必须具有超前性，且树立国际一流的标准。在快速发展的情形下，做到规划先行，切实提高规划设计水平，不是一件容易的事情。归纳起来，我们主要有以下几方面的做法。

1.高度重视城市规划工作，花大力气开展规划编制，持之以恒，建立完善的规划体系

城市规划要发挥引导作用，首先必须有完整的规划体系。天津市委市政府历来高度重视城市规划工作。2006年，滨海新区被纳入国家发展战略，市政府立即组织开展了城市总体规划、功能区分区规划、重点地区城市设计等规划编制工作。但是，要在短时间内建立完善的规划体系，提高规划设计水平，特别是像滨海新区这样的新区，在"等规划如等米下锅"的情形下，必须采取非常规的措施。

2007年，天津市第九次党代会提出了全面提升规划水平的要求。2008年，天津全市成立了重点规划指挥部，开展了119项规划编制工作，其中新区38项，占全市任务的1/3。重点规划指挥部采用市主要领导亲自抓、规划局和政府相关部门集中办公的形式，新区和各区县成立重点规划编制分指挥部。为解决当地规划设计力量不足的问题，我们进一步开放规划设计市场，吸引国内外高水平的规划设计单位参与天津的规划编制。

规划编制内容充分考虑城市长远发展，完善规划体系，同时以近五年建设项目策划为重点。新区38项规划内容包括滨海新区空间发展战略规划和城市总体规划、中新天津生态城、南港工业区等分区规划，于家堡金融区、响螺湾商务区和开发区现代产业服务区MSD等重点地区，涵盖总体规划、分区规划、城市设计、控制性详细规划等层面。改变过去习惯的先编制上位规划、再顺次编制下位规划的做法，改串联为并联，压缩规划编制审批的时间，促进上下层规划的互动。起初，大家对重点规划指挥部这种形式有怀疑和议论。实际上，规划编制有时需要特殊的组织形式，如编制城市总体规划一般的做法都需要采取成立领导小组、集中规划编制组等形式。重点规划指挥部这种集中突击式的规划编制是规划编制各种组织形式中的一种。实践证明，它对于一个城市在短时期内规划体系完善和水平的提高十分有效。

经过大干150天的努力和"五加二、白加黑"的奋战，38项规划成果编制完成。在天津市空间发展战略的指导下，滨海新区空间发展战略规划和城市总体规划明确了新区发展大的空间格局。在总体规划、分区规划和城市设计指导下，近期重点建设区的控制性详细规划先行批复，满足了新区实施国家战略伊始加速建设的迫切要求。可以说，重点规划指挥部38项规划的编制完成保证了当前的建设，更重要的是夯实了新区城市规划体系的根基。

除城市总体规划外，控制性详细规划不可或缺。控制性详细规划作为对城市总体规划、分区规划和专项规划的深化和落实，是规划管理的法规性文件和土地出让的依据，在规划体系中起着承上启下的关键作用。2007年以前，滨海新区控制性详细规划仅完成了建城区的30%。控规覆盖率低必然造成规划的被动。因此，我们将新区控规全覆盖作为一项重点工作。经过近一年的扎实准备，2008年初，滨海新区和市规划局统一组织开展了滨海新区控规全覆盖工作，规划依照统一的技术标准、

统一的成果形式和统一的审查程序进行。按照全覆盖和无缝拼接的原则，将滨海新区2270平方千米的土地划分为38个分区250个规划单元，同时编制。要实现控规全覆盖，工作量巨大，按照国家指导标准，仅规划编制经费就需巨额投入，因此有人对这项工作持怀疑态度。新区管委会高度重视，利用国家开发银行的技术援助贷款，解决了规划编制经费问题。新区规划分局统筹全区控规编制，各功能区管委会和塘沽、汉沽、大港政府认真组织实施。除天津规划院、渤海规划院之外，国内十多家规划设计单位也参与了控规编制。这项工作也被列入2008年重点规划指挥部的任务并延续下来。到2009年底，历时两年多的奋斗，新区控规全覆盖基本编制完成，经过专家审议、征求部门意见以及向社会公示等程序后，2010年3月，新区政府第七次常务会审议通过并下发执行。滨海新区历史上第一次实现了控规全覆盖，实现了每一寸土地上都有规划，使规划成为经济发展和城市建设的先行官，从此再没有出现招商和项目建设等无规划的情况。控规全覆盖奠定了滨海新区完整规划体系的牢固底盘。

当然，完善的城市规划体系不是一次设立重点规划指挥部、一次控规全覆盖就可以全方位建立的。所以，2010年4月，在滨海新区政府成立后，按照市委市政府要求，滨海新区人民政府和市规划局组织新区规划和国土资源管理局与新区各委局、各功能区管委会，再次设立新区规划提升指挥部，统筹编制新区总体规划提升在内的50余项各层次规划，进一步完善规划体系，提高规划设计水平。另外，除了设立重点规划指挥部和控规全覆盖这种特殊的组织形式外，新区政府在每年年度预算中都设立了规划业务经费，确定一定数量的指令性任务，有计划地长期开展规划编制和研究工作，持之以恒，这一点也很重要。

十年后的今天，经过两次设立重点规划指挥部、控规全覆盖和多年持续的努力，滨海新区建立了包括总体规划和详细规划两大阶段，涉及空间发展战略、总体规划、分区规划、专项规划、控制性详细规划、城市设计和城市设计导则等七个层面的完善的规划体系。这个规划体系是一个庞大的体系，由数百项规划组成，各层次、各片区规划具有各自的作用，不可或缺。空间发展战略和总体规划明确了新区的空间布局和总体发展方向；分区规划明确了各功能区主导产业和空间布局特色；专项规划明确了各项道路交通、市政和社会事业发展布局。控制性详细规划做到全覆盖，确保每一寸土地都有规划，实现全区一张图管理。城市设计细化了城市功能和空间形象特色，重点地区城市设计及导则保证了城市环境品质的提升。我们深刻地体会到，一个完善的规划体系，不仅是资金投入的累积，更是各级领导干部、专家学者、技术人员和广大群众的时间、精力、心血和智慧的结晶。建立一套完善的规划体系不容易，保证规划体系的高品质更加重要，要在维护规划稳定和延续的基础上，紧跟时代的步伐，使规划具有先进性，这是城市规划的历史使命。

2.坚持继承发展和改革创新，保证规划的延续性和时代感

城市空间战略和总体规划是对未来发展的预测和布局，关系城市未来几十年、上百年发展的方向和品质，必须符合城市发展的客观规律，具有科学性和稳定性。同时，21世纪科学技术日新月异，不断进步，所以，城市规划也要有一定弹性，以适应发展的变化，并正确认识城市规划不变与变的辩证关系。多年来，继承发展和改革创新并重是天津及滨海新区城市规划的主要特征和成功经验。

早在1986年经国务院批准的第一个天津市城市总体规划中，天津市提出了"工业战略东移"的总体思路，确定了"一个扁担挑两头"的城市总体格局。这个规划符合港口城市由内河港向海口港转移和大工业沿海布置发展的客观规律和天津城市的实际情况。30年来，天津几版城市总体规划修编一直坚持城市大的格局不变，城市总体规划一直突出天津港口和滨海新区的

重要性,保持规划的延续性,这是天津城市规划非常重要的传统。正是因为多年来坚持了这样一个符合城市发展规律和城市实际情况的总体规划,没有"翻烧饼",才为多年后天津的再次腾飞和滨海新区的开发开放奠定了坚实的基础。

当今世界日新月异,在保持规划传统和延续性的同时,我们也更加注重城市规划的改革创新和时代性。2008 年,考虑到滨海新区开发开放和落实国家对天津城市定位等实际情况,市委市政府组织编制天津市空间发展战略,在 2006 年国务院批准的新一版城市总体规划布局的基础上,以问题为导向,确定了"双城双港、相向拓展、一轴两带、南北生态"的格局,突出了滨海新区和港口的重要作用,同时着力解决港城矛盾,这是对天津历版城市总体规划布局的继承和发展。在天津市空间发展战略的指导下,结合新区的实际情况和历史沿革,在上版新区总体规划以塘沽、汉沽、大港老城区为主的"一轴一带三区"布局结构的基础上,考虑众多新兴产业功能区作为新区发展主体的实际,滨海新区确定了"一城双港、九区支撑、龙头带动"的空间发展战略。在空间战略的指导下,新区的城市总体规划充分考虑历史演变和生态本底,依托天津港和天津国际机场核心资源,强调功能区与城区协调发展和生态环境保护,规划形成"一城双港三片区"的空间格局,确定了"东港口、西高新、南重化、北旅游、中服务"的产业发展布局,改变了过去开发区、保税区、塘沽区、汉沽区、大港区各自为政、小而全的做法,强调统筹协调和相互配合。规划明确了各功能区的功能和产业特色,以产业族群和产业链延伸发展,避免重复建设和恶性竞争。规划明确提出:原塘沽区、汉沽区、大港区与城区临近的石化产业,包括新上石化项目,统一向南港工业区集中,真正改变了多少年来财政分灶吃饭体制所造成的一直难以克服的城市环境保护和城市安全的难题,使滨海新区走上健康发展的轨道。

改革开放 30 年来,城市规划改革创新的重点仍然是转换传统计划经济的思维,真正适应社会主义市场经济和政府职能转变要求,改变规划计划式的编制方式和内容。目前城市空间发展战略虽然还不是法定规划,但与城市总体规划相比,更加注重以问题为导向,明确城市总体长远发展的结构和布局,统筹功能更强。天津市人大在国内率先将天津空间发展战略升级为地方性法规,具有重要的示范作用。在空间发展战略的指导下,城市总体规划的编制也要改变传统上以 10 ~ 20 年规划期经济规模、人口规模和人均建设用地指标为终点式的规划和每 5 ~ 10 年修编一次的做法,避免"规划修编一次、城市摊大一次",造成"城市摊大饼发展"的局面。滨海新区空间发展战略重点研究区域统筹发展、港城协调发展、海空两港及重大交通体系、产业布局、生态保护、海岸线使用、填海造陆和盐田资源利用等重大问题,统一思想认识,提出发展策略。新区城市总体规划按照城市空间发展战略,以 50 年远景规划为出发点,确定整体空间骨架,预测不同阶段的城市规模和形态,通过滚动编制近期建设规划,引导和控制近期发展,适应发展的不确定性,真正做到"一张蓝图干到底"。

改革开放 30 年以来,我国的城市建设取得了巨大的成绩,但如何克服"城市千城一面"的问题,避免城市病,提高规划设计和管理水平一直是一个重要课题。我们把城市设计作为提升规划设计水平和管理水平的主要抓手。在城市总体规划编制过程中,邀请清华大学开展了新区总体城市设计研究,探讨新区的总体空间形态和城市特色。在功能区规划中,首先通过城市设计方案确定功能区的总体布局和形态,然后再编制分区规划和控制性详细规划。自 2006 年以来,我们共开展了 100 余项城市设计。其中,新区核心区实现了城市设计全覆盖,于家堡金融区、响螺湾商务区、开发区现代产业服务区(MSD)、空港经济区核心区、滨海高新区渤龙湖总部区、北塘特色旅游区、东疆港配套服务区等 20 余个城市重点地区,以及海河两岸和历史街区都编制了高水平的城市设计,各具特色。鉴于目前城市设计在我国还不是法定规划,作为国家综合配套改革试验区，我们开展了城市设计规范化和法定化专题研究和改革试点，在城市设计的基础上，编制城市设计导则，作为区域规划管理和建筑设计审批的依据。城市设计导则不仅规定开发地块的开发强度、建筑高度和密度等，而且确定建筑的体量位置、贴线率、建筑风格、色彩等要求，包括地下空间设计的指引，直至街道景观家具的设置等内容。于家堡金融区、北塘、渤龙湖、空港核心区等新区重点区域均完成了城市设计导则的编制，并已付诸实施，效果明显。实践证明，与控制性详细规划相比，城市设计导则在规划管理上可更准确地指导建筑设计，保证规划、建筑设计和景观设计的统一，塑造高水准的城市形象和建成环境。

规划的改革创新是个持续的过程。控规最早是借鉴美国区划和中国香港法定图则，结合我国实际情况在深圳、上海等地先行先试的。我们在实践中一直在对控规进行完善。针对大城市地区城乡统筹发展的趋势，滨海新区控规从传统的城市规划范围拓展到整个新区 2270 平方千米的范围，实现了控制性详细规划城乡全覆盖。250 个规划单元分为城区和生态区两类，按照不同的标准分别编制。生态区以农村地区的生产和生态环境保护为主，同时认真规划和严格控制"六线"，包括道路红线、轨道黑线、绿化绿线、市政黄线、河流蓝线以及文物保护紫线，一方面保证城市交通基础设施建设的控制预留，另一方面避免对土地不合理地随意切割，达到合理利用土地和保护生态资源的目的。同时，可以避免深圳由于当年只对围网内特区城市规划区进行控制，造成外围村庄无序发展，形成今天难以解决的城中村问题。另外，规划长远结合，考虑到新区处于快速发展期，有一定的不确定性，因此，将控规成果按照编制深度分成两个层面，即控制性详细规划和土地细分导则，重点地区还将同步编制城市设计导则，按照"一控规、两导则"来实施规划管理，规划具有一定弹性，重点对保障城市公共利益、涉及国计民生的公共设施进行预留控制，包括教育、文化、体育、医疗卫生、社会福利、社区服务、菜市场等，保证规划布局均衡便捷、建设标准与配套水平适度超前。

3. 树立正确的指导思想，采纳先进的理念，开放规划设计市场，加强自身队伍建设，确保规划编制的高起点、高水平

如果建筑设计的最高境界是技术与艺术的完美结合，那么城市规划则被赋予更多的责任和期许。城市规划不仅仅是制度体系，其本身的内容和水平更加重要。规划不仅仅要指引城市发展建设，营造优美的人居环境，还试图要解决城市许多的经济、社会和环境问题，避免交通拥堵、环境污染、住房短缺等城市病。现代城市规划 100 多年的发展历程，涵盖了世界各国、众多城市为理想愿景奋斗的历史、成功的经验、失败的教训，为我们提供了丰富的案例。经过 100 多年从理论到实践的循环往复和螺旋上升，城市规划发展成为经济、社会、环境多学科融合的学科，涌现出多种多样的理论和方法。但是，面对中国改革开放和快速城市化，目前仍然没有成熟的理论方法和模式可以套用。因此，要使规划编制达到高水平，必须加强理论研究和理论的指引，树立正确的指导思想，总结国内外案例的经验教训，应用先进的规划理念和方法，探索适合自身特点的城市发展道路，避免规划灾难。在新区的规划编制过程中，我们始终努力开拓国际视野，加强理论研究，坚持高起步、高标准，以滨海新区的规划设计达到国际一流水平为努力的方向和目标。

新区总体规划编制伊始，我们邀请中国城市规划设计研究院、清华大学开展了深圳特区和浦东新区规划借鉴、京津冀产业协同和新区总体城市设计等专题研究，向周干峙院士、建设部唐凯总规划师等知名专家咨询，以期站在巨人的肩膀上，登高望远，看清自身发展的道路和方向，少走弯路。21 世纪，在经济全球化和信息化高度发达的情形下，当代世界城市发展已经呈现出多中心网络化的趋势。滨海新区城市总体规划，

借鉴荷兰兰斯塔特（Randstad）、美国旧金山硅谷湾区（Bay Area）、深圳市域等国内外同类城市区域的成功经验，在继承城市历史沿革的同时，结合新区多个特色功能区快速发展的实际情况，应用国际上城市区域（City Region）等最新理论，形成滨海新区多中心组团式的城市区域总体规划结构，改变了传统的城镇体系规划和以中心城市为主的等级结构，适应了产业创新发展的要求，呼应了城市生态保护的形势，顺应了未来城市发展的方向，符合滨海新区的实际。规划产业、功能和空间各具特色的功能区作为城市组团，由生态廊道分隔，以快速轨道交通串联，形成城市网络，实现区域功能共享，避免各自独立发展所带来的重复建设问题。多组团城市区域布局改变了单中心聚集、"摊大饼"式蔓延发展模式，也可避免出现深圳当年对全区域缺失规划控制的问题。深圳最初的规划以关内300平方千米为主，"带状组团式布局"的城市总体规划是一个高水平的规划，但由于忽略了关外1600平方千米的土地，造成了外围"城中村"蔓延发展，后期改造难度很大。

生态城市和绿色发展理念是新区城市总体规划的一个突出特征。通过对城市未来50年甚至更长远发展的考虑，确定了城市增长边界，与此同时，划定了城市永久的生态保护控制范围，新区的生态用地规模确保在总用地的50%以上。根据新区河湖水系丰富和土地盐碱的特征，规划开挖部分河道水面、连通水系，存蓄雨洪水，实现湿地恢复，并通过水流起到排碱和改良土壤、改善植被的作用。在绿色交通方面，除以大运量快速轨道交通串联各功能区组团外，各组团内规划电车与快速轨道交通换乘，如开发区和中新天津生态城，提高公交覆盖率，增加绿色出行比重，形成公交都市。同时，组团内产业和生活均衡布局，减少不必要的出行。在资源利用方面，开发再生水和海水利用，实现非常规水源约占比50%以上。结合海水淡化，大力发展热电联产，实现淡水、盐、热、电的综合产出。鼓励开发利用地热、风能及太阳能等清洁能源。自2008年以来，中新天津生态城的规划建设已经提供了在盐碱地上建设生态城市可推广、可复制的成功经验。

有历史学家说，城市是人类历史上最伟大的发明，是人类文明集中的诞生地。在21世纪信息化高度发达的今天，城市的聚集功能依然非常重要，特别是高度密集的城市中心。陆家嘴金融区、罗湖和福田中心区，对上海浦东新区和深圳特区的快速发展起到了至关重要的作用。被纳入国家发展战略伊始，滨海新区就开始研究如何选址和规划建设新区的核心——中心商务区。这是一个急迫需要确定的课题，而困难在于滨海新区并不是一张白纸，实际上是一个经过100多年发展的老区。经过深入的前期研究和多方案比选，最终确定在海河下游沿岸规划建设新区的中心。这片区域由码头、仓库、油库、工厂、村庄、荒地和一部分质量不高的多层住宅组成，包括于家堡、响螺湾、天津碱厂等区域，毗邻开发区生活区MSD。在如此衰败的区域中规划高水平的中心商务区，在真正建成前会一直有怀疑和议论，就像十多年前我们规划把海河建设成为世界名河所受到的非议一样，是很正常的事情。规划需要远见卓识，更需要深入的工作。滨海新区中心商务区规划明确了在区域中的功能定位，明确了与天津老城区城市中心的关系。通过对国内外有关城市中心商务区的经验比较，确定了新区中心商务区的规划范围和建设规模。大家发现，于家堡金融区半岛与伦敦泰晤士河畔的道克兰金融区形态上很相似，这冥冥之中揭示了滨河城市发展的共同规律。为提升新区中心商务区海河两岸和于家堡金融区规划设计水平，我们邀请国内顶级专家吴良镛、齐康、彭一刚、邹德慈四位院士以及国际城市设计名家、美国宾夕法尼亚大学乔纳森·巴奈特（Jonathan Barnett）教授等专家作为顾问，为规划出谋划策。邀请美国SOM设计公司、易道公司（EDAW Inc.）、清华大学和英国沃特曼国际工程公司（Waterman Inc.）开展了两次工作营，召开了四次重大课题的咨询论证会，确定了高铁车站位置、海河防洪和基地高度、起步区选址等重大问题,并会同国际建协进行了于家堡城市设计方案国际竞赛。于家堡地区的规划设计,汲取纽约曼哈顿、芝加哥一英里、上海浦东陆家嘴等的成功经验,通过众多规划设计单位的共同参与和群策群力,多方案比选,最终采用了窄街廓、密路网和立体化的规划布局,将京津城际铁路车站延伸到金融区地下,与地铁共同构成了交通枢纽。规划以人为主,形成了完善的地下和地面人行步道系统。规划建设了中央大道隧道和地下车行路,以及市政共同沟。规划沿海河布置绿带,形成了美丽的滨河景观和城市天际线。于家堡的规划设计充分体现了功能、人文、生态和技术相结合,达到了较高水平,具有时代性,为充满活力的金融创新中心的发展打下了坚实的空间基础,营造了美好的场所,成为带动新区发展的"滨海芯"。

人类经济社会发展的最终目的是为了人,为人提供良好的生活、工作、游憩环境,提高生活质量。住房和城市社区是构成城市最基本的细胞,是城市的本底。城市规划突出和谐社会构建、强调以人为本就是要更加注重住房和社区规划设计。目前,虽然我国住房制度改革取得成绩,房地产市场规模巨大,但我国在保障性住房政策、居住区规划设计和住宅建筑设计和规划管理上一直存在比较多的问题,大众对居住质量和环境并不十分满意。居住区规划设计存在的问题也是造成城市病的主要根源之一。近几年来,结合滨海新区十大改革之一的保障房制度改革,我们在进行新型住房制度探索的同时,一直在进行住房和社区规划设计体系的创新研究,委托美国著名的公共住房专家丹·所罗门(Dan Solomon),并与华汇公司和天津规划院合作,进行新区和谐新城社区的规划设计。邀请国内著名的住宅专家,举办研讨会,在保障房政策、社区规划、住宅单体设计到停车、物业管理、社区邻里中心设计、网络时代社区商业运营和生态社区建设等方面不断深化研究。规划尝试建立均衡普惠的社区、邻里、街坊三级公益性公共设施网络和和谐、宜人、高品质、多样化的住宅,满足人们不断提高的对生活质量的追求,从根

本上提高我国城市的品质,解决城市病。

要编制高水平的规划,最重要的还是要邀请国内外高水平、具有国际视野和成功经验的专家和规划设计公司。在新区规划编制过程中,我们一直邀请国内外知名专家给予指导,坚持重大项目采用规划设计方案咨询和国际征集等形式,全方位开放规划设计市场,邀请国内外一流规划设计单位参与规划编制。自2006年以来,新区共组织了10余次、20余项城市设计、建筑设计和景观设计方案国际征集活动,几十家来自美国、英国、德国、新加坡、澳大利亚、法国、荷兰、加拿大以及中国香港等国家和地区的国际知名规划设计单位报名参与,将国际先进的规划设计理念和技术与滨海新区具体情况相结合,努力打造最好的规划设计作品。总体来看,新区各项重要规划均由著名的规划设计公司完成,如于家堡金融区城市设计为国际著名的美国SOM设计公司领衔,海河两岸景观概念规划是著名景观设计公司易道公司完成的,彩带岛景观设计由设计伦敦奥运会景观的美国哈格里夫斯事务所(Hargreaves Associates.)主笔,文化中心由世界著名建筑师伯纳德·屈米(Bernard Tschumi)等国际设计大师领衔。针对规划设计项目任务不同的特点,在规划编制组织形式上灵活地采用不同的方式。在国际合作上,既采用以征集规划思路和方案为目的的方案征集方式,也采用旨在研究并解决重大问题的工作营和咨询方式。

城市规划是一项长期持续和不断积累的工作,包括使国际视野转化为地方行动,需要本地规划设计队伍的支撑和保证。滨海新区有两支甲级规划队伍长期在新区工作,包括2005年天津市城市规划设计研究院成立的滨海分院以及渤海城市规划设计研究院。2008年,渤海城市规划设计研究院升格为甲级。这两支甲级规划设计院,100多名规划师,不间断地在新区从事规划编制和研究工作。另外,还有滨海新区规划国土局所属的信息中心、城建档案馆等单位,伴随新区成长,为新区规划达到高水平奠定了坚实的基础。我们组织的重点规划设计,如滨海

新区中心商务区海河两岸、于家堡金融区规划设计方案国际征集等，事先都由渤海城市规划设计研究院进行前期研究和试做，发挥他们对现实情况、存在问题和国内技术规范比较清楚的优势，对诸如海河防洪、通航、道路交通等方面存在的关键问题进行深入研究，提出不同的解决方案。通过试做可以保证规划设计征集出对题目，有的放矢，保证国际设计大师集中精力于规划设计的创作和主要问题的解决，这样既可提高效率和资金使用的效益，又可保证后期规划设计顺利落地，且可操作性强，避免"方案国际征集经常落得花了很多钱但最后仅仅是得到一张画得十分绚丽的效果图"的结局。同时，利用这些机会，渤海城市规划设计研究院经常与国外的规划设计公司合作，在过程中学习提高自己。在规划实施过程中，在可能的情况下，也尽力为国内优秀建筑师提供舞台。于家堡金融区起步区"9+3"地块建筑设计，邀请了崔愷院士、周恺设计大师等九名国内著名青年建筑师操刀，与城市设计导则编制负责人、美国 SOM 设计公司合伙人菲尔·恩奎斯特（Philip Enquist）联手，组成联合规划和建筑设计团队共同工作，既保证了建筑单体方案建筑设计的高水平，又保证了城市街道、广场的整体形象和绿地、公园等公共空间的品质。

4. 加强公众参与，实现规划科学民主管理

城市规划要体现全体居民的共同意志和愿景。我们在整个规划编制和管理过程中，一贯坚持以"政府组织、专家领衔、部门合作、公众参与、科学决策"的原则指导具体规划工作，将达成"学术共识、社会共识、领导共识"三个共识作为工作的基本要求，保证规划科学和民主真正得到落实。将公众参与作为法定程序，按照"审批前公示、审批后公告"的原则，新区各项规划在编制过程均利用报刊、网站、规划展览馆等方式，对公众进行公示，听取公众意见。2009 年，在天津市空间发展战略向市民征求意见中，我们将滨海新区空间发展战略、城市

总体规划以及于家堡金融区、响螺湾商务区和中新天津生态城规划在《天津日报》上进行了公示。2010 年，在控规全覆盖编制中，每个控规单元的规划都严格按照审查程序经控规技术组审核、部门审核、专家审议等程序，以报纸、网络、公示牌等形式，向社会公示，公开征询市民意见，由设计单位对市民意见进行整理，并反馈采纳情况。一些重要的道路交通市政基础设施规划和实施方案按有关要求同样进行公示。2011 年我们在《滨海时报》及相关网站上，就新区轨道网规划进行公开征求意见，针对收到的 200 余条意见，进行认真整理，根据意见对规划方案进行深化完善，并再次公告。2015 年，在国家批准新区地铁近期建设规划后，我们将近期实施地铁线的更准确的定线规划再次在政务网公示，广泛征求市民的意见，让大家了解和参与到城市规划和建设中，传承"人民城市人民建"的优良传统。

三、滨海新区十年城市规划管理体制改革的经验总结

城市规划不仅是一套规范的技术体系，也是一套严密的管理体系。城市规划建设要达到高水平，规划管理体制上也必须相适应。与国内许多新区一样，滨海新区设立之初不是完整的行政区，是由塘沽、汉沽、大港三个行政区和东丽、津南部分区域构成，面积达 2270 平方千米，在这个范围内，还有由天津港务局演变来的天津港集团公司、大港油田管理局演变而来的中国石油大港油田公司、中海油渤海公司等正局级大型国有企业，以及新设立的天津经济技术开发区、天津港保税区等。国务院《关于推进天津滨海新区开发开放有关问题的意见》提出：滨海新区要进行行政体制改革，建立"统一、协调、精简、高效、廉洁"的管理体制，这是非常重要的改革内容，对国内众多新区具有示范意义。十年来，结合行政管理体制的改革，新区的

规划管理体制也一直在调整优化中。

1. 结合新区不断进行的行政管理体制改革，完善新区的规划管理体制

1994年，天津市委市政府提出"用十年时间基本建成滨海新区"的战略，成立了滨海新区领导小组。1995年设立领导小组专职办公室，协调新区的规划和基础设施建设。2000年，在领导小组办公室的基础上成立了滨海新区工委和管委会，作为市委市政府的派出机构，主要职能是加强领导、统筹规划、组织推动、综合协调、增强合力、加快发展。2006年滨海新区被纳入国家发展战略后，一直在探讨行政管理体制的改革。十年来，滨海新区的行政管理体制经历了2009年和2013年两次大的改革，从新区工委管委会加3个行政区政府和3大功能区管委会，到滨海新区政府加3个城区管委会和9大功能区管委会，再到完整的滨海新区政府加7大功能区管委会和19个街镇政府。在这一演变过程中，规划管理体制经历2009年的改革整合，目前相对比较稳定，但面临的改革任务仍然艰巨。

天津市规划局（天津市土地局）早在1996年即成立滨海新区分局，长期从事新区的规划工作，为新区统一规划打下了良好的基础，也培养锻炼了一支务实的规划管理队伍，成为新区规划管理力量的班底。在新区领导小组办公室和管委会期间，规划分局与管委会下设的3局2室配合密切。随着天津市机构改革，2007年，市编办下达市规划局滨海新区规划分局三定方案，为滨海新区管委会和市规划局双重领导，以市局为主。2009年底滨海新区行政体制改革后，以原市规划局滨海分局和市国土房屋管理局滨海分局为班底组建了新区规划国土资源局。按照市委批准的三定方案，新区规划国土资源局受新区政府和市局双重领导，以新区为主，市规划局领导兼任新区规划国土局局长。这次改革，撤销了原塘沽、汉沽、大港三个行政区的规划局和市国土房管局直属的塘沽、汉沽、大港土地分局，整

合为新区规划国土资源局三个直属分局。同时，考虑到功能区在新区加快发展中的重要作用和天津市人大颁布的《开发区条例》等法规，新区各功能区的规划仍然由功能区管理。

滨海新区政府成立后，天津市规划局率先将除城市总体规划和分区规划之外的规划审批权和行政许可权下放给滨海新区政府。市委市政府主要领导不断对新区规划工作提出要求，分管副市长通过规划指挥部和专题会等形式对新区重大规划给予审查指导。市规划局各部门和各位局领导积极支持新区工作，市有关部门也都对新区规划工作给予指导和支持。按照新区政府的统一部署，新区规划国土局向功能区放权，具体项目审批都由各功能区办理。当然，放权不等于放任不管。除业务上积极给予指导外，新区规划国土局对功能区招商引资中遇到的规划问题给予尽可能支持。同时，对功能区进行监管，包括控制性详细规划实施、建筑设计项目的审批等，如果存在问题，则严格要求予以纠正。

目前，现行的规划管理体制适应了新区当前行政管理的特点，但与国家提出的规划应向开发区放权的要求还存在着差距，而有些功能区扩展比较快，还存在规划管理人员不足、管理区域分散的问题。随着新区社会经济的发展和行政管理体制的进一步改革，最终还是应该建立新区规划国土房管局、功能区规划国土房管局和街镇规划国土房管所三级全覆盖、衔接完整的规划行政管理体制。

2. 以规划编制和审批为抓手，实现全区统一规划管理

滨海新区作为一个面积达2270平方千米的新区，市委市政府要求新区做到规划、土地、财政、人事、产业、社会管理等方面的"六统一"，统一的规划是非常重要的环节。如何对功能区简政放权、扁平化管理的同时实现全区的统一和统筹管理，一直是新区政府面对的一个主要课题。我们通过实施全区统一的规划编制和审批，实现了新区统一规划管理的目标。同时，保留功能区对具体项目的规划审批和行政许可，提高行政效率。

滨海新区被纳入国家发展战略后，市委市政府组织新区管委会、各功能区管委会共同统一编制新区空间发展战略和城市总体规划是第一要务，起到了统一思想、统一重大项目和产业布局、统一重大交通和基础设施布局以及统一保护生态格局的重要作用。作为国家级新区，各个产业功能区是新区发展的主力军，经济总量大，水平高，规划的引导作用更重要。因此，市政府要求，在新区总体规划指导下，各功能区都要编制分区规划。分区规划经新区政府同意后，报市政府常务会议批准。目前，新区的每个功能区都有经过市政府批准的分区规划，而且各具产业特色和空间特色，如中心商务区以商务和金融创新功能为主，中新天津生态城以生态、创意和旅游产业为主，东疆保税港区以融资租赁等涉外开放创新为主，开发区以电子信息和汽车产业为主，保税区以航空航天产业为主，高新区以新技术产业为主，临港工业区以重型装备制造为主，南港工业区以石化产业为主。分区规划的编制一方面使总体规划提出的功能定位、产业布局得到落实，另一方面切实指导各功能区开发建设，避免招商引资过程中的恶性竞争和产业雷同等问题，推动了功能区的快速发展，为滨海新区实现功能定位和经济快速发展奠定了坚实的基础。

虽然有了城市总体规划和功能区分区规划，但规划实施管理的具体依据是控制性详细规划。在 2007 年以前，滨海新区的塘沽、汉沽、大港 3 个行政区和开发、保税、高新 3 大功能区各自组织编制自身区域的控制性详细规划，各自审批，缺乏协调和衔接，经常造成矛盾，突出表现在规划布局和道路交通、市政设施等方面。2008 年，我们组织开展了新区控规全覆盖工作，目的是解决控规覆盖率低的问题，适应发展的要求，更重要的是解决各功能区及原塘沽、汉沽、大港 3 个行政区规划各自为政这一关键问题。通过控规全覆盖的统一编制和审批，实现新区统一的规划管理。虽然控规全覆盖任务浩大，但经过 3 年的艰苦奋斗，2010 年初滨海新区政府成立后，编制完成并按

程序批复，恰如其时，实现了新区控规的统一管理。事实证明，在控规统一编制、审批及日后管理的前提下，可以把具体项目规划审批权放给各个功能区，既提高了行政许可效率，也保证了全区规划的完整统一。

3. 深化改革，强化服务，提高规划管理的效率

在实现规划统一管理、提高城市规划管理水平的同时，不断提高工作效率和行政许可审批效率一直是我国城市规划管理普遍面临的突出问题，也是一个长期的课题。这不仅涉及政府各个部门，还涵盖整个社会服务能力和水平的提高。作为政府机关，城市规划管理部门要强化服务意识和宗旨，简化程序，提高效率。同样，深化改革是有效的措施。

2010 年，随着控规下发执行，新区政府同时下发了《滨海新区控制性规划调整管理暂行办法》，明确规定控规调整的主体、调整程序和审批程序，保证规划的严肃性和权威性。在管理办法实施过程中发现，由于新区范围大，发展速度快，在招商引资过程中会出现许多新情况。如果所有控规调整不论大小都报原审批单位、新区政府审批，那么会产生大量的程序问题，效率比较低。因此，根据各功能区的意见，2011 年 11 月新区政府转发了新区规国局拟定的《滨海新区控制性详细规划调整管理办法》，将控规调整细分为局部调整、一般调整和重大调整 3 类。局部调整主要包括工业用地、仓储用地、公益性用地规划指标微调等，由各功能区管委会审批，报新区规国局备案。一般调整主要指在控规单元内不改变主导属性、开发总量、绿地总量等情况下的调整，由新区规国局审批。重大调整是指改变控规主导属性、开发总量、重大基础设施调整以及居住用地容积率提高等，报区政府审批。事实证明，新的做法是比较成功的，既保证了控规的严肃性和统一性，也提高了规划调整审批的效率。

2014 年 5 月，新区深化行政审批制度改革，成立审批局，政府 18 个审批部门的审批职能集合成一个局，"一颗印章管审

批"，降低门槛，提高效率，方便企业，激发了社会活力。新区规国局组成 50 余人的审批处入住审批局，改变过去多年来"前店后厂"式的审批方式，真正做到现场审批。一年多来的实践表明，集中审批确实大大提高了审批效率，审批处的干部和办公人员付出了辛勤的劳动，规划工作的长期积累为其提供了保障。运行中虽然还存在一定的问题和困难，这恰恰说明行政审批制度改革对规划工作提出了更高的要求，并指明了下一步规划编制、管理和许可改革的方向。

四、滨海新区城市规划的未来展望

回顾过去十年滨海新区城市规划的历程，一幕幕难忘的经历浮现脑海，"五加二、白加黑"的热情和挑灯夜战的场景历历在目。这套城市规划丛书，由滨海新区城市规划亲历者们组织编写，真实地记载了滨海新区十年来城市规划故事的全貌。丛书内容包括滨海新区城市总体规划、规划设计国际征集、城市设计探索、控制性详细规划全覆盖、于家堡金融区规划设计、滨海新区文化中心规划设计、城市社区规划设计、保障房规划设计、城市道路交通基础设施和建设成就等，共十册，比较全面地涵盖了滨海新区规划的主要方面和改革创新的重点内容，希望为全国其他新区提供借鉴，也欢迎大家批评指正。

总体来看，经过十年的努力奋斗，滨海新区城市规划建设取得了显著的成绩。但是，与国内外先进城市相比，滨海新区目前仍然处在发展的初期，未来的任务还很艰巨，还有许多课题需要解决，如人口增长相比经济增速缓慢，城市功能还不够完善，港城矛盾问题依然十分突出，化工产业布局调整还没有到位，轨道交通建设刚刚起步，绿化和生态环境建设任务依然艰巨，城乡规划管理水平亟待提高。"十三五"期间，在我国经济新常态情形下，要实现由速度向质量的转变，滨海新区正处在关键时期。未来 5 年，新区核心区、海河两岸环境景观要

得到根本转变，城市功能进一步提升，公共交通体系初步建成，居住和建筑质量不断提高，环境质量和水平显著改善，新区实现从工地向宜居城区的转变。要达成这样的目标，任务艰巨，唯有改革创新。滨海新区的最大优势就是改革创新，作为国家综合配套改革实验区，城市规划改革创新的使命要时刻牢记，城市规划设计师和管理者必须有这样的胸襟、情怀和理想，要不断深化改革，不停探索，勇于先行先试，积累成功经验，为全面建成小康社会、实现中华民族的伟大复兴做出贡献。

自 2014 年底，在京津冀协同发展和"一带一路"国家战略及自贸区的背景下，天津市委市政府进一步强化规划编制工作，突出规划的引领作用，再次成立重点规划指挥部。这是在新的历史时期，我国经济发展进入新常态的情形下的一次重点规划编制，期待用高水平的规划引导经济社会转型升级，包括城市规划建设。我们将继续发挥规划引领、改革创新的优良传统，立足当前、着眼长远，全面提升规划设计水平，使滨海新区整体规划设计真正达到国内领先和国际一流水平，为促进滨海新区产业发展、提升载体功能、建设宜居生态城区、实现国家定位提供坚实的规划保障。

天津市规划局副局长、滨海新区规划和国土资源管理局局长

2016 年 2 月

目 录

Contents

国际一流的愿景——滨海新区规划设计方案国际征集活动纪实

World Cutting-Edge Vision

Documentary of International Competitions for Urban Planning & Design Schemes in Binhai New Area, Tianjin

霍兵　郭志刚　张垚

　　2007 年 12 月初冬阳光明媚的一天，滨海新区于家堡海河岸边已经停用、原本寂寞的港口码头人头涌动，几位精神矍铄的老人伫立在寒风中，指点江山。吴良镛院士、齐康院士、彭一刚院士、邹德慈院士、国际著名的城市设计专家、美国宾夕法尼亚大学乔纳森·巴奈特（Jonathan Barnett）教授，以及世界华人运输协会会长邵启兴、波士顿规划署总建筑师方光屿、天津华汇环境规划设计公司设计总监黄文亮等专家，会同美国 SOM 设计公司、易道公司、清华大学和英国沃特曼国际工程公司的规划设计师，在新区规划局和规划设计院有关人员的陪同下，现场考察场地，为滨海新区中心商务区海河两岸规划

国际咨询研讨会做准备。在随后的几天时间里，针对规划部门提出的问题和四家著名规划设计公司提出的思路，专家们进行了认真的讨论。这次国际咨询研讨会既是一次国内最高水准的会议，也是一次具有国际一流水准的会议，是世界眼光、地方行动的一场"头脑风暴"，为滨海新区中心商务区海河两岸的规划设计确定了导则和方向。

　　上面所描绘的画面是滨海新区在 2006 年纳入国家发展战略后多次开展的高水平规划设计方案国际征集活动最具有代表性的写照。2006 年，国务院下发《关于推进天津滨海新区开发开放有关问题的意见》（国发〔2006〕20 号），正式将天津滨海新区纳入国家发展

滨海新区中心商务区海河两岸规划国际咨询项目专家现场踏勘

滨海新区中心商务区海河两岸规划国际咨询项目专家现场踏勘

战略并定为国家综合配套改革试验区，要求滨海新区依托京津冀，服务环渤海，辐射"三北"，面向东北亚，努力建设成为我国北方对外开放的门户、高水平的现代制造业和研发转化基地、北方国际航运中心和国际物流中心，逐步成为经济繁荣、社会和谐、环境优美的宜居生态型新城区。要实现国家的定位要求，首先必须制订完善且高水平的规划，以引领新区的开发建设。按照天津市委市政府提出"新区规划必须达到国际一流水平"的要求，我们努力开拓国际视野，开放规划设计市场，与国内外著名的专家学者和规划设计公司互动交流，通过方案国际征集这种比较好的方式，邀请和吸引国内外一流规划设计单位参与新区各项重大规划设计的编制。

自 2006 年开始至今的十年中，滨海新区共组织了近十次重大的方案国际征集，涉及重要的城市规划设计、建筑设计和景观设计共计 20 余项，邀请国内外著名的专家学者参与评审和研讨，共有百余家来自美国、英国、德国、新加坡、澳大利亚、法国、荷兰、加拿大以及中国香港等国家和地区的著名规划设计单位报名参与，征集到的方案数量达到 70 余个。通过组织方案国际征集活动，引入国际先进的规划设计理念和技术，与滨海新区的具体情况相结合，创作出了既反映当代世界最新潮流、符合城市发展趋势、又具有滨海新区特色的、现实可行的、高水平的规划设计方案。规划设计方案的实施，提升了城市的功能，提高了规划建设的品质，也促进了城市经营管理的完善，使滨海新区在建设独具特色的国际性、现代化宜居新城区的道路上迈出了坚实的一步。

一、为什么搞规划设计方案国际征集

作为滨海新区城市规划编制的组织参与者，回顾十年来新区国际征集的发展历程，一幕幕生动的场景仿佛昨日一样历历在目。世界各国著名的规划设计公司对新区的憧憬正在变为现实，各位院士、大师对新区的期待和谆谆教诲犹在耳畔。国际征集的确给新区规划设计带来了全新的变化，效果十分明显。目睹今天滨海新区城市规划建设取得的成绩，我们感慨有加，体会到如同辛勤的劳动换来了丰硕成果的丰收般的喜悦。总结十年的经验，我们认为，方案国际征集对于提高城市规划设计水平具有非常重要的意义。要搞好方案国际征集，首先要搞清楚为什么搞方案国际征集这个基本问题。

1. 方案国际征集是进一步解放思想、改革开放的重要举措

现代城市规划 100 多年来的发展演变见证了人类现代社会技术革命、经济空前高速增长、社会剧烈变革和城市前所未有发展的历程。经过 100 多年世界各国的实践探索，现代城市规划理论方法不断丰富完善，成为引领世界城市未来发展方向的科学和制度体系。我国拥有悠久的城市规划设计传统，中国的古代城市规划建设水平曾经屹立世界潮头。时至晚清，由于闭关锁国，中国近代国力和城市建设落后于世界诸强。新中国成立后，中国城市进入全新的历史时期。但是，由于政治和思想的禁锢，固守苏联计划经济式的规划，不按照经济和城市发展规律办事，最终导致城市发展的停滞。1978 年的改革开放使国人思想的枷锁得以解放，为我们打开了通往世界的大门。市场经济导向的改革调动了人们的积极性和创造性，住房和土地使用制度的改革激发了城市的活力，新技术、新思想的涌入助力中国城市规划建设走上了快车道，推动了经济的持续高速增长。事实证明，改革开放是我国 30 年社会经济发展和城市建设取得巨大成功的关键。当然，在取得成绩的同时，也面临着比较严重的经济转型和城市问题。这也很正常，是发展中的问题。要解决这些矛盾和问题，出路只有坚持解放思想，

深化改革，继续扩大开放。城市规划不是灵丹妙药，也需要根据新情况不断改革发展，这是我们全面建成小康社会城市规划建设面临的永恒课题。

天津，作为中国近现代史上重要的城市，有思想解放和区域开放的传统。新中国成立前，天津曾经是中国北方最开放和最现代化的翘楚，当时的天津领风气之先，与南方的上海遥相呼应，并肩中国两大经济中心城市。洋行林立的解放路有"北方华尔街"之称，许多新思想、新技术也是从天津开始传播的。滨海地区的塘沽也是重要的港口、军事要地，是中国民族工业的发源地之一。新中国成立后，由于国内外形势的变化，天津逐步从商贸城市转型为生产型城市，天津港口的功能以及与世界其他国家的联系也逐渐弱化，对外的大门紧紧关闭，与内陆地区联系也减弱。虽然20世纪中期天津也曾有过辉煌，新中国数项第一的工业产品都在天津诞生，但时过境迁，到了"文革"后期，天津逐渐成为一个以制造业为主的城市，远比内陆城市更加开放的优势消失殆尽。

直到1978年改革开放，天津作为全国第一批14个沿海开放城市，再次向世界打开了大门。按照天津城市总体规划确定的"工业东移"的发展战略和"一个扁担挑两头"的城市布局，把饱受发展限制的天津老城区的工业转移至地域广阔的滨海新区，在塘沽城区东北部一片荒凉的盐碱滩选址规划建设天津经济技术开发区——泰达。解放思想、改革创业和按照国际惯例办事是开发区的精神，吸引了以摩托罗拉为代表的一批外向型工业企业落户，成为天津再次面向世界的一个窗口。同期，20世纪80年代震后重建，天津在城市建设管理方面也走在了全国的前列，较多地引进了国外城市规划管理先进的技术和理念。

20世纪90年代，与深圳经济特区、上海浦东新区等改革开放力度更大的地区相比，天津经济发展和城市建设速度再度慢下来，再次面临紧迫的发展形势。这时出现了几种观点，有的人妄自菲薄、小富即安，也有仁人志士对天津的定位和未来发展充满信心。1992年小平南行讲话后，天津市委市政府按照中央"进一步对外开放，发展外向型经济"的要求，结合天津实际，在1994年提出"三五八十"的奋斗目标。提出用五至七年时间实施老城区成片危陋平房改造，八年时间完成国有大中型企业嫁接改造调整，这可以说是克服天津实际困难的卧薪尝胆之举。同时，加大实施对外开放和"工业东移"战略，提出用十年时间基本建成滨海新区。经过十年的努力奋斗，到2005年，天津滨海新区经济发展取得了一定的成绩，国内生产总值增长较快，外向型经济初步形成，已经具备了一定的发展基础。水到渠成，2006年，滨海新区正式被纳入国家发展战略。事实证明，不断深化改革、扩大开放是城市发展进步的源泉。

同样，不断解放思想、改革开放也是城市规划的出路和方向。实际上，天津的城市规划有良好的传统和基础，历史上帝国主义列强在天津规划建设有九国租界，许多当时世界上先进的城市建设新技术在天津出现。新中国成立后，有一批老专家和中青年专家组成的城市规划设计人才队伍，包括天津大学建筑学院等有实力的院校。改革开放后，天津也建造了由美籍华人建筑师梁湘设计的水晶宫饭店和中国香港优秀青年建筑师严迅奇设计的会展中心等当时国内领先的建筑。但是，到了20世纪90年代，由于经济发展的水平和改革开放的程度不够，总体来看，天津城市规划设计比较保守，规划设计市场比较封闭，绝大部分规划项目由本地规划设计单位完成。由于缺少竞争，导致规划设计整体水平不高。因此，进入新世纪，解放思想、开放规划设计市场是天津规划工作深化改革、上水平的重要任务，是工作的重点。所以，2002年海河综合开发改造，我们努力吸引了大量国内外的规划设计队伍参与。2008年设立重点规划指挥部，119项规划设计绝大部分由国外和外地规划设计单位主持。结果证明，这一做法是十分正确的。

城市规划编制是一个系统工程，特别是在滨海新区这样的新区，有大量工作要做。一方面，通过设立重点规划指挥部这种集中力量突击的方式和日常工作的积累，十年来我们完成了数百项规划设计任务，初步建立了较为完善的城市规划体系；另一方面，更重要的是，要不断提高规划设计水平。当然，提高水平最根本的出路是解放思想、改革开放，提升整个地区的整体规划设计水平。然而，如何在短时间内取得成效也更为迫切，是形势使然。实践证明，最有效、最好的抓手是规划设计方案国际征集。虽然方案国际征集只是每年规划设计任务中很小的一部分，但却非常重要。它不仅实实在在地提高了规划设计方案的水平，起到了标杆示范作用，而且开放了规划设计市场，同时也宣传推广了滨海新区，更重要的是解放了思想，拓宽了眼界，推动了规划工作进一步深化改革开放。

滨海新区是国家综合配套改革试验区，按照国务院定位要求，要成为我国北方对外开放的门户，这需要深度的改革开放，思想观念的进一步解放，包括在城市规划设计领域。滨海新区要完成国家赋予的历史使命，提升城市规划设计水平，就必须深化改革，全方位开放规划设计市场，引进国内外高水平的规划设计队伍，不被狭隘的地方保护主义、民族主义等观念所束缚。承认差距，是进步的开始；承认差距，是自信的表现。十年来，我们从来没有被妄自菲薄、崇洋媚外等议论所困扰，一直坚持推动规划方案国际征集，同时，切实解决好在国际征集中可能出现的问题。可以说，解放思想、改革开放是我们坚持规划设计国际征集最根本的目的和动力。

指挥部会议现场

2. 树立国际一流的标准

树立国际一流的标准对滨海新区及整个天津甚至全中国的发展至关重要。1994 年，天津城市总体规划修编，从区域发展规律出发，提出"天津要坚定自己的定位和信心"。1999 年，清华大学吴良镛教授编写出版《京津冀城乡空间发展规划研究》，首次提出"北京与天津共建世界城市"的宏伟目标。天津市委市政府也提出"跳出天津看天津"，从京津冀区域发展和国际视野看问题。2002 年，天津开始实施海河综合开发改造，我们响亮地提出打造"世界名河"的目标，当时，许多人对此有怀疑，有的人甚至嗤之以鼻。但我们认为，没有一个高的目标，就缺失了努力的方向。树立规划建设的高标准，也表明了对外开放、走向世界的信心和决心。今天，虽然海河综合开发取得了一定的成绩，但我们更要看到的是与国际一流水平的差距。

作为中国经济增长的第三极，滨海新区肩负着进一步开发开放、改革创新和快速发展，以带动中国整个北方发展的历史重任，肩负着缩小与世界先进水平差距的责任。20 世纪 80 年代深圳经济特区设立的目的是在改革开放的初期，打开一扇看世界的窗。90 年代上海浦东新区的设立正处于我国改革开放取得重大成绩的历史时期，其目的是深化国企改革、扩大开放、融入全球经济。21 世纪天津滨海新区设立的目的是在我国初步建成小康社会的条件下，按照科学发展观的要求，做进一步深化改革开放的试验区、先行区，提质增效，实现转型升级。毫无疑问，除了在重点领域深化改革开放和实现产业聚集和研发转化外，新区的城市规划建设也应该是高水平的，应该超越它的前辈深圳特区和上海浦东新区，成为引领中国新型城市化的样板。要实现这一目标，我们必须站在世界城市规划设计的前沿，树立国际一流的标准，运用世界最新的规划理念和设计方法，结合中国国情，打造国际一流的规划设计。城市规划引领城市发展，2007 年，天津市第九次党代会提出"提升天津城市规划设计水平且滨海新区城市规划要达到国际一流水准"的要求，正是抓住了问题的关键。方案国际征集是追求规划设计国际一流标准的具体体现。

3. 方案国际征集是搞好规划设计工作很好的载体

城市规划设计方案征集是从传统意义上的建筑设计竞赛发展而来的，虽然将竞赛的说法改为征集，对象从单纯的建筑设计扩展到城市规划、城市设计、景观设计等方面，但规划设计方案征集与建筑设计竞赛在本质上是一样的，程序基本相同。建筑设计竞赛作为获得优秀建筑方案的重要手段，已经有2500年的历史，早在公元前448年，希腊卫城的设计方案就是通过建筑设计竞赛确定的。中世纪几个著名的教堂也进行过建筑设计竞赛，如圣彼得大教堂等。到文艺复兴时期，许多由教会发起兴建的公共建筑一般也都进行建筑设计竞赛，包括一些城市公共空间，如罗马西班牙阶梯广场等。进入18世纪后期，建筑设计竞赛开始在美国、英国、法国等国家公开举行，许多著名的建筑，如白宫、英国议会大厦、巴黎歌剧院、埃菲尔铁塔等，都是建筑设计竞赛的结果。据有关统计，19世纪的英格兰和爱尔兰，在50年里有超过2500次的设计竞赛，光伦敦就有362个。1839年，英国建筑师协会（Institute of British Architects）起草了第一个有关建筑设计竞赛的规则，1872年正式确定。德国、荷兰等国也制订了各自的规则。建筑设计竞赛逐步完善，出现了各种类型，包括国际、国内和区域型，公开型和限制邀请型，实践型和概念提案型，单一阶段型和多阶段型，以及大学生设计竞赛等。

如同其他领域的竞赛行为，人们通过设计竞赛推动了建筑和城市规划行业的发展。20世纪，建筑竞赛日益活跃，许多世界知名的建筑都采用设计竞赛的方式，我们耳熟能详的悉尼歌剧院、蓬皮杜艺术中心、纽约911纪念馆和世贸中心重建等，包括澳大利亚新首都堪培拉和巴西新首都巴西利亚的城市规划也是经过竞赛确定的。产生大量建筑和规划设计精品的同时也使城市建设事件愈发频繁地出现在公众视野中，设计竞赛不仅是一种竞争过程，更成为一项全民文化活动。大量的新理念、新思潮、新技术通过竞赛显露端倪、扩大影响，许多知名建筑师通过设计竞赛脱颖而出，进而推动整个社会对建筑和城市规划新事物的普遍接受与认同。21世纪的经济全球化使设计竞赛所具有的世界性特征更加凸显，不同文化背景下的建筑师、规划师同台竞技，

极大地丰富和扩展了当代建筑设计和城市规划的内涵。

我国早在20世纪20年代就举办过建筑设计竞赛，最著名的是1922年举办的南京中山陵的设计竞赛和1927年举办的广州孙中山纪念堂的设计竞赛，都由中国杰出的年轻建筑师吕彦直执牛耳。新中国成立后，重大的规划和建筑设计进行多方案比选，但建筑设计竞赛不入主流。伴随着改革开放，建筑设计竞赛迅速开展起来。我们可以把我国近30多年来建筑设计竞赛的过程分为三个阶段。20世纪80年代是起步阶段，《建筑师》杂志社于1981年、1982年和1985年举办的三次全国大学生建筑设计竞赛影响深远，崔愷、周恺等年轻人在竞赛中崭露头角；张永和、张在元等获得国际设计竞赛大奖也曾轰动一时。此时实践型竞赛开始出现，主要集中在居住区规划领域，以国内设计单位为主。1986年，海南开放，举办了面积达6平方千米的海甸岛规划设计竞赛，清华大学中标。1989年，深圳市政府首次邀请中国城市规划设计研究院、华艺设计顾问有限公司、同济大学设计院深圳分院、新加坡PACT规划建筑国际项目咨询公司等四家国内外设计机构对福田中心区规划设计方案做了专门研究，标志着国内城市中心区等大型规划设计竞赛的开始。20世纪90年代是我国城市规划设计方案征集和建筑设计竞赛蓬勃发展的十年，有几大标志性事件。1990年中央批准上海市开发浦东新区的请示。1991年上海市政府和法国工程部联合组织陆家嘴金融中心区国际规划设计竞赛，邀请英国罗杰斯、法国贝罗、意大利福克萨斯、日本伊东丰雄和中国上海联合设计小组五个境内外著名设计团队参加了国际方案咨询。1992年召开由吴良镛院士、邹德慈院士和乔纳森·巴奈特教授等国内外专家学者参加的咨询研讨会。其后，上海组织联合工作组充分运用了国际方案的先进理念并考虑了场地的布局特点，反复听取了国内外专家意见，对国际咨询方案进行深化完善，完成了最终上报实施的陆家嘴金融中心规划方案。陆家嘴金融区规划设计国际咨询是新中国城市规划史上率先打破惯例、引进高水平外智、在城市核心部位组织方案国际征集的规划项目。随后，1995年，深圳市在前期工作的基础上，为了使福田中心区的规划具有国际水准，组织方案国际征集。经过近一年的征集筛选，

1996 年，城市设计国际咨询评审会举行，由包括两院院士吴良镛、周干峙在内的 5 位来自中国、美国、日本的知名专家组成评委会，最终评选出美国李名仪／廷丘勒建筑师事务所的方案为优选方案，其他参评的还有来自新加坡、法国以及中国香港等地的方案。活动反响热烈，基本确定了深圳福田中心商务区大的规划格局。1999 年，国家大剧院设计竞赛应该说是这一时期国内建筑设计竞赛发展的顶峰，为世人瞩目。早在 1997 年就有国内 5 家设计单位提出了 7 个设计方案。1998 年国务院批准国家大剧院工程立项建设，并开展建筑设计方案国际竞赛，共邀请了 17 家国内外建筑设计单位参加，此外还有 19 家自愿参加，收到了来自中、美、加、英、法、日、德、意、奥等国家 36 家建筑设计单位的 44 个方案，其中国内 24 个（含中国香港特别行政区 4 个），国外 20 个。评委会对所有方案进行了认真的研究和充分的讨论，认为还没有一个方案能够综合、圆满、高标准地达到设计任务书的要求，无法提出 3 个可以直接上报领导小组的方案。评委会根据竞赛文件中"如条件不具备，可以缺额"的规定，以无记名投票方式选出五个得票过半数的方案并建议业主委员会进行新一轮的设计创作。法国巴黎机场公司、英国塔瑞法若建筑设计公司、日本矶崎新建筑师株式会社、中国建设部建筑设计院和德国 HPP 国际建筑设计有限公司开始第二轮设计，并邀请了国内 4 家单位参加。第二轮竞赛后，英、加、法三国的三家公司分别与三个中国的设计院联合再次递交三个方案。在一年零四个月的时间里，经过两轮竞赛和三次修改，于 1999 年由中央审定，决定采用巴黎机场设计公司、保罗·安德鲁主持设计的方案，清华大学配合修改。国家大剧院作为国家最重要的文化建筑之一，由外国人主持设计，而且造型与周边环境格格不入，引发的争论之激烈前所未有。进入 21 世纪，我国经济迅猛发展，大规模的城市建设吸引了大量境外建筑师参与国内的建筑设计和城市规划。2001 年我国在 WTO 贸易议定书上签字，全面开放建筑设计市场。这时恰逢北京奥运会和上海世博会举办的年代，许多国家级的大型公共建筑，如国家体育场、游泳馆等进行国际征集，吸引了国内外众多规划设计大师参加，鸟巢、水立方成为在媒体上出现最多的建筑名称。同期，全国各地大量的公共建筑的建设，也普遍采用国际征集的形式。越来越多的国际设计大师出现在中国建筑设计征集的舞台上，越来越前卫、多样甚至怪诞的建筑设计方案令国人大开眼界。库哈斯设计的中央电视台中标方案不仅给人们带来了强烈的视觉冲击，更促进了思想和文化的碰撞。虽然，在这些国际竞赛中，也有像上海世博会中国馆的设计竞赛由中国建筑师何镜堂院士获胜的案例，但大多数是外国建筑师胜出。由于我国建筑竞赛起步晚、水平低，相对身经百战的境外建筑师，本土设计师还有很多局限，因此在很多大型建设项目的设计中逐渐被边缘化，"中国是外国建筑师试验场"的舆论盛行，也许这正是我们要努力解决的问题。除大学生和留洋的建筑师外，这些年我们几乎听不到中国本土建筑师勇敢地走出去、参加国外重大设计竞赛的消息。

这段时间，一般的建筑设计竞赛，如大学生建筑设计竞赛等，仍然称为设计竞赛，但由政府组织的重大公共项目和规划设计，都不约而同地称为规划设计方案征集，主要是考虑到规划和重大项目不仅要听取专家评委的意见，还要听取社会公众的意见和领导决策，因此与传统的设计竞赛有所区别。实际上，按照国际惯例，有些设计竞赛可以事先明确获胜者不一定承担具体设计合同。但为了更加清晰，因此普遍用"规划设计方案国际征集"替代了"规划和建筑设计竞赛"，成为具有中国特色、约定俗成的称谓，国外的设计单位也都欣然接受。

在规划设计方案国际征集方面，天津有比较成熟的经验和切身的体会。20 世纪 90 年代就开展了华苑、万松、梅江等大型居住区的规划设计竞赛，2001 年又开展了天津博物馆建筑设计国际竞赛。特别是 2002 年，天津开始实施海河综合开发改造，为提高规划设计水平和宣传天津以及推动海河开发招商引资，市政府举办了天津市历史上规模很大的一次海河六大节点规划设计方案国际征集活动，有 50 多家国内外规划设计公司报名参加，最后 27 家公司入围，提供了 24 个高水准的规划设计方案。这次方案国际征集活动非常成功，不仅提高了规划设计水平，而且全面开放了天津规划设计市场，搭建起联系世界的桥梁。随后，天津市的规划设计方案国际征集活动如雨后春笋，蓬勃发展。

World
Cutting-Edge **Vision**
国际一流的愿景

天津滨海新区规划设计国际征集汇编
Compilation of International Competitions for Urban
Planning & Design Schemes in Binhai New Area, Tianjin

2006 年，滨海新区的国内生产总值已经达到 2000 亿，虽然经济总量大，但滨海新区仍然是个工业区，或者说是经济区域，城市功能不完善，城市规划建设除开发区生活区少数区域外，总体发展十分滞后，城市开放度不高，缺少高水平的规划和高水平的规划设计队伍。此前，开发区管委会和滨海新区管委会都举办过规划设计方案国际征集，效果也不错，但规模较小、影响有限。2006 年 5 月，滨海新区被纳入国家发展战略，在当时全社会建设和投资热情高涨的形势下，规划工作面临许多应急性的工作和挑战。新设立的功能区亟需以科学的规划指导基础设施建设和招商引资；规划部门也应该响应国家战略，有所行动，而且出手还必须要高。在这种形势下，我们自然而然地想到以规划设计方案国际征集为突破口。它可以吸引国内外高水平的规划设计单位的关注，在短时间内提高规划设计水平，宣传推广滨海新区。换句话说，规划设计方案国际征集也是当时形势下的必然选择。因此，作为滨海新区列为国家发展战略后的积极举措，我们规划设计上的第一个动作就是举办功能区重点地区规划设计方案国际征集。这次征集活动历时 3 个月，取得了十分满意的效果。以此良好开端，在随后的工作中，我们始终将国际征集作为提高规划设计水平的重要抓手，有计划、有目的地予以推进。

二、规划设计方案国际征集的十年历程回顾

2006 年 5 月被列为国家发展战略后，滨海新区在同年 10 月举办了 5 个功能区重点地区规划设计方案国际征集，这是滨海新区被纳入国家发展战略后第一次大规模的国际征集活动，开启了新区规划设计方案国际征集的历程。在随后的十年间，凡是重大规划设计或建筑设计项目，新区都要组织方案国际征集活动，逐渐形成共识和惯例。同时，在日常的规划提升工作中，我们有计划地组织重点地区城市设计方案国际征集，基本上能做到每年都开展方案国际征集活动。十年来共组织了近 10 次重要的方案国际征集活动，涉及中心商务区海河两岸、于家堡金融区等城市核心区，涉及高新区、临空经济区、东疆保税港区等重要功能区，涉及国家海洋博物馆、滨海文化中心等重大项目的

建筑设计，涉及大沽船坞、南站、新港船厂等历史地段的保护与更新规划设计，还包括中央大道景观设计等，竞赛类型多种多样，对提升新区整体的规划设计水平发挥了至关重要的作用。

1. 2006 年 9 月—2007 年 3 月 5 个功能区城市设计方案国际征集

开发区是我国改革开放的产物，是产业经济和城市发展的重要载体。2006 年 5 月，国务院《关于推进天津滨海新区开发开放有关问题的意见》提出，滨海新区要建设各具特色的功能区。功能区即各类

5 个功能区城市设计方案国际征集新闻发布会现场

空港物流加工区、民航科技产业化基地城市设计方案国际征集评审会现场

开发区，是滨海新区发展的主力军，实际上滨海新区就是在天津经济技术开发区的基础上建立起来的。按照当时正在编制的滨海新区城市总体规划的要求，一些老的功能区，如开发区、保税区、高新区等用地范围要进行扩展，另外新规划了东疆保税港区、滨海旅游区、中心商务区等一些新功能区。如何编制好新功能区的规划，是当时最急迫的任务。我们总结国内开发区规划建设的经验教训，结合功能区分区规划和控规的编制，决定从城市设计入手，提高功能区的规划水平。经过前期大量准备，我们与各功能区管委会共同组织了滨海高新区、东疆保税港区、空港保税区、滨海旅游区、中心商务区等五个功能区总体概念性城市设计和核心区城市设计方案国际征集活动。

征集活动的工作方案经滨海新区政府和市规划局同意后开始实施。2006年9月28日在新浪网等全国媒体上发布公开征集消息后，总共有50余家来自美国、英国、德国、新加坡、澳大利亚、法国、荷兰、加拿大以及中国香港等国家和地区的国际知名规划设计机构积极参与报名。经过资质评审，最后确定17家单位入选。2006年10月11日召开征集发布会，征集工作正式开始，国内外媒体广泛宣传报道，广泛宣传了滨海新区。在随后的两到三个月时间，17家规划设计单位根据征集任务书要求开展工作，共报送方案20余个。5个功能区分别召开评审会进行评审，包括齐康院士等国内知名专家参与评审。经过专家评审、功能区管委会研究和报请市领导审定，5个功能区都确定了各自区域的城市设计优胜方案。有的征集获胜方案基本就是实施方案，如空港经济区、渤龙湖高新区、东疆港；有些方案开拓了思路，提供了各种可能性，如海滨旅游区、中心商务区，为今后规划提升打下了基础。总之，城市设计方案国际征集很好地指导了功能区的分区规划和控制性详细规划的编制，与一般开发区先进行总体、分区规划编制，再编制控规相比，新区以城市设计方案国际征集为龙头的功能区规划，从中间入手，承上启下，在考虑其功能定位和产业特色的同时，更注重结合基地自然条件，突出各个功能区的城市空间特征，展现了各种奇思妙想，达到了相当高的水平，同时也压缩了规划编制的周期和时间。

2. 2007年7月—2008年7月滨海新区中心商务区海河两岸规划设计方案征集工作营和研讨会

位于海河两岸的中心商务区是滨海新区的重要功能区和核心标志区。为提升滨海新区中心商务区海河两岸规划设计水平，按照市领导要请国内外最高水平的专家参与海河两岸中心商务区规划的要求，2007年7月，经过新区管委会和市规划局同意，我们与塘沽区政府合作组织召开了滨海新区中心商务区海河两岸规划设计方案征集工作营和研讨会。为了成功举办这次活动，我们做了大量前期准备工作，与国内外最高水平的规划设计公司和国际著名的专家学者进行沟通联系，确定工作方式和时间安排。由天津规划院和渤海规划院进行前期规划研究，包括对上海浦东新区、深圳福田商务区的分析借鉴，国外主要城市中心商务区规划分析，以及滨海新区中心商务区发展目标、规划和面临的主要问题与解决的多种可能方案。在总结当年上海浦东新区陆家嘴城市设计竞赛经验的基础上，结合自身的特点，我们采用了不同于一般的方案国际竞赛或征集以评审优胜为主要目的的方式，而是邀请最高水平的规划设计单位开展工作营，召开国际一流水平专家研讨会的形式，我们考虑在具体的规划设计方案成型前，确定滨海新区中心商务区规划的重大课题和方向比具体的设计更加重要。

滨海新区中心商务区海河两岸规划设计方案征集研讨会现场

World
Cutting-Edge Vision
国际一流的愿景

天津滨海新区规划设计国际征集汇编
Compilation of International Competitions for Urban
Planning & Design Schemes in Binhai New Area, Tianjin

我们有幸请到国内顶级专家吴良镛院士、齐康院士、彭一刚院士、邹德慈院士、国际城市设计名家美国宾夕法尼亚大学乔纳森·巴奈特教授，以及在美国的华人规划管理、建筑设计和交通规划专家、世界华人运输协会会长邵启兴，波士顿规划署总建筑师方光屿及天津华汇环境设计总监黄文亮等作为规划顾问，为规划出谋划策，把握方向；同时，邀请美国 SOM 设计公司、易道公司、清华大学和英国茨特曼国际工程公司在现场开展工作营。经过 4 个月的准备，2007 年 11 月召开了第一次工作营和专家研讨会，工作营和研讨会历时近一周时间，渤海城市规划设计研究院汇报前期研究的成果，四家设计公司汇报工作营方案和思路，专家进行研讨发言，期间不乏头脑风暴和激烈争论，会场上妙语连珠、精彩不断，与会人员都感获益良多。

整个活动随着工作的进展持续了近一年的时间，期间召开了两次现场工作营、四次重大课题的专家咨询论证会，确定了高铁车站位置、海河防洪和基地高度、起步区建设区位选址等重大问题。期间，塘沽区政府会同国际建协组织了于家堡城市设计国际竞赛，竞赛优胜单位华汇设计公司会同天津规划院、渤海规划院等单位开展了方案设计综合工作。最后，由国际著名的美国 SOM 设计公司芝加哥公司领衔，众多规划设计公司共同参与，高水平完成了于家堡金融区城市设计。

3. 2007 年 9 月—2008 年 3 月于家堡地区城市设计国际竞赛

在滨海新区中心商务区海河两岸规划设计方案征集工作营和研讨会期间，2007 年 9 月到 2008 年 3 月，原塘沽区政府委托国际建筑师协会（UIA）组织了"于家堡地区城市设计"国际竞赛。面向全球发布竞赛通告，全球共有 69 家设计机构报名，最终选定了 8 家机构参与设计。经过国内外专家的评审，天津华汇规划设计有限公司获得优胜方案。2008 年 4 月，举办了"于家堡城市设计国际竞赛颁奖大会暨国际城市规划论坛"，国内外知名规划师、建筑师共 200 余人参会，包括邹德慈、崔愷院士。世界著名规划理论家彼得·霍尔爵士发表了演讲。

这次国际竞赛是传统意义的设计竞赛，由国际建协参与组织，8 个参赛方案水平都比较高，特色鲜明，有许多新的理念和想法。国际

于家堡城市设计国际竞赛颁奖大会暨国际城市规划论坛现场

于家堡城市设计国际竞赛颁奖大会暨国际城市规划论坛现场

竞赛虽然由于时间短，对实际情况了解得不深入，可操作性不强，但很好地开拓了规划设计思路，也向全世界宣传推广了滨海新区于家堡金融区。

4. 2010 年 8 月—10 月滨海新区散货物流周边地区（和谐新城）概念规划及中心区城市设计国际方案征集

和谐新城，即天津港散货物流周边地区，位于中心商务区以南，北至津沽公路，南至津晋高速，东至海滨大道，用地面积约 52.6 平方千米，是滨海新区规划核心城区的重要组成部分。现状是以煤炭存储交易为主的天津港散货物流区和盐田，规划将搬迁散货物流区，建设一座集现代服务业、科技研发与都市工业于一体的活力新城；集保障住房、商品住房于一体的配套均好、环境优美、高品质、多元化的宜居新城；集最新生态城市理念、低碳环保科技于一体的生态新城，与滨海新区核心区北部的中新天津生态城遥相呼应，规划总居住人口约为 60 万人，为中心商务区和临港工业区提供居住和配套服务。

从 2010 年 8 月开始，我们开展了滨海新区散货物流周边地区概

念规划及中心区城市设计方案国际征集活动。共有来自新加坡、美国、德国、英国、丹麦、中国以及中国台湾等 7 个国家和地区的 12 家设计单位报名，经过综合考评从设计单位中评选出 RTKL 国际有限公司、天津市城市规划设计研究院、缔博建筑设计咨询（上海）有限公司等 3 家设计单位入围。经过三个月紧张的设计工作，2010 年 10 月 29 日召开专家评审会，邀请了原天津市规划局局长冯容、中国城市规划学会副理事长朱嘉广等 5 位规划界的专家以及原天津港集团有限公司党委书记、董事长张丽丽和天津渤海化工集团公司的姚国华两位相关企业的领导参与评审，最终天津市城市规划设计研究院的"窄街廊、密路网"和 4D 青年城方案雀屏中选。

5. 2010 年 10 月—2011 年 3 月滨海新区文化中心等重点地区建筑设计和城市设计方案国际征集

2010 年 10 月—2011 年 3 月，我们会同相关单位组织开展了滨海新区文化中心等重点地区建筑设计和城市设计方案国际征集，这次活动包括四类、七项征集，一是滨海新区文化中心建筑群概念设计，二

滨海新区文化中心建筑群概念设计国际咨询评审专家和设计大师共同研讨会议现场

是于家堡金融区北部京津城际车站周边地区标志超高建筑群概念设计，三是海河两岸四个重要节点城市设计，四是滨海旅游区重点地区规划设计方案征集。

在汲取天津市文化中心规划建设经验的基础上，经过充分准备，2010年12月开始，我们会同新区文化广播电视局、中心商务区管委会组织开展了滨海新区文化中心建筑群概念设计征集工作，邀请了英国扎哈·哈迪德建筑事务所与天津市城市规划设计研究院建筑分院、华南理工大学建筑设计研究院何镜堂院士工作室、伯纳德·屈米建筑事务所与美国KDG建筑设计有限公司、荷兰MVRDV建筑事务所与北京市建筑设计研究院四组国内外一流设计单位联合参与。根据各位设计大师的特长和意愿，每位大师负责一个主要场馆的设计，同时对建筑群的总图提出方案。扎哈·哈迪德流线型的滨海大剧院及建筑群总图的方案很时尚；伯纳德·屈米现代工业博物馆的方案体现了新区的工业历史和科技感；何镜堂院士覆土美术馆的设计使文化中心建筑群与公园融为一体；MVRDV航空航天博物馆未来建筑的设计令人印象深刻。2011年2月我们邀请了李道增院士、马国馨院士和邢同和设计

滨海新区文化中心建筑群概念设计国际咨询研讨会现场

大师等国内外专家及相关单位对方案进行了方案征集的评审和研讨工作。本次概念设计征集活动为后续文化中心规划设计深化奠定了坚实的基础。

按照市领导"结合于家堡响螺湾的建设，全面提升海河下游两岸城市景观"的总体要求，我们在汲取海河上游综合开发改造工作经验的基础上，以打造"集多功能为一体的服务型经济带、文化带和景观带"为目标，完成了海河下游两岸综合开发改造总体策划工作。在总体方案的基础上，2010年10月—2011年3月，我们组织开展了滨海新区海河两岸重要节点城市设计方案国际征集工作，重点对解放路、新港船厂、塘沽南站和大沽船坞四个具有历史价值的节点进行详细城市设计，突出海河文化属性。另外，同时开展了于家堡高铁车站标志超高建筑群的概念设计征集，为高水平规划设计做好长期深入的前期准备工作。

同期，我们会同滨海旅游区管委会开展了滨海旅游区重点地区规划设计方案征集，主要是对滨海旅游区核心地区和近期建设重点的南湾地区进行概念性城市设计。规划设计单位借鉴国外滨海旅游城市的成功经验，提出许多好的思路，为下一步深化规划奠定了基础，也为国家海洋博物馆选址落户创造了一定的条件。

6. 2011年11月—2012年3月滨海新区中央大道景观规划设计方案国际征集

滨海新区核心区城市骨架结构由海河和中央大道所谓的"黄金十字"构成。2011年，我局组织编制了海河下游两岸综合开发改造规划，对海河生态、经济及景观轴线功能进行了明确，统筹协调了两岸的建筑及景观。而中央大道作为另一轴线，两侧建设迅速，但一直没有进行整体性的规划统筹，公众认知度不高。因此，2011年11月—2012年3月，我们组织开展了滨海新区核心区中央大道（包括两侧的公园及开放空间）景观规划设计方案国际征集活动，以期对建成部分和规划部分进行统一的控制，谋划形成优美且整体性强的景观轴线，展现滨海新区核心区的城市形象。

规划范围北起第二大街，南至中部新城北组团中心湖的南边界，

全长 10 千米，规划占地约 9 平方千米。规划从总体层面和节点层面展开设计，总体层面针对全部范围，分析整理已有的规划设计，从整体考虑，提出总体规划概念、构思及相关方案。节点层面确定了 9 个节点，包括滨海文化中心公园、紫云公园改造、宝龙北绿地公园、城际站公园、中央大道景观、于家堡南岛公园、大沽船坞公园、300 米绿带公园，以及位于和谐新城 2 平方千米的中心湖。美国 Hargreaves 公司、德国戴水道景观设计公司、天津华汇环境规划设计公司三家设计单位参加本次征集工作。经专家和领导评定，最后确定由华汇公司继续开展深化工作。

7. 2012 年 8 月—2013 年 3 月滨海新区国家海洋博物馆规划设计方案国际征集

国家海洋博物馆是中国首座国家级、综合性、公益性海洋博物馆，建设国家海洋博物馆是我国海洋事业发展史上一项具有里程碑意义的

大事。国家海洋博物馆选址位于滨海新区北区、滨海旅游区南湾临海处，博物馆与海洋文化公园及其配套设施进行统一规划。2012 年 8 月开始，我们会同国家海洋局宣教中心、天津市海洋局、滨海新区旅游区管委会开展了国家海洋博物馆建筑方案及园区概念性城市设计方案国际征集工作。经过资质评审，确定了澳大利亚考克斯（Cox）建筑师事务所、中国华南理工大学建筑设计院、德国 GMP 国际建筑设计有限公司与天津市建筑设计院、西班牙米勒莱斯·塔格里亚布 EMBT 建筑事务所与美国 KDG 建筑设计有限公司、美国普雷斯顿·斯科特·科恩设计公司、英国沃特曼国际工程公司六家单位参与征集。

经过 3 个月紧张的工作，6 家设计单位都提供了风格各异、形式多样的设计方案。2012 年 11 月，经崔愷院士为组长的专家组评审，选出华南理工大学建筑设计研究院（主创设计师：何镜堂，中国工程院院士，首届梁思成建筑奖获得者）、澳大利亚考克斯建筑师事务所

滨海新区国家海洋博物馆规划设计方案国际征集评审会现场

World Cutting-Edge **Vision**
国际一流的愿景

天津滨海新区规划设计国际征集汇编
Compilation of International Competitions for Urban
Planning & Design Schemes in Binhai New Area, Tianjin

与天津市建筑设计院［主创设计师：菲利普·考克斯（Philip Cox），世界建筑大师,澳洲皇家建筑师协会金奖获得者］、西班牙米勒莱斯·塔格里亚布 EMBT 建筑事务所与美国 KDG 建筑设计公司［主创设计师：贝娜蒂塔·塔格里亚布（Benedetta Tagliabue），世界建筑大师，英国皇家建筑师学会国际奖获得者］三家单位的设计方案为入围方案。同时，专家组和各方面领导认为，虽然入围方案有许多优点，但作为国家海洋博物馆的方案，都还存在不足。因此，决定开展第二轮深化征集工作，第一轮入围的三家设计单位进入下一轮深化设计。2013 年3 月，经马国馨院士为组长的专家组评审，澳大利亚考克斯建筑师事务所与天津市建筑设计院深化方案获得全票，专家组认为方案基本达到了体现"海洋特色、天津特色、国家标志性"的要求。

国家海洋博物馆是重要的标志性建筑，组织方案国际征集活动非常必要，但在策展大纲和展品还未确定的情况下，给设计带来了难度。同时，为了做到更好，因此进行了第二轮的征集，历时半年多的时间。在本次征集活动中，专家评审组构成上也考虑了各种因素，除邀请建筑、结构、规划等领域著名专家外，还特别邀请了博物馆方面的专家以及业主和承建方参与。通过征集，不仅获得了好的设计方案，而且学习借鉴了国外海洋博物馆优秀设计案例和先进的经验，提升了国家海洋博物馆建筑方案设计水平。

8. 2013 年 / 月—9 月滨海新区文化中心建筑设计方案第二次国际征集

滨海新区文化中心的规划布局，在第一次建筑设计方案国际征集的基础上，经过两年的不断深入完善，逐步稳定。同时，滨海新区文化中心的建设列入新区"十大民生"工程，准备正式启动建设。为此，2013 年 7 月—9 月，按照最新的文化长廊的城市设计和规划设计条件，开展了滨海新区文化中心（一期）建筑设计方案第二次征集工作。我们邀请了曾经参与第一次征集的伯纳德·屈米建筑事务所和荷兰 MVRDV 建筑事务所，又邀请了美国赫尔穆特·扬、德国 GMP 国际建筑设计有限公司、加拿大谭秉荣等境外知名设计大师和公司分别设计 5 个文化场馆和文化长廊，并形成一个团队。征集工作历时十周，

期间设计单位二次到津现场进行"工作营"式的协同设计，并多次召开视频会议，深入研究各种问题，协同各场馆设计。既要求各场馆的方案各具特色，又必须做到整体协调统一。9 月 12 日—13 日，我们邀请马国馨院士、任庆英、陈秉钊、沈磊等国内专业权威人士与参与项目的国际设计大师共同研讨评审，为滨海新区文化中心（一期）建筑设计方案进行评审和提出建议。以文化长廊构筑文化综合体的方案得到以马国馨院士为组长的专家组的充分肯定。本次征集活动并非一般性的征集，而是一次协同式的系统设计，除以上著名的设计大师和公司外，还有许多公司单位在各专项设计中担任顾问，包括日本株式会社日建设计、中国香港 MVA 交通咨询公司、天津华汇景观设计有限公司、第一太平洋戴维斯策划公司，以及天津市规划设计院、天津市

滨海新区文化中心建筑设计方案第二次国际征集评审会现场

建筑设计院、天津市渤海规划设计院、天津市市政设计院等，它们在设计过程中提供了各专项顾问服务和技术支持，确保了规划设计方案高水准且可操作性强。

以上是对新区十年来重要规划设计方案国际征集的回顾。在征集活动中，我们一直坚持按照公开、公正、公平的原则，按照国际惯例，规范化地进行，征集过程和最后成果均利用报刊、网站、规划展览馆

等方式进行公示，吸收公众意见。十年来，基本上没有出现大的问题，各方面反映都比较好，也保证了新区规划设计方案国际征集不断提高水平。

三、如何做到高水平的规划设计方案国际征集

十年来，我们组织的近十次规划设计方案国际征集活动总体上是比较成功的，究其原因，一方面，是适应了国家战略对新区的要求，适应了滨海新区自身发展的需求，适应了进一步解放思想，扩大开放，深化改革，按照国际一流的标准，探索适合中国特色的城市规划的总形势；另一方面，也包括许多重要因素，首先是各级领导的高度重视和各功能区的支持，其次是各位专家和著名设计单位的积极参与，当然也包括我们结合新区的实际对征集工作的不断探索、改进和谋划。每次征集活动前，我们都会做充分的准备，针对不同的项目题目采用不同的方式，活动完成后认真地总结经验教训，寻找差距和不足。方案国际征集对提高规划设计水平、引入全新的理念以及解放思想至关重要。我们体会到，要成功地举办规划设计方案国际征集活动，除按照国际惯例办事外，还有几个关键环节需要把握和处理好，包括如何请到国内外著名的规划大师和规划设计公司、做好充分的准备以出好出对题目、中外合作以及采用适宜的方式等。

1. 与大师面对面

要做到国际一流的规划设计方案征集，其中一个关键因素或前提，是要找对人，即邀请国内外著名的规划大师、规划设计公司、专家学者。能够邀请到大师，关键是要与大师有共同的语言，能够与大师对话。所征集项目的规划设计的理念和方向正确，大师对所设定的题目有兴趣。而且，要真心诚意地向大师学习，而不是装装门面，自以为是。时间计划上一般要以大师的时间为准，必须及早准备和预约。如果同时请几位大师，那么时间计划更重要。我们有幸邀请到吴良镛、齐康、彭一刚、邹德慈、乔纳森·巴奈特等国内外顶级水平的大师，他们都有半个世纪以上的从业经验，不仅在城市规划设计、建筑设计

吴良镛　　齐康　　彭一刚　　邹德慈　　乔纳森·巴奈特

李道增　　何镜堂　　马国馨　　崔愷　　邢同和

等领域经验丰富，而且长期从事教育和研究，高屋建瓴，著书立说，能够为项目把握正确的方向。同时，我们也邀请一些年富力强的专家，如马国馨、崔愷等院士以及功能区领导和业主的负责人参与评审，使评审专家组的人员构成更加全面合理。

规划设计大师和国际一流的规划设计公司是方案征集活动的主角，也是方案征集活动取得成功的保证。方案国际征集，一般通过报刊、网站、电视、电台等形式公开公布，吸引好的规划设计公司踊跃报名，也可以采用意向邀请的方式。在设计单位选择上，我们通常采用资质评审的方式，包括规划部门的资质初审把关和甲方业主或管委会审定两个阶段，确定最后参与的公司名单，做到公开公正。然而，国际一流的规划设计公司因为工作饱满一般不参与方案征集，因此，征集活动要想方设法吸引他们参与，重要的是要有他们感兴趣的题目，要开放规划设计市场，要邀请高水平的专家、评委，更重要的是按照国际惯例办事。国际建协（UIA）制订了《建筑和城镇规划国际竞赛指引（UIA Guide for International Competitions in Architecture and Town Planning, UNESCO Regulations. 2000）》，美国建筑师协会（AIA）制订了《建筑设计竞赛手册（The Handbook of Architectural Design Competitions. 2010）》等。我们要按照国际通行的做法，结合自己的实际情况来操作。当然，为了能够邀请到一流的设计公司，我们的计划也需要做一些必要的调整。邀请到一流的规划设计公司，还必须保证公司主创规划设计师亲自执笔，亲身到现场，亲自汇报规划设计方案，这些应该在商务合同中明确说明。如果不能保证邀请到高水平的专家和设计公司，方案国际征集不如不做。

2. 出对题目

前面谈到，邀请规划设计大师及国际一流的规划设计公司，核心是要出对题目，所征集的规划设计题目一定位于国际前沿，富有挑战性和吸引力。要做到这一点，关键是认真分析选题，掌握世界当前的发展动向，学习最新的规划设计理论，包括外界对中国感兴趣的领域，把具体项目上升到理论高度。滨海新区竞赛的题目都十分有特点，是

世界规划设计领域的前沿，如特色功能区的城市设计，城市中心商务区和海河滨水地区的开发，工业遗产保护和利用，以及国家海洋博物馆、滨海文化中心和标志性超高层建筑等。这样，大师和一流的规划设计公司才愿意积极参与，才能发挥他们的聪明才智。

确定方案国际征集的题目后，还要做大量的工作，首先，题目要经过长期的研究，要由当地规划设计院试做，在试做过程中，明确征集的重点，发现深层次的问题和难点，以及确定不能改变的内容。这样可以明确征集活动的目的，使参与征集的规划设计单位在两到三个月有限的时间内有的放矢，集中精力解决主要问题。而且，在确保征集成果高水平的同时，也要确保具有可操作性。要避免这样的误区，认为"我出了题目，花了钱，所有问题可以让大师、让设计公司帮我解决"。这样的想法过于天真，结果只能是白花钱，效果不会好。其次，征集方案和工作计划要深入细致。因为方案国际征集活动一般资金投入比较多，而且有外事活动等，影响大且十分重要，因此征集方案和工作计划应该经过领导研究和政府决策后实施，这是组织管理上的保证。

我们所从事的城市规划和建设工作具有很强的实际意义，规划设计方案征集不同于畅想式的设计竞赛，不是试验场，这是我们长期坚持的原则，我们也一直向参与的国内外规划和建筑设计单位强调这一点。符合上位规划和规划设计条件，符合滨海新区总体城市设计的特色是基本要求，不能做"怪建筑"。当然，有时候难免会出现一些奇怪的设计，但经过我们长时间的坚持坚守，就会形成统一的意识。

3. 中外合作，培养锻炼自己的规划设计队伍

城市规划设计和管理是一项长期和深入细致的工作，必须有自己的规划设计院长期从事规划编制、修正和维护工作。要保证一个好的规划设计落地实施，需要统筹考虑周围道路交通和市政基础设施，可能还包括海河防洪、地铁和地下空间的规划统筹控制等。天津规划院滨海分院、渤海规划院，两支甲级规划设计院，100多名规划师，长期在新区从事规划编制和研究工作，每年新区规划国土局的指令性任务主要由两个院承担，包括所有城市规划设计方案国际征集的前期规

划和试做工作。

俗话说："外来的和尚好念经。"这里说明了几个道理。一方面，国外的规划设计公司有比较多的经验和先进理念，能够拿出令专家、领导信服的方案，善于抓住项目的主要问题和突出矛盾。另一方面，由于国外的规划设计公司时间有限，且对中国、天津和滨海新区的实际情况不十分了解，确实存在方案不够深入、难以实施的问题。因此，

中外设计师共同探讨方案

中外设计师工作现场

成功的方案国际征集需要外中合作，进而实现双赢。一方面，本地规划院与国外的规划设计公司合作，向其学习，提高规划设计水平；另一方面，国外的规划设计公司与本地规划院合作，保证规划设计顺利落地实施，从而有力地回应了一些人对方案国际征集所谓"崇洋媚外"的指责。

天津规划院滨海分院及渤海规划院一直是新区规划设计方案国际征集工作的主力，除了在征集准备阶段的试做外，还参与征集全过程，配合工作和咨询答疑等，在征集结束后综合方案时，我们一般要求当地规划院与中标单位合作完成。另外，组织方案国际征集活动需要具有国际交往能力和专业化的中介公司，天津规划院下属的迪赛公司经过天津海河开发规划设计国际征集后的锻炼，已经逐步成长起来，完成了天津市文化中心及新区许多大型项目的征集工作，目前与国内外专家和一流的规划设计公司建立了长期联系，初步形成了品牌，这也是征集活动取得成功的一个保证。当然，我们一直期望滨海新区乃至整个天津有更多的专业中介公司出现，繁荣市场。

4.多种多样的适用形式

规划设计竞赛是最传统、最常见的形式，如大学生设计竞赛，某个品牌建材厂商组织的设计竞赛等，这类竞赛很多。由于一般都不是针对真实的项目，或者只是针对某个问题，因此与实际规划设计工作有一定距离。当然也有像悉尼歌剧院竞赛的轶事，这种广种薄收的竞赛方法难以满足我国当前快速发展的形势要求。针对当前城市设计和重要建筑设计的特点，目前国内普遍采用规划设计方案征集的方式，以期把有限的时间、资源用在刀刃上。考虑到时间和资金成本，滨海新区一个项目参与征集的规划设计单位一般有3到6家，为保证投入和水平，参加征集的各单位都被给予一定的经费，优胜方案再适当地给予奖励，包括优先考虑下一步设计委托。对国外一流公司具有吸引力的条件是优先考虑下一步规划设计和建筑设计委托。控制征集单位和方案数量也包括对评审专家的时间、精力和评审效果的考虑。

同时，根据具体情况，我们也采用了工作营、研讨会、定向征集等多种方式。比如，针对滨海新区中心商务区海河两岸于家堡金融区

World
Cutting-Edge Vision
国际一流的愿景

天津滨海新区规划设计国际征集汇编
Compilation of International Competitions for Urban
Planning & Design Schemes in Binhai New Area, Tianjin

规划设计高难度和高水平的特殊性，我们没有采用一次性的方案征集和评审方式，而是邀请吴良镛、齐康、彭一刚、邹德慈、乔纳森·巴奈特等国内外顶级专家作为长期顾问，邀请美国 SOM 设计公司、易道公司、清华大学和英国沃特曼国际工程公司参与，开展了两次工作营，召开了四次重大课题的咨询论证会，确定了规划布局、高铁车站位置、海河防洪和基地高度、起步区建设区位选址等重大问题，最终确定由美国 SOM 设计公司牵头，组成各专业公司参加的团队编制城市设计方案。滨海新区文化中心项目，为了邀请国际一流的建筑设计大师，包括扎哈·哈迪德、伯纳德·屈米、何镜堂及荷兰 MVRDV 建筑事务所，方案征集采用每个大师以一个文化场馆为主并同时完成规划总平面和其他场馆概念设计的方式，由马国馨院士等专家组评议，提出意见，不评选优胜方案。在重点地区城市设计和建筑设计过程中，采用团队合作模式。于家堡金融区起步区城市设计导则由美国 SOM 设计公司合伙人菲尔支持，起步区"9+3"地块建筑设计工作分别由崔恺、周恺等国内 9 位年轻知名设计师领衔，规划和建筑设计团队共同工作，既保证了建筑单体方案的高水平，有利于加快设计进度，又确保了规划设计导则的实现和整体建设风格的统一，保证了城市绿地、公园等公共空间和城市整体形象的高水平。

四、愿景变成现实

规划设计方案国际征集的目的是邀请国际一流的规划设计大师和规划设计公司，按照国际一流的标准，结合当地的实际，构思创造性的规划设计方案，但最终目的还是要把规划设计变成现实，这需要把征集到的优胜方案进行深化，经过审查审批程序，成为政府批准的城市设计、城市设计导则、建筑设计方案和法定的控制性详细规划，包括后期的建设实施方案，这些都可以作为规划设计方案国际征集的后续工作和最终目标。

城市设计、建筑设计和景观规划设计比较适合进行方案国际征集，它们需要巧妙的构思和深厚的设计功力，成果能够形象化地展现。实践证明，宏观战略性的城市总体规划、具体落地的控制性详细规划

于家堡金融区起步区城市设计导则项目工作现场

起步区"9+3"地块建筑设计项目工作现场

等不适合进行方案国际征集。但是，按照现行的《城乡规划法》，城市总体规划、控制性详细规划是法定规划，控规依法审批后，是规划审批和土地出让的依据。虽然城市设计发挥着越来越重要的作用，但目前城市设计还不是法定规划。因此，需要把城市设计与控制性详细规划结合起来。经过三年的努力，2010年3月，我们实现了滨海新区控规全覆盖，使规划成为先行官，成为招商引资、大项目建设和土地出让的依据。但是，由于时间短、任务重，因此控规的深度不够，特别是在一些重点区域。因此，结合新区地域特点，划分出重点地区，编制城市设计，包括采用国际征集的方式，用城市设计指导控规深化完善。

同时，滨海新区作为国家综合配套改革试验区，我们将城市设计规范化、法定化作为城市规划领域改革的一项内容，制订改革方案，选择试点地区，推动城市设计规范化、法定化。重点地区通过方案国际征集制订高水平的城市设计后，编制城市设计导则，作为建筑设计规划审批的依据。几年来，于家堡金融区、北塘地区、渤龙湖核心区、空港经济区核心区等重点区域均完成了更加详尽的城市设计导则的编制，并已实施。同时，控制性详细规划按照城市设计修订，相互印证以保证征集到的好方案成为法定规划，以指导城市规划建设，让国际一流的愿景变成现实。

"80年代看深圳，90年代看浦东，21世纪看滨海新区。"被喻为"中国经济增长第三极"的天津滨海新区正以惊人的速度快速崛起。它仅用了十年时间，经济总量就从近2000亿元跃上9000亿元的台阶，续写了中国30多年来改革开放和经济发展的奇迹。今天，滨海新区城市的面貌也发生了翻天覆地的变化，在于家堡金融区的起步区，在海河两岸，在新区文化中心正在建设的项目工地，在各具特色的功能区，我们能够看到高水平城市设计和建筑设计所取得的成果。当然，我们也清晰地认识到，滨海新区目前还存在许多问题，比如整体规划设计水平与先进国家和地区比还不够高，缺少国际一流的规划设计公司常驻在滨海新区，滨海新区还没有形成一个众多规划设计院、建筑设计院和公司云集的规划设计的市场和基地，方案国际征集功利性比较强，缺乏畅想的概念型设计竞赛，没有形成品牌和成为年轻建筑师、规划师成名的场所。因此，下一步，我们将继续规划设计方案国际征集这种被实践证明比较有效的模式，编制发展规划和计划，丰富完善其内容，制订滨海新区规划设计方案国际征集管理办法和导则，进一步规范和培育新区高水平的规划设计市场，吸引国内外一流的规划设计团队参与新区提升工作，扎根新区，与新区共同成长和发展，从而为进一步全面提升新区的规划设计水平提供坚实的基础和保证。同时，在新区规划建设的过程中，要培养地方自己高水平的规划师、建筑师和景观设计师队伍，探索具有中国特色和国际领先水平的中国新型城市化的正确道路，为中国新型工业化和城镇化提供可推广、可复制的经验。只有中国的城市规划设计水平达到国际领先，才能为实现中华民族伟大复兴的中国梦提供坚实的保障。

2006 年

天津滨海新区功能区
规划设计方案国际征集

2006 Int'l Competition for Urban
Planning & Design Schemes of
Binhai Functional Zones, Tianjin

Overall Description

总体概况

为贯彻落实国务院《关于推进天津滨海新区开发开放有关问题的意见》中提出的"统一规划，综合协调，建设若干特色鲜明的功能区"的要求，扩大滨海新区各产业功能区的知名度和影响力，由天津市滨海新区政府、天津市规划局统一组织，各功能区责任部门具体主办，集中开展滨海新区功能区规划设计方案国际征集工作。根据不同功能区规划编制的需求，对滨海高新技术产业区、东疆港保税港区、空客 A320 落户的临空产业区、于家堡商务商业区和海滨休闲旅游区等 5 个功能区，公开向海内外的规划设计咨询机构征集设计方案。

该次征集活动由《天津日报》、北方网等相关媒体发布公告，邀请来自美国、加拿大、英国、法国、澳大利亚、新加坡等国家以及中国香港、北京、上海、天津等城市和天津大学、同济大学等近 20 家拥有相关设计经验的知名规划设计机构，用两个月的时间提出富有创新意义的滨海新区规划设计方案，同时邀请知名专家对方案进行评审，并向社会进行公示。

项目区位图

新闻发布会

该次征集活动新闻发布会于 2006 年 10 月 11 日在滨海新区召开，参会人员为原天津市滨海新区管理委员会、市规划局主管领导和各功能区责任单位主要负责人，以及参加本次活动的规划设计机构。会上发布了方案征集设计任务书，对征集活动提出相关要求。多家新闻媒体到现场进行采访报道。

新闻发布会现场

Int'l Competition for Master Plan of Binhai Hi-tech Industrial Development Area &
Urban Design Schemes of Key Areas

滨海高新技术产业区总体概念规划、综合服务区及起步区

修建性城市设计方案国际征集

项目概况

滨海高新技术产业区是自主创新能力强、带动滨海新区发展的领航区，是国家级高新技术产业发展的原创地和区域科技创新中心，是滨海新区总体规划中确定的重要经济功能区之一，是高水平研发转化基地，以生物技术与创新药物、高端信息技术、纳米与新材料、新能源与可再生能源等应用科技的研究转化为主。

项目名称： 滨海高新技术产业区总体概念规划、综合服务区及起步区修建性城市设计方案国际征集

项目区位： 天津滨海新区高新区

设计要求： 通过总体概念规划，理清滨海高新区的功能分区、空间布局、交通体系和发展策略，确定发展脉络与时序。通过修建性城市设计，确立并强化滨海高新区的城市形象与特征。通过标志性开放空间、标志性建筑等，构建滨海高新区标志性景观。通过多元化的城市功能，构建具有持续活力的滨海高新区综合服务区。

设计内容： 总体概念规划 30.5 平方千米
综合服务区修建性城市设计 2.6 平方千米
起步区修建性城市设计 2.6 平方千米

设计时间： 2006 年 10 月 11 日—12 月 28 日

应征单位： 三号方案　美国 WRT 设计有限公司、华汇（厦门）环境规划设计顾问有限公司（一等奖）
一号方案　日本亚洲城市研究集团、天津大学城市规划设计研究院
二号方案　上海同济城市规划设计研究院
四号方案　德国阿尔伯特·施佩尔城市规划建筑设计联合公司、天津城建设计院有限公司

组织单位： 原天津市滨海新区管理委员会、天津市规划局

主办单位： 天津滨海高新技术产业开发区管理委员会、中国海洋石油总公司

评审专家

邹德慈　中国工程院院士、原中国城市规划设计研究院院长

崔　恺　中国工程院院士、中国建筑设计院副院长兼总建筑师

郝寿义　天津滨海综合发展研究院院长、南开大学博士生导师

尹海林　天津市副市长、原天津市规划局局长

霍　兵　天津市规划局副局长、滨海新区规划和国土资源管理
　　　　局局长

邹　哲　中国城市交通规划学会副主任委员、天津市城市规划
　　　　设计研究院总工程师、天津市规划委员会委员

吕　毅　天津市河北区副区长、原天津滨海高新技术产业开发
　　　　区管理委员会副主任

井学义　中海油渤海石油实业公司党委书记

出席领导

庞金华　原天津滨海高新技术产业开发区管委会主任

评审会现场

项目区位图

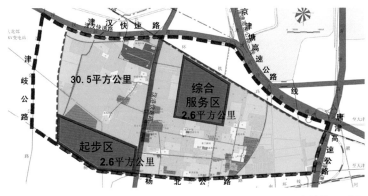

设计范围示意图

三号方案（一等奖）
Scheme No.3
First-award

设计单位 美国 WRT 设计有限公司、华汇（厦门）环境规划设计顾问有限公司

Design Firms Wallace Roberts & Huahui（Xiamen）Environmental Planning and Design, Ltd.

美国 WRT 设计有限公司成立于 1999 年，业务范围主要涉及城市规划、城市设计、建筑设计领域。

华汇（厦门）环境规划设计顾问有限公司成立于 2006 年，是在"华汇设计"组合之下从事城市规划设计及景观规划设计的专业公司，拥有员工 80 余人。集合战略发展、规划、城市设计、建筑及景观等各方面专业人才，完成了许多重要的规划设计项目。

设计理念

立意："天"环、"方"城——汇聚精英，凸显可持续发展理念

总平面图

运用基地田埂及水渠的肌理，组建适于设厂、方向感明确的方形干道路网；依循基地历史烙印，架构凸显园区可持续发展理念的圆形"天"环。方案沿东西向连接天津市中心及机场的公交路廊，营造多元混合使用构成的城带环境；以低强度、低密度的方式引入高形象主力研发机构；厂区由100米×100米的厂房单元构成，

可以动态弹性地满足企业需求；运用1/10的基地面积，形成均匀分布、深度不超过1.5米的连续洼地公园，解决区内排水并有效发挥滞留雨水的功能，为园区员工、居民提供多元有趣的生活环境。所有建筑尽量利用太阳能、风能及沼气发电等绿色能源，降低园区能源需求。

总体鸟瞰图

航空城（临空产业区）

制造业厂商用地	20平方公里
制造业就业数	22万人

滨海高新技术开发区

制造业厂商用地	5平方公里
制造业就业数	5—8万人
研发产业用地	10平方公里
研发产业就业数	15—20万人

泰达开发区西区

制造业厂商用地	20平方公里
制造业就业数	20万人

制造业和研发产业总人口：62 ~ 70 万

制造业规划用地中 20% 为道路市政用地，80% 为厂商用地

现代制造业就业密度：100 人 / 公顷（泰达东区）~ 150人 / 公顷（新竹科学工业园区）

空客制造业就业人数：2 万（2010 年空客吸引就业人数）

研发产业就业密度：150 人 / 公顷 ~ 200 人 / 公顷

地区发展概况

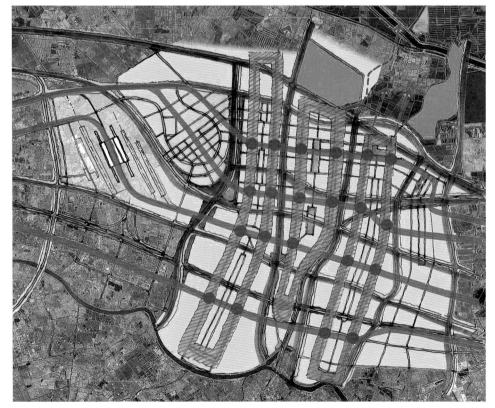

地区发展架构示意图

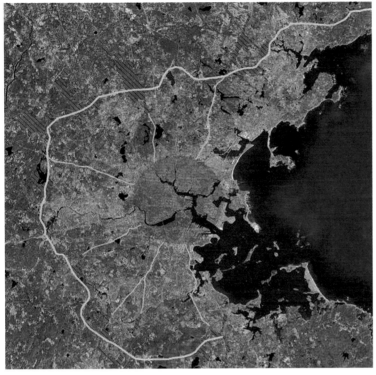

波士顿 128 公路航拍图

硅谷航拍图

波士顿 128 公路实景图

硅谷实景图

World Cutting-Edge Vision
国际一流的愿景

天津滨海新区规划设计国际征集汇编
Compilation of International Competitions for Urban
Planning & Design Schemes in Binhai New Area, Tianjin

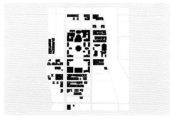

麻省理工学院　　　　　宾夕法尼亚大学　　　　　加州大学伯克利分校　　　　哥伦比亚大学　　　　　加州理工大学

建议：保留适当规模的土地，及早、积极引入国家级或国际级创新学术研究机构。

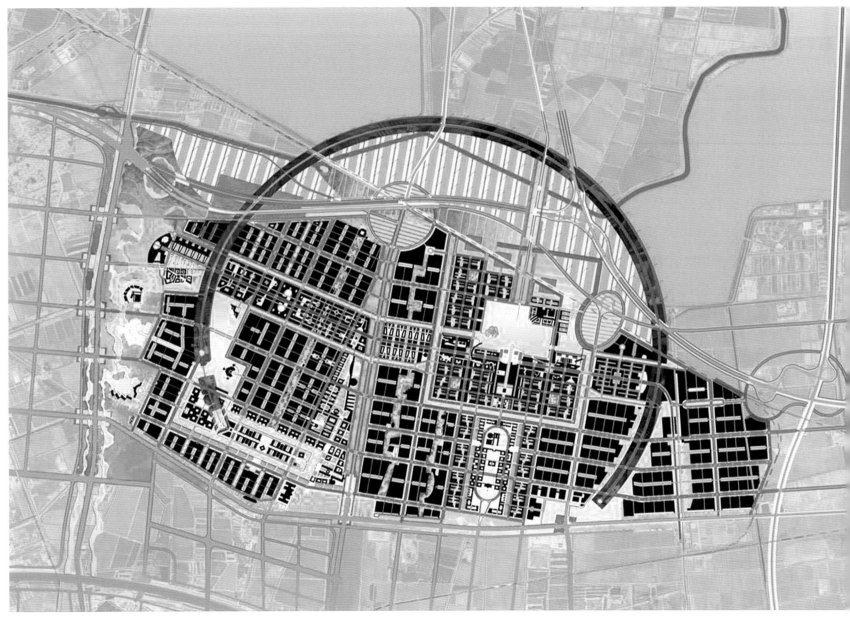

开放空间系统

World
Cutting-Edge Vision
国际一流的愿景

天津滨海新区规划设计国际征集汇编
Compilation of International Competitions for Urban
Planning & Design Schemes in Binhai New Area, Tianjin

"方"城

配合现有湖泊的居中位置，构建"九经九纬"且边长2千米的"方"城。

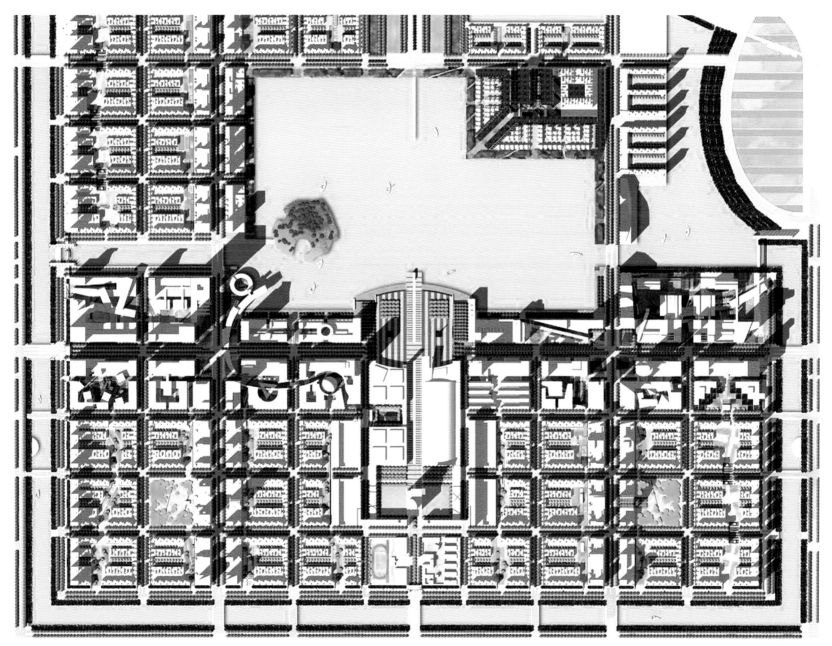

"方"城平面图

"方" 城鸟瞰图

World
Cutting-Edge Vision
国际一流的愿景

天津滨海新区规划设计国际征集汇编
Compilation of International Competitions for Urban
Planning & Design Schemes in Binhai New Area, Tianjin

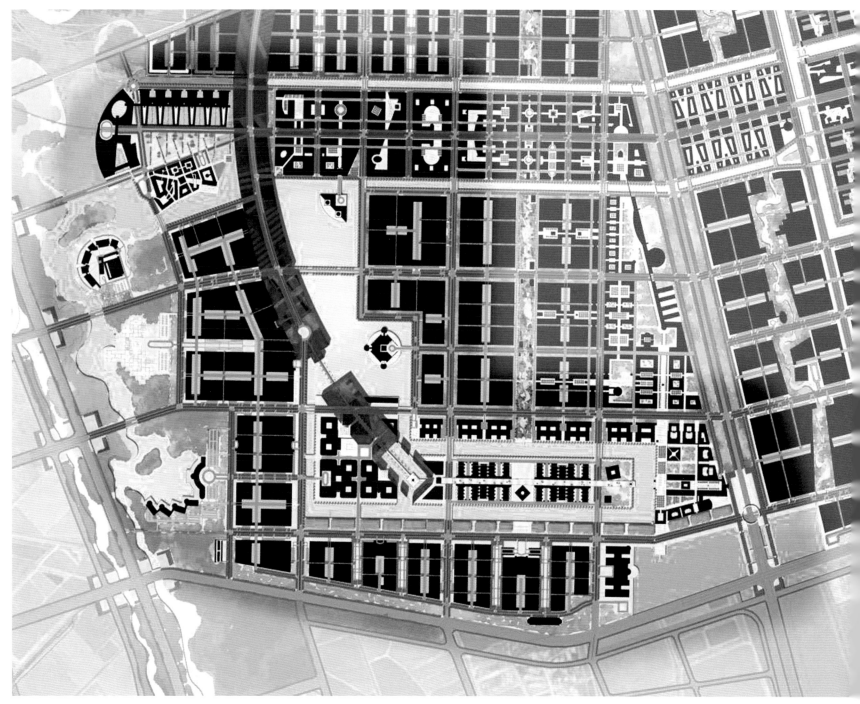

起步区开放空间示意图

专家意见

1. 丰富多变的方格网 + "天环" + "方"城的格局，体现了滨海高新区的功能定位。

2. 规划从更大的范围研究生态水系、道路交通和功能关系，用地布局合理。

3. 对交通、水资源、功能、企业定位、科技创新、可持续发展等方面提出问题，务实地采取相应措施予以解决。

4. 提出了"沿轨道交通走廊进行高强度开发"的理念。

5. 在土地利用上弹性不足。

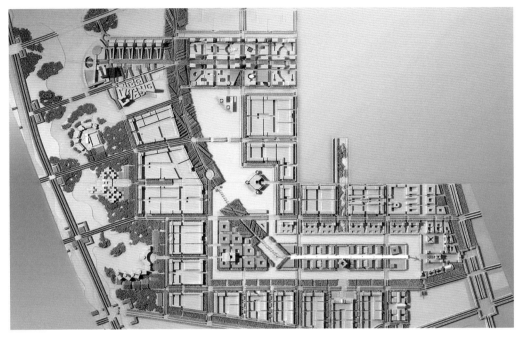

起步区平面图

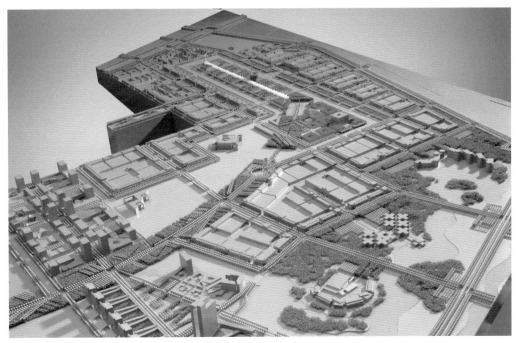

起步区鸟瞰图

一号方案
Scheme No.1

设计单位　日本亚洲城市研究集团、天津大学城市规划设计研究院

Design Firms　Asian Urban Research Group &
Tianjin University Urban Planning Design Research Institute

日本亚洲城市研究集团由亚洲各国的城市规划专家组成，主要为亚洲城市的城市规划和环境规划提供技术指导，特别为发展中国家提供可持续发展的城市规划方案。

天津大学城市规划设计研究院成立于 1996 年，隶属于天津大学建筑设计规划研究总院，拥有城乡规划、旅游规划甲级资质，以高品位、高质量的规划设计方案服务于各项目委托单位。

设计理念

规划范围内由若干个圆形组团作为基本单元，各单元又由主干道连接，保证彼此间相对独立又分工协作的空间基础。一期建设主体为起步区与综合服务区，二期侧重于彼此间的空地和结合部，三期则是规划范围内边缘地带的建设。基础设施系统采用生态节能的构建方式，尽可能减少资源的消耗。起步区主要包括入口湖区公园、门户咨讯核、潜力研发团地、动力产业团地、滨水居住团地等；综合服务区由交通枢纽核、智慧创新团地、高效行政团地、渤龙湖游览区、金融联动带、活力展示岛、轴线休闲公园等构成。

总平面图

专家意见

1. 整体建筑空间在统一协调下，突出了变化，形成了有识别性并富有变化的城市形象。

2. 发展模式体现了生态和可持续性发展的原则。

3. 关于经济策划的研究深入可取。

4. 水系增加需慎重考虑。

总体鸟瞰图

World
Cutting-Edge **Vision**
国际一流的愿景

天津滨海新区规划设计国际征集汇编
Compilation of International Competitions for Urban
Planning & Design Schemes in Binhai New Area, Tianjin

二号方案
Scheme No.2

设计单位　上海同济城市规划设计研究院

Design Firm　Shanghai Tongji Urban Planning & Design Institute

上海同济城市规划设计研究院是全国首批取得城市规划设计甲级资质及旅游规划甲级资质的设计院。在城乡规划编制的各个领域、专项规划和旅游规划方面，均拥有国内知名的资深规划专家和实战经验丰富的设计团队，并培养了一批思维活跃、具有创新精神的青年规划师。

设计理念

立意："一带、三区六组、三轴"

规划在结合现状条件和开发建设的基础上，形成"一带、三区六组、三轴"的规划功能格局。

修建性城市设计中对综合服务区功能定位为滨海高新区的公共服务中心，整合中央休闲公园、园区行政、高级办公、商业服务、国际社区、高级酒店、园区会展、研发中心、高等院校和居住社区等区域。规划结构为"一心、一带、四片"；起步区设计构想主要以生产和研发为主，规划整合科技研发、高科技制造、办公管理、高级公寓等功能。

0　200　500　1000M

总平面图

专家意见

1. 方案总体构思清晰，用地布局整齐、简洁；功能明确，与周围区域相呼应。

2. 道路系统清晰，为区域发展提供了多种交通方式相结合的交通系统。

3. 绿化和开放空间集中布局，土地利用方式好。

4. 城市尺度过大。

鸟瞰图

鸟瞰图

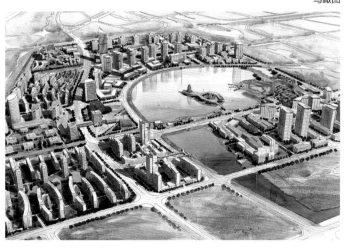

鸟瞰图

四号方案
Scheme No.4

设计单位 德国阿尔伯特·施佩尔城市规划建筑设计联合公司、天津城建设计院有限公司

Design Firms Albert Speer und Partner GmbH & Tianjin Urban Construction Design Institute

德国阿尔伯特·施佩尔城市规划建筑设计联合公司于 1964 年创立，是德国顶尖的城市规划和建筑设计公司，致力于运用先进的理念和创新的手法在建筑设计、城市规划和交通规划领域为客户提供完整、可持续的解决方案。

天津城建设计院有限公司是天津城建集团控股的多元投资股份制设计公司，由国家建设部颁发建筑工程甲级、市政公用行业（排水、道路、桥隧）甲级设计资质证书。主要承担建筑工程、市政工程、城市规划的工程咨询、设计及工程技术开发、转让、咨询、服务等工作。

设计理念

立意："细胞"——高效生态的城市结构

整个区域由规模相近又相对独立的组团和一个特殊的核心区组成，体现"细胞"结构。以生态为主题的绿色框架（屏障）及以节能为主题的中央绿化带，将整个高新技术区划分成不同的部分，形成了方案的主要结构。综合服务区是被绿化环抱的城市地带，规划遵循方格网结构，并以南北向重要的中央景观轴线为中心；起步区按照细胞结构的概念规划，包括一个分核心区和四个建筑组团。四个建筑组团之间形成生态湖泊，布置休闲和运动等设施，主环路穿越分核心将各建筑组团串联起来。

总平面图

专家意见

1. 将仿生学原理用于规划设计，提出"细胞"的概念，理念新颖。
2. 五个板块有机结合，有利于分期、分批开发建设。
3. 人工环境与自然环境相融合。
4. 板块间布局较散，不成系统，不便于使用和管理。

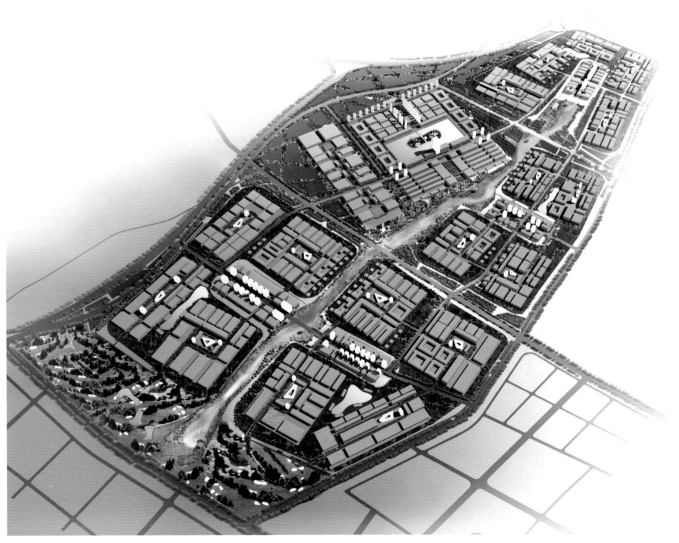

总体鸟瞰图

World
Cutting-Edge **Vision**
国际一流的愿景

天津滨海新区规划设计国际征集汇编
Compilation of International Competitions for Urban
Planning & Design Schemes in Binhai New Area, Tianjin

Int'l Competition for Urban Design Schemes of Tianjin Port Dongjiang Comprehensive Service Area（Phase I）& Primary Area

天津港东疆综合配套服务区（一期）
城市设计及起步区修建性城市设计方案国际征集

项目概况

天津港东疆综合配套服务区是滨海新区功能区之一的海港物流区的重要组成部分。该次规划设计范围位于天津港东疆综合配套服务区南部，是东疆综合配套服务区开发建设的启动区域。

东疆综合配套服务区的定位是建设成为 21 世纪我国北方开放度最高的碧海蓝天新港区。其中，东疆综合配套服务区（一期）将承担部分商务贸易功能、客运码头功能、休闲旅游及生活服务功能。

项目名称： 天津港东疆综合配套服务区（一期）城市设计及起步区修建性城市设计方案国际征集

项目区位： 天津滨海新区东疆保税港区

设计要求： 落实功能分布、合理组织交通、提出空间布局与环境设想，勾勒该地区独具特色的城市空间风貌。
确立并强化东疆综合配套服务区（一期）的城市形象与特征。
通过标志性建筑等构建滨海新区标志性景观；通过多元化的城市功能，构建 21 世纪我国北方开放度最高的碧海蓝天新港区。

设计内容： 概念性城市设计 12 平方千米
综合配套服务区（一期）城市设计 6 平方千米
起步区修建性城市设计 2 平方千米

设计时间： 2006 年 10 月 11 日—12 月 20 日

应征单位： 二号方案 伟信顾问集团有限公司（一等奖）
三号方案 新加坡筑土国际都市设计事务所、天津市建筑设计院
一号方案 天津市城市规划设计研究院

组织单位： 原天津市滨海新区管委会、天津市规划局

主办单位： 天津港（集团）有限公司

评审会现场

专家名单

谢士楞   中国工程院院士、中交一航院高级技术顾问

顾民权   原中交一航院副总工程师

赵智帮   原中交一航院副总工程师

霍 兵   天津市规划局副局长、滨海新区规划和国土资源管理局局长

洪再生   天津大学建筑设计规划研究总院院长

黄力军   天津港（集团）有限公司副总裁

李 伟   原天津港（集团）有限公司总工程师

项目区位图

设计范围示意图

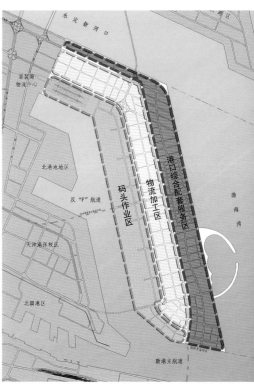

功能分区图

World
Cutting-Edge Vision
国际一流的愿景

天津滨海新区规划设计国际征集汇编
Compilation of International Competitions for Urban
Planning & Design Schemes in Binhai New Area, Tianjin

二号方案（一等奖）
Scheme No.2
First-award

设计单位　伟信顾问集团有限公司

Design Firm　Scott Wilson

伟信顾问集团有限公司是一个综合性的国际企业，在建筑与自然环境领域
提供全面的设计与工程咨询服务；总部位于英国，目前在全球拥有 80 个
办事处；在铁路、建筑及基建、环境及自然资源以及公路领域为客户提供
战略咨询与多学科的专业服务。

设计理念

立意：一个生机勃勃的"复合型"现代化大都市

方案沿东侧海岸线且由北向南依次规划——独具滨海景观特色的低密度生态居住区，以高密度、高容积以及
高层建筑群打造极富现代感、国际级商务中心形象的商业商贸区（全区的中心），由港务区、商务区、商业
酒店和一个 18 洞海上高尔夫球场构成的休闲娱乐区及国际邮轮码头等四个功能区。一期起步区的城市功能
设置主要是为配合保税港区发展的需求，配备居住、办公、商业以及丰富的旅游度假等设施，力求使旅游休
闲区四季充满活力和吸引力。同时，在深入海域 400 米的人工岛上设计以天津港徽为元素的高 150 米的标志
性建筑，成为东疆港休闲旅游区的地标。

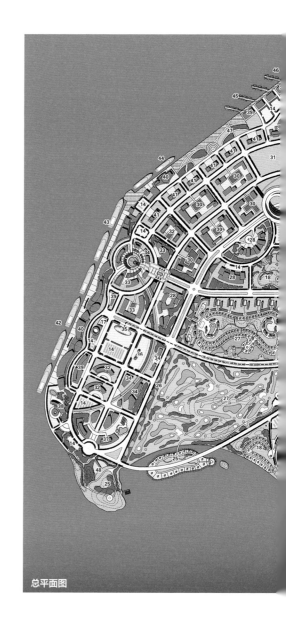

总平面图

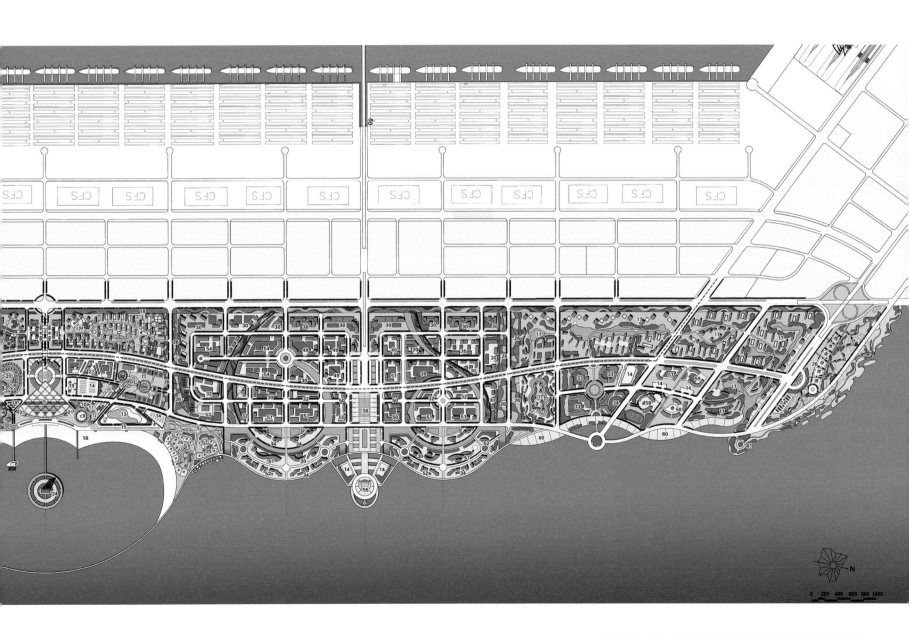

World
Cutting-Edge Vision
国际一流的愿景

天津滨海新区规划设计国际征集汇编
Compilation of International Competitions for Urban
Planning & Design Schemes in Binhai New Area, Tianjin

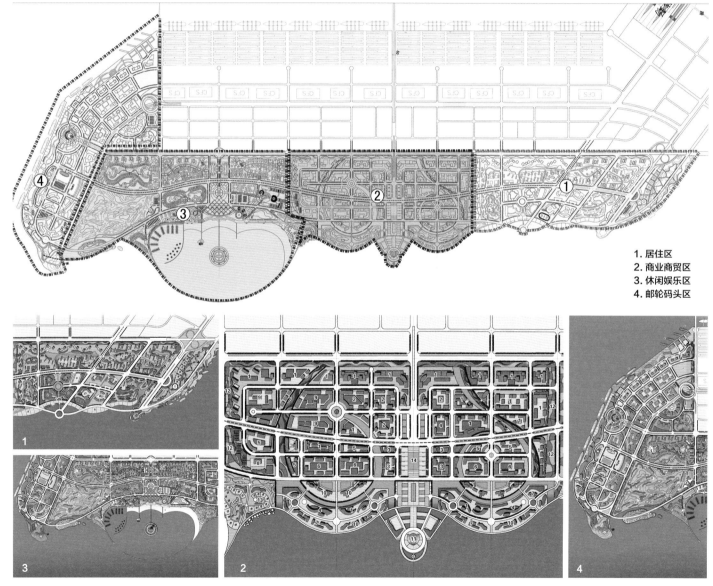

1. 居住区
2. 商业商贸区
3. 休闲娱乐区
4. 邮轮码头区

分区平面图

总体鸟瞰图

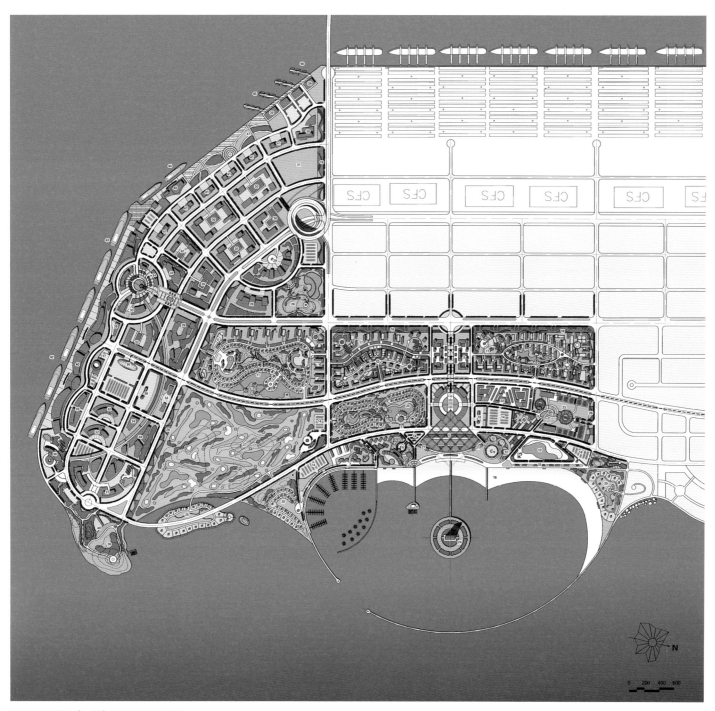

综合配套服务区（一期）城市设计总平面图

节点鸟瞰图

专家意见

1. 方案构思及空间布局合理，城市形象设计特征突出。

2. 满足综合交通运输和优先发展公交的要求。

3. 景观环境设计简洁、开放，体现可持续发展的原则。

4. 建议采取合理的海岸工程措施，起步区方案可操作性强。

综合配套服务区（一期）城市设计鸟瞰图

World
Cutting-Edge Vision
国际一流的愿景

天津滨海新区规划设计国际征集汇编
Compilation of International Competitions for Urban
Planning & Design Schemes in Binhai New Area, Tianjin

三号方案
Scheme No.3

设计单位　新加坡筑土国际都市设计事务所、天津市建筑设计院

Design Firms　Archiland International & Tianjin Architecture Design Institute

新加坡筑土国际都市设计事务所是一家由规划、建筑、景观等不同学科的专业设计师和研究人员组成且于2003 年在新加坡成立的设计公司，擅长解决城市设计、景观、规划和建筑等方面的复杂问题，为客户提供全方位的服务，拥有建筑设计甲级资质、规划乙级资质。

天津市建筑设计院创立于 1952 年，历经 60 年历史沧桑，现已发展成为技术实力雄厚、人才济济的天津地区最大的综合性建筑设计院，拥有建筑工程设计、城乡规划编制、风景园林专项工程设计、工程造价咨询等多项甲级资质，是国际建筑工程咨询协会（菲迪克）会员单位。

设计理念

立意："渤海之眼、天津之眼"——体现人类活动和大自然的和谐共生

全区由北向南依次为高端滨海生态住区、国际化海岸商务商业区和以邮轮母港为中心的海滨生态休闲新城三类不同特色的开放空间。新城规划中，生态河道中的海水经过物理和生态的处理，形成清洁且自循环的内湖；连接内湖与海洋的环形步道，伸入海中的娱乐休闲岛。这个系统将为新城提供主要的娱乐设施，改善当地的气候，彰显全新的蓝色水体形象，构建不同的滨水区域。同时，整个规划结构蕴涵"大地艺术式"的隐喻，使生态休闲新城宛如"天津之眼"在渤海之滨延展开来。

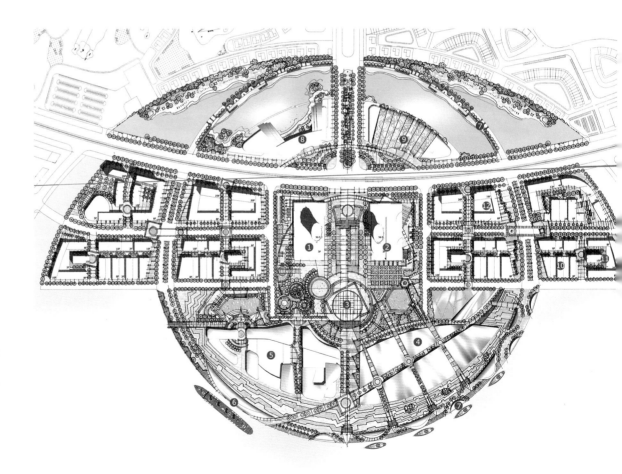

核心区总平面图

节点夜景鸟瞰图

总体鸟瞰图

海洋生态住区

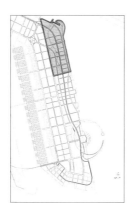

国际化海岸商务商业区

1　湿地公园
　　Wetland Park
2　体育场
　　Stadium
3　超市
　　Supermarket
4　小学
　　Primary School
5　中小学合设校园
　　Complex Campus of Primary School and High School

节点平面图 1

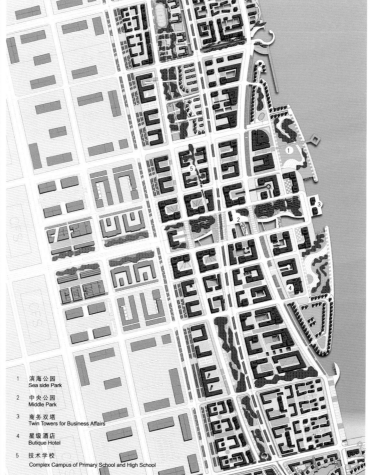

1　滨海公园
　　Sea side Park
2　中央公园
　　Middle Park
3　商务双塔
　　Twin Towers for Business Affairs
4　星级酒店
　　Butique Hotel
5　技术学校
　　Complex Campus of Primary School and High School

节点平面图 2

占地 6 平方千米的配套服务区（一期）由以特色滨海休闲设施为核心的滨海休闲中心、以邮轮母港为中心的高端客运码头区以及以会展为中心的海洋船务商务园区三大节点共同组成。

意向图

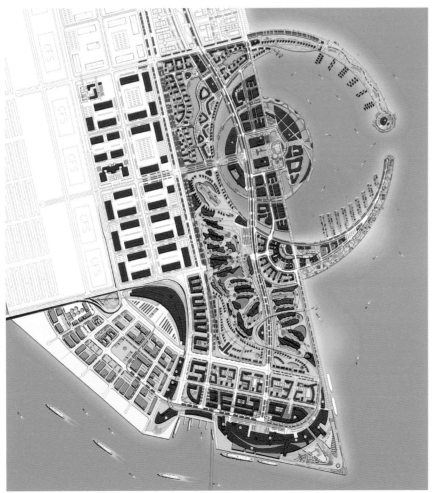

滨海生态休闲新城平面图

专家意见

1. 设计构思和空间布局新颖，城市形象良好，特征突出。
2. 环境景观及色彩系统设计有所创新，体现了地区特色。
3. 符合综合交通运输和优先发展公交的要求。
4. 方案的分步实施和经济性需深入分析。

一号方案
Scheme No.1

设计单位 天津市城市规划设计研究院

Design Firm Tianjin Urban Planning & Design Institute

天津市城市规划设计研究院成立于 1989 年，是具有国家城市规划、土地规划、建筑设计、工程咨询以及规划环评甲级资质的综合性规划设计研究院；主要业务范围包括：城乡规划、城市设计、环境景观设计、建筑设计、道路交通与市政工程设计等；近年来积极开展对外技术合作与交流，与多家学术团体和设计公司开展合作。

设计理念

立意："海挡"改善不利气候环境，塑造北方"碧海蓝天"新港湾

方案架构基于多功能混合型城市空间与 TOD 发展模式，以交通性道路及其绿化带为分期开发实施界限；以海挡、生态岛、岸线、开放空间构筑四道气候环境屏障，使港岛成为宜居的城市生活港湾；延续传统海滨建筑生态观，形塑虚实结合的新形式；充分利用风能、太阳能等无污染能源，实现城市零能耗的发展目标，提倡使用公共交通和绿色交通工具，减少污染和土地浪费。可弹性利用的绿化隔离带，为未来的城市发展预留多种可能；南部未来形成以国际邮轮母港基地为经济增长引擎的自由贸易区。

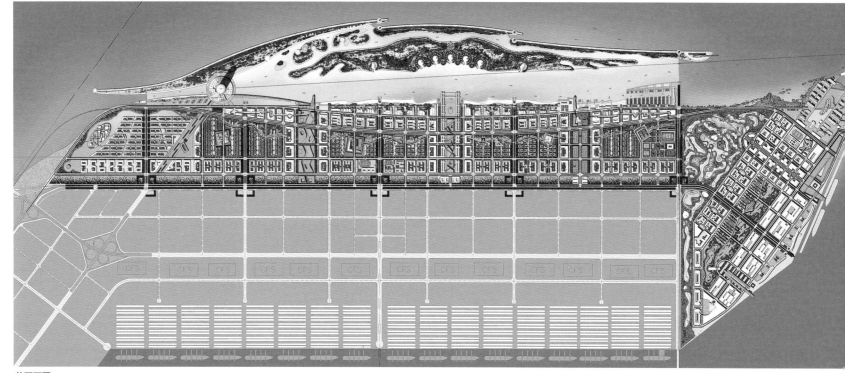

总平面图

7 个城市分区中，A—D 区作为主要城市发展区，主题分别为：创业与文体娱乐、国际商务与采购、科学与文化、地域文化和历史记忆；E 区为海挡和生态岛屿；F 区为高尔夫和绿化隔离停车带；G 区为自由贸易区。

专家意见

1. 城市形象良好，特征明显。

2. 交通体系规划合理，体现了优先发展公交的原则。

3. 景观环境体现了可持续发展和建设生态城市的原则。

4. 整体方案在适应未来发展的弹性方面有一定缺陷。

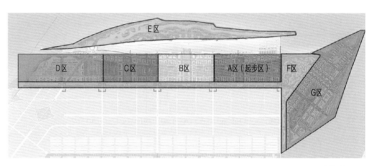

功能分区图

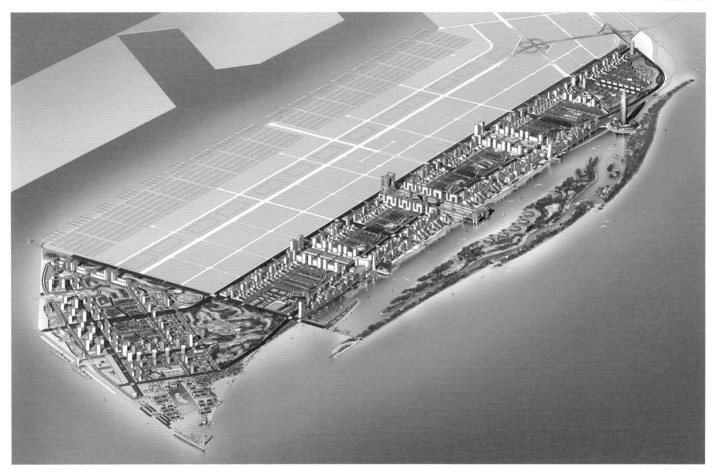

总体鸟瞰图

World Cutting-Edge *Vision* 国际一流的愿景

天津滨海新区规划设计国际征集汇编
Compilation of International Competitions for Urban
Planning & Design Schemes in Binhai New Area, Tianjin

Int'l Competition for Urban Design Schemes of Tianjin Airport Logistic
Processing Zone & Aviation Technology Industrial Base

空港物流加工区、民航科技产业化基地
城市设计方案国际征集

项目概况

天津空港物流加工区、民航科技产业化基地是滨海新区功能区之一的空港经济区的重要组成部分。天津空港物流加工区的定位是天津空港经济区的核心区、先进制造业和高新技术研发转化基地、现代服务业的示范区，以制造、研发、总部经济、临空会展为主，建设空港经济区的核心集聚区，形成区域特色鲜明、功能优势突出、产业关联互动的经济区域。民航科技产业化基地的定位是我国唯一的国家级民航科技产业化基地，以民航设备制造和加工、民航科技研发、民航技术服务为主导功能，我国民航重大科技攻关中心，国际先进民航技术引进、消化、吸收的平台，具有国际一流水平的创新研发基地。

设计要求： 城市设计——明确区域的空间布局结构、交通体系和发展策略；确定开发的发展脉络和时序；提出总体建筑空间形态构想。

修建性详细城市设计——确定各详细划分用地的功能设计与布局结构、区域交通体系、空间形态、城市形象与特征，构建公共运输导向的城市交通体系和城市发展模式；确定发展脉络和开发时序，确立城市合理有序的发展过程，充分体现土地的价值和各个发展阶段的城市风貌的完整性。

重要道路节点景观设计——打造区域内重要道路节点、公共空间、绿地系统，优化路网及节点与工业用地建筑布局的关系，营造和谐的空间感受，建立城市道路景观架构、序列，形成有序、优雅、生态、独特的城市道路景观系统。

项目名称： 天津空港物流加工区、民航科技产业化基地城市设计方案国际征集

项目区位： 天津滨海新区空港经济区

设计内容： 城市设计——商业商贸带、总部经济带、科技研发带以及民航科技产业化基地

修建性详细城市设计——加工区商业商贸带、总部经济带

景观设计——加工区重要道路节点

设计时间： 2006 年 10 月 11 日—12 月 23 日

应征单位： 二号方案　美国 RTKL 国际有限公司（一等奖）

一号方案　英国阿特金斯设计顾问集团

三号方案　德国 SBA 公司

组织单位： 天津空港物流加工区管委会

主办单位： 天津空港物流加工区规划建设管理局

评审专家

齐 康	中国科学院院士、东南大学教授
杨秉德	浙江大学建筑系教授、博士生导师
冯 容	住建部城市规划、历史文化名城保护专家委员会委员、原天津市规划局副局长
尹海林	天津市副市长、原天津市规划局局长
霍 兵	天津市规划局副局长、滨海新区规划和国土资源管理局局长
张爱国	天津市商务委员会主任、原天津空港物流加工区管委会副主任
张有满	原天津空港物流加工区规划建设局局长

项目区位图

详细城市设计范围（6.02 平方千米） 城市设计范围（16.84 平方千米）

专家评审会

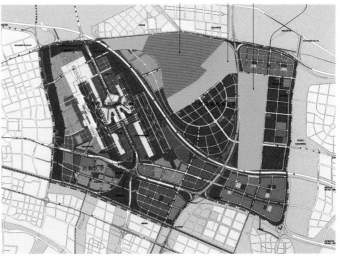

设计范围示意图

World
Cutting-Edge Vision
国际一流的愿景

天津滨海新区规划设计国际征集汇编
Compilation of International Competitions for Urban
Planning & Design Schemes in Binhai New Area, Tianjin

二号方案（一等奖）
Scheme No.2
First-award

设计单位 美国 RTKL 国际有限公司

Design Firm RTKL International Ltd.

美国 RTKL 国际有限公司是世界上最大的建筑规划设计公司之一，以丰富的经验及特长为世界各地的客户提供各类专业设计服务。从 1946 年创办至今，RTKL 已发展成为拥有建筑设计、都市规划、结构工程、空调水电设备工程、室内设计、园景绿化设计、标志路牌系统设计等各种专业人才并提供多元整体专业服务的世界性设计公司。

设计理念

立意："三角形"——稳定的城市结构

区域规划结合已经确定的文化产业中心及会展中心的位置，在加工区中心设置服务加工区自身的副中心，形成三个主要的重点发展区；结合文化中心及会展中心的位置分别设置轨道 2号线的站点，形成 TOD 开发策略。现有的高尔夫球场基本位于加工区的几何中心，未来将球场转变为向市民开放的城市公园，支撑加工区副中心的开发；区域中形成三条功能带：总部办公带、复合商业走廊和社区服务走廊连接三个重点发展区，确定三角形的城市结构；在三角形城市结构的基础上，形成次一级的城市节点，同时加强中心湖景区周边配置，形成三角形的重心，进一步完善和丰富城市整体结构。

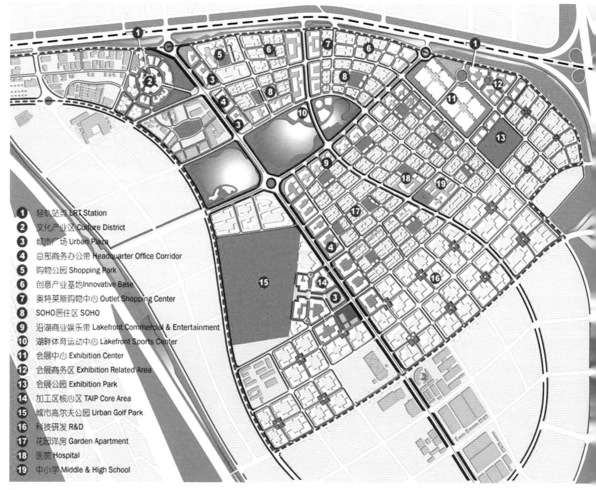

① 轻轨站点 LRT Station
② 文化产业区 Culture District
③ 城市广场 Urban Plaza
④ 总部商务办公带 Headquarter Office Corridor
⑤ 购物公园 Shopping Park
⑥ 创意产业基地 Innovative Base
⑦ 奥特莱斯购物中心 Outlet Shopping Center
⑧ SOHO居住区 SOHO
⑨ 沿湖商业娱乐带 Lakefront Commercial & Entertainment
⑩ 湖畔体育运动中心 Lakefront Sports Center
⑪ 会展中心 Exhibition Center
⑫ 会展商务区 Exhibition Related Area
⑬ 会展公园 Exhibition Park
⑭ 加工区核心区 TAIP Core Area
⑮ 城市高尔夫公园 Urban Golf Park
⑯ 科技研发 R&D
⑰ 花园洋房 Garden Apartment
⑱ 医院 Hospital
⑲ 中小学 Middle & High School

总平面图

总体鸟瞰图

World Cutting-Edge **Vision**
国际一流的愿景

天津滨海新区规划设计国际征集汇编
Compilation of International Competitions for Urban
Planning & Design Schemes in Binhai New Area, Tianjin

节点鸟瞰图

专家意见

1. 城市设计方法适当，三个中心与三个副中心的构思合理，充分考虑了现状和未来的发展。"以人为本"的思想在规划方案中得以充分体现。

2. 路网密度尺度合理，充分考虑了轨道交通对该地区的影响。

3. 城市设计导则利于规划管理，具有可操作性。

1. 购物公园
2. 商务办公
3. 餐饮设施
4. 酒店
5. SOHO 居住区
6. 创意产业基地
7. 奥特莱斯购物中心
8. 极限运动区
9. 图书馆
10. 培训中心
11. 体育俱乐部
12. 沿湖商业娱乐带
13. 花园洋房区

节点平面图

World
Cutting-Edge Vision
国际一流的愿景

天津滨海新区规划设计国际征集汇编
Compilation of International Competitions for Urban
Planning & Design Schemes in Binhai New Area, Tianjin

一号方案
Scheme No.1

设计单位　英国阿特金斯设计顾问集团

Design Firm　Atkins Group

英国阿特金斯设计顾问集团是英国最具威望的公司之一，欧洲最大的跨学科设计与工程咨询公司，国际领先的大型上市顾问集团公司。阿特金斯成立于 1938 年，1994 年进入中国市场，提供城市规划、建筑设计和景观设计服务。在工作的各个层面，阿特金斯都是低碳规划和设计的倡导者与实践者。

设计理念

立意："海河之帆"——扬帆、远航、腾飞、发展

核心概念通过方案中河湖水巷的改造、河巷步行街的建立、文化展览标志性建筑的形态设计体现出来。方案建立了空港国际商业文化中心、空港商业休闲区、空港国际会展三个核心区，通过滨水河巷步行街商业休闲道将三个核心区串联起来，创造了具有吸引力与活力的城市空间形态，为加工区新阶段的经济腾飞提供了崭新的城市空间平台。

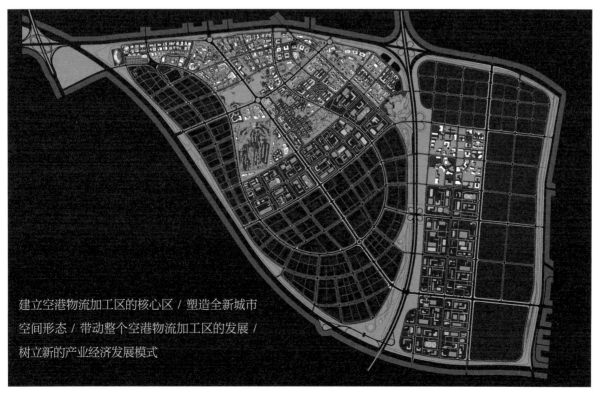

建立空港物流加工区的核心区 / 塑造全新城市
空间形态 / 带动整个空港物流加工区的发展 /
树立新的产业经济发展模式

总平面图

空港国际商业休闲区鸟瞰图

专家意见

1. 建筑空间于统一协调中突出了变化，形成了有识别性、富有变化的城市形象。

2. 发展模式充分体现了生态和可持续发展的原则。

3. 经济策划的研究深入可取。

4. 水系的增加需仔细研究。

World Cutting-Edge **Vision**
国际一流的愿景

天津滨海新区规划设计国际征集汇编
Compilation of International Competitions for Urban Planning & Design Schemes in Binhai New Area, Tianjin

三号方案
Scheme No.3

设计单位　德国 SBA 公司

Design Firm　SBA GmbH

德国 SBA 公司拥有来自德国的优秀建筑设计师、城市规划师、城市设计师及专业工程师团队，业务范围涵盖建筑设计、城市规划、城市设计、景观设计、古建筑保护及城市建设中的各类专业咨询工作，总部位于德国斯图加特市。

设计理念

立意：生态主义——整体城市设计
　　　花园式产业基地——优美的工作环境

运用生态主义理论和整体城市设计观念，确立加工区地区的整体城市结构。方案根据地区路网及朝向的特殊性，以三条绿化带串联不同功能的地块，使各地块拥有丰富的结构层次的同时，又使整个城市结构得到了统一；民航科技产业化基地采用花园式产业基地的设计理念：办公区沿主要道路布置在绿化带内，地块内部布置各类厂房，灵活地布置绿地及广场，营造优美的工作环境；管理、服务及科研培训区域的建筑之间形成开放、半开放广场及绿化空间，将公共服务设施与之相结合，提高了城市空间品质。

总平面图

专家意见

1. 以"带形绿化"为构思，组织整体空间布局，体现了生态和城市艺术，增加了土地利用价值和城市综合功能。
2. 交通组织合理，优先发展公共交通和轨道交通系统的设想有利于区域发展。
3. 绿化系统布局合理，尤其是中心大道作为林荫道的设想颇有特色。
4. 布局略显呆板。

总体鸟瞰图

World
Cutting-Edge **Vision**
国际一流的愿景

天津滨海新区规划设计国际征集汇编
Compilation of International Competitions for Urban
Planning & Design Schemes in Binhai New Area, Tianjin

Int'l Competition for Action Plan Schemes of Binhai CBD（Yujiapu）

滨海新区中心商务商业区（于家堡地区）
行动规划设计方案国际征集

项目概况

于家堡地区位于滨海新区海河北岸，是滨海新区中心商务区的核心组团。

规划四至为：东、南、西三面临海河，北到新港路。规划用地面积 3.44 平方千米。

项目名称： 滨海新区中心商务商业区（于家堡地区）行动规划设计方案国际征集

项目区位： 天津滨海新区中心商务区

设计要求： 在滨海新区总体规划和于家堡地区控制性规划的基础上，从实施的角度出发，分析研究
该地区的具体开发目标和功能定位。根据研究确定的开发目标和功能定位，确定重点开
发的建设项目（包括项目功能、针对的市场目标、项目规模、档次与特色等）。根据对
现况和未来市场需求的分析研究，提出重点项目布局、开发时机、时序与开发周期、投
融资方式等建议。

设计时间： 2006 年 10 月 11 日—12 月 14 日

应征单位： 二号方案　上海保柏建筑规划咨询有限公司（一等奖）

　　　　　　 一号方案　中国城市规划设计研究院

　　　　　　 三号方案　天津市城市规划设计研究院

组织单位： 原天津市滨海新区管委会、天津市规划局

主办单位： 原天津市塘沽区规划和国土资源局

评审专家

黄富厢　原上海市城市规划设计研究院总
　　　　工程师、教授级高级规划师，全
　　　　国注册规划师

柯焕章　北京 CBD 规划建设总顾问、原中
　　　　国城市规划协会副会长、原北京
　　　　市城市规划设计研究院院长

朱嘉广　中国城市规划协会副理事长、原
　　　　北京市城市规划设计研究院院长

荆其敏　天津大学建筑学院教授、博士生
　　　　导师，国家一级注册建筑师

评审会现场

项目区位图

设计范围示意图

World
Cutting-Edge Vision
国际一流的愿景

天津滨海新区规划设计国际征集汇编
Compilation of International Competitions for Urban
Planning & Design Schemes in Binhai New Area, Tianjin

二号方案（一等奖）

Scheme No.2
First-award

设计单位　上海保柏建筑规划咨询有限公司

Design Firm　Shanghai Broadway Architectural Planning and Consulting Co., Ltd.

上海保柏建筑规划咨询有限公司是英国 Broadway Malyan 在中国的代表机构；多年来为众多城市政府部门、开发区、跨国公司及本地开发商提供了高质量的城市规划和设计服务，尤以提供兼具前瞻性和可实施性的行动规划而著称于规划界。

设计理念

立意：根的记忆，叶的生机——历史、文化、老建筑、休闲、创意、新时尚

方案依托 U 形水面空间，营造"山"字形绿色空间，支撑倒 U 形城市空间生长的空间结构，勾勒出层次丰富的城市形态；主双塔主导天际线，次双塔平衡南北向天际线，周边楼群依次向外跌落。建筑群内高外低、北高南低、起伏有序；滨河建筑以小高层、高层为主。

功能重心向北集聚，城市空间向南敞开。商务功能区集中布置以形成商务核心；在堡西路和水线东路与滨水区之间形成商务、零售、宾馆、休闲服务、酒店式公寓等混合功能区，实现功能的高度复合；居住区主要布置在西北、东北和东南三个亲水区位；会展、文化、旅游设施布置在中央广场和滨河公园之间；沿海河岸线形成连续的休闲旅游绿化功能带。

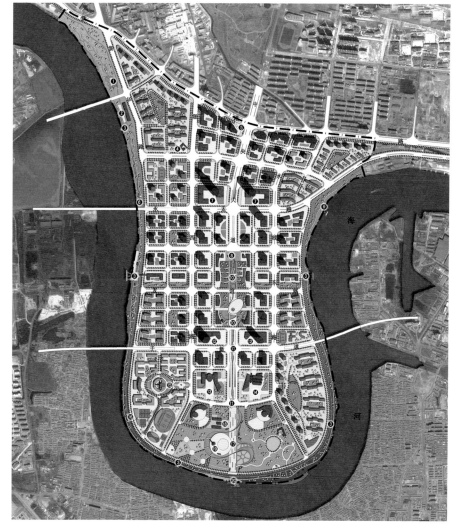

总平面图

专家意见

1. 方案采用传统的空间组合方法，轴线对称，结构紧凑，与周边地区相互协调，但不利于未来的灵活发展。

2. 路网系统明确，主次道路系统分明，外来车辆容易到达中心区，地下交通组织紧凑，利于开发。

3. 中心广场规模尺度适宜，易形成良好的商务氛围。

4. 空间结构较清晰，建筑呈 U 字形排布，体量得体，便于实施。

5. 建筑布局北高南低，中间高、两侧低，形成良好的空间形态。

总体鸟瞰图

一号方案
Scheme No.1

设计理念

立意：三区合一、模块生长、高效交通、城市客厅

方案力求从区域空间上综合把握，整合现有中心区资源，将于家堡中心商务商业区作为整个滨海核心 CBD 的一部分，与周边重要区域相呼应，以海河为核心，以解放路和天碱地区为中心商业区，以响螺湾地区为综合商务区，形成功能多元、充满活力的 CBD 区域。该区域包括六个功能板块：于家堡地区西侧和响螺湾地区东侧的商务中心板块、海河滨水景观带与商务办公景观带交会处的商业中心板块、文化中心板块、于家堡地区东北角的金融教育板块、于家堡地区南侧结合原有码头的滨水娱乐板块、合理安排住宅及公寓用地比例的居住板块，力求实现于家堡 CBD 面向国际、服务三北、体现金融创新并拥有高端现代服务功能的城市功能定位。

设计单位 中国城市规划设计研究院

Design Firm China Academy of Urban Planning & Design

中国城市规划设计研究院是住房和城乡建设部直属科研机构，全国城市规划研究、设计和学术信息中心；拥有城市规划编制、工程设计、工程咨询、旅游规划设计、文物保护工程勘察设计、建设项目水资源论证、建筑工程设计和建筑智能化集成甲级资质，以及承包境外市政工程勘测、咨询、设计和监理项目资质。对部服务、科研标准规范、规划设计和社会公益服务是中规院的四项主要职能。

总平面图

专家意见

1. 形态结构各具特色，布局有新意。
2. 创新产业有招商的吸引力和卖点。
3. 南站遗址公园等充分考虑了当地的历史文脉。
4. 中央大道穿越中心，采用路堑式将东西两区截然分开，此法欠妥。

总体鸟瞰图

三号方案
Scheme No.3

设计单位　天津市城市规划设计研究院

Design Firm　Tianjin Urban Planning & Design Institute

天津市城市规划设计研究院成立于1989年，是拥有国家城市规划、土地规划、建筑设计、工程咨询以及规划环评甲级资质的综合性规划设计研究院；主要业务范围包括：城乡规划、城市设计、环境景观设计、建筑设计、道路交通与市政工程设计等；近年来积极开展对外技术合作与交流，与多家学术团体和设计公司开展合作。

设计理念

立意：一个生机勃勃的 CBD 新区

规划分成九个区：滨海金融街（财富之谷），金融学院（知识加油站），原住居民安迁及中高密度住宅（百安居、百颂园），SOHO 都市白领公寓和水滨洋房（创艺居坊、水岸公馆），商务办公区（精英都市），南站风情酒吧街（魅影倾城），商城，电影城，休闲娱乐不夜城（盛购天堂），行政办公及文化区，休闲娱乐区。

区域中央以地标性摩天大楼统领于家堡整个区域，塑造城市空间形象，沿河建筑较高，拥有良好的景观观赏效果；圆形路网拥有强有力的标识度，北部的立交保证了交通的通畅，确保了东西方向的连贯性；对于原住民的安置体现了"构建和谐社会"的思想。

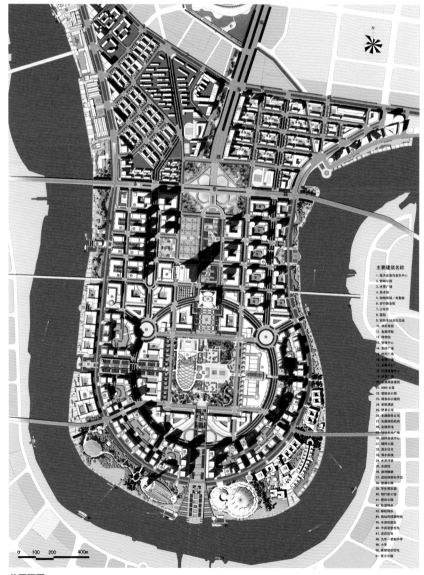

总平面图

专家意见

1. 四大工程、五大建筑、六大投资主题明确。

2. 交通规划立休化，地下空间连成网络；公交全覆盖。

3. 滨河双层处理方式具有居民亲水性。

4. 南侧圆形围合空间尺度太大。

5. 环形建筑群南高北低，不利于采光通风。

总体鸟瞰图

World
Cutting-Edge **Vision**
国际一流的愿景

天津滨海新区规划设计国际征集汇编
Compilation of International Competitions for Urban
Planning & Design Schemes in Binhai New Area, Tianjin

Int'l Competition for Overall Conceptual Planning of Seaside Leisure Tourist and
Comprehensive Service Area & Urban Design Schemes in Key Area

海滨休闲旅游区综合服务区（临海新城）总体概念规划及重要节点
修建性城市设计方案国际征集

项目概况

滨海旅游区是滨海新区重要功能区之一，现隶属于中新生态城，是以旅游产业为主导、二三产业协调发展的综合性城区。其致力于成为以主题公园、休闲总部、生态宜居、游艇总会为核心，京津共享的滨海旅游城。

项目规划依托南湾的优越景观条件，结合国家海洋博物馆和滨海旅游区城市中心区，打造独具特色的滨海城市中心区和景观标志区。滨海旅游区正在加紧填海成陆、基础设施建设和项目引进。目前，远望高科技主题公园、宝龙欧洲公园、渤海监测监视基地、海斯比游艇城等项目纷纷进驻滨海旅游区。

项目名称： 海滨休闲旅游区综合服务区（临海新城）总体概念规划及重要节点修建性城市设计方案国际征集

项目区位： 天津滨海新区中新生态城

设计内容： 总体概念规划
重要节点修建性城市设计

设计要求： 总体概念规划——在现有规划成果的基础上进一步明确和细化海滨休闲综合服务区的功能分区、空间布局、交通体系和发展策略并确定发展脉络与时序，为下一步详细规划提供指导。
重要节点修建性城市设计——确立并强化海滨休闲综合服务区的临海城市形象与特征，通过标志性开放空间、标志性建设区域和标志性建筑等构建海滨休闲综合服务区的标志性景观；通过多元化的城市功能使新城充满活力。

设计时间： 2006 年 10 月 11 日—12 月 19 日

应征单位： 一号方案 荷兰德和威集团（一等奖）
二号方案 伟信顾问集团有限公司
三号方案 美国 KSK 设计公司
四号方案 英国沃特曼国际工程公司

组织单位： 原天津市滨海新区管委会、天津市规划局

主办单位： 天津泰达投资控股有限公司

专家评审会

评审专家

刘景樑　　国家勘察设计大师、天津市建筑设计院名誉院长

霍　兵　　天津市规划局副局长、滨海新区规划和国土资源管理局局长

洪再生　　天津大学城市规划设计研究院院长

邹　哲　　天津市城市规划设计研究院总工程师

李洪远　　南开大学环境科学与工程学院副所长

杨桂樨　　港口工程专家

杨凤成　　城市规划专家

冯　涛　　天津泰达投资控股有限公司建设管理部总工程师

王庆翔　　天津泰达海洋开发有限公司总经理

项目区位图

设计范围示意图

World Cutting-Edge **Vision**
国际一流的愿景

天津滨海新区规划设计国际征集汇编
Compilation of International Competitions for Urban
Planning & Design Schemes in Binhai New Area, Tianjin

一号方案（一等奖）
Scheme No.1
First-award

设计单位　荷兰德和威集团

Design Firm　DHV Group

荷兰德和威集团成立于 1917 年，如今已经发展成世界上最大的国际咨询工程公司之一；主要服务于四个领域：航空、基础设施、水和建筑；活跃于近 30 个国家的 60 个城市，拥有雇员 4000 多人；业务领域包括：环境、工业建筑、机场航空、交通系统、水、综合城市开发。

设计理念

立意：智者乐水——创建生机盎然的多元城市

总平面图

整个设计的主导思想是将综合紧凑的城市形态与流畅的自然景观相结合，形成多样性城市景观系统；通过对运河集中水面生态湿地、大坝等城市水系统的整体设计、综合工程、规划及景观设计，为新城营造可持续且优美的水域环境。根据不同的使用功能，将岸线划分为硬质岸线、较硬质岸线及软质岸线，为人们提供多样化的滨水活动空间。地标建筑"水晶山"被设置在内湖的中央，运动岛等各功能岛围绕其中，有如众星捧月，成为进入该区域的标志，同时也主导着城市的视觉轴线，增强了城市的可识别性，提升了临海新城的城市形象。

总体鸟瞰图

World Cutting-Edge Vision
国际一流的愿景

天津滨海新区规划设计国际征集汇编
Compilation of International Competitions for Urban
Planning & Design Schemes in Binhai New Area, Tianjin

地标建筑"水晶山"一年四季是休闲娱乐的好去处，尤其是冬季。4 万平方米的水世界，有水上公园、异国特色的植物园、高级健身中心。区域中包括：酒店、会议中心、高档公寓、酒店服务式公寓、办公室、商铺、餐厅、咖啡厅、酒吧、卡拉 OK、电影院、观景台、水上出租、剧院、停车场。

水晶山建筑方案效果图

水晶山建筑方案效果图

专家意见

1. 方案立意为"渤海之钻",创意新颖,布局合理,分工明确。

2. 通过运河将城市公园、绿地、湿地、三角洲等各种类型的自然要素组织起来。

3. 充分体现可持续发展理念,如风力资源开发利用、淡水处理、雨水收集等。

4. "钻石山"的使用安全性和经济性值得考虑。

高档水岸住宅及运动和海洋博物馆区效果图

钻石森林岛效果图

水晶山效果图

蔚蓝岛效果图

World Cutting-Edge **Vision**
国际一流的愿景

天津滨海新区规划设计国际征集汇编
Compilation of International Competitions for Urban
Planning & Design Schemes in Binhai New Area, Tianjin

二号方案
Scheme No.2

设计单位　伟信顾问集团有限公司

Design Firm　Scott Wilson

伟信顾问集团有限公司是一个综合性的国际企业；总部位于英国，
目前在全球拥有 80 个办事处；在铁路、建筑及基建、环境及自然
资源以及公路领域为客户提供战略咨询与多学科的专业服务。

设计理念

立意：“日月同辉”—— 蓬勃向上、永续发展

方案基于“集约发展、混合功能”的新都市主义思想，确立了网格布局的城市框架。路网及绿化空间将开发用地划分为机
动灵活、各具特色的分区，便于分期实施和创造新型就业机会；以“海作”为设计载体，内、外海营造了亲水性的人居环境，
为岸线单调等方面的问题提出了兼具可行性和创造性的解决方案，也使各种城市功能和开放空间共享不同风格的海上美景。

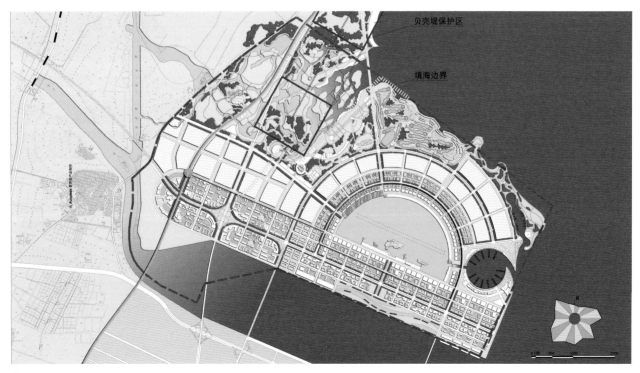

总平面图

地标建筑鸟瞰图

专家意见

1. 主题"日月同辉"创意新颖，整体布局和空间构思合理。

2. 土地利用充分，区域概念便于分期开发，对海堤和贝壳堤保护区进行保护性开发有利于区域合理整合。

3. 内、外部路网系统衔接顺畅，系统可靠性高。

4. 地标建筑体量较大，缺乏可行性研究。

总体鸟瞰图

World Cutting-Edge Vision
国际一流的愿景

天津滨海新区规划设计国际征集汇编
Compilation of International Competitions for Urban
Planning & Design Schemes in Binhai New Area, Tianjin

三号方案
Scheme No.3

设计单位 美国 KSK 设计公司

Design Firm KSK

美国 KSK 设计公司成立于 1966 年，拥有多名各种专业的设计师，利用交叉学科的方法和途径帮助客户解决问题并为实际项目构架方案，已成功完成了不同尺度、不同性质的多个项目。擅长领域包括：城市设计、区域交通规划、建筑设计等。

设计理念

立意："生态、健康、环保、文化"的新城区

规划重点体现生态、环保和发展的主旨，实现节约发展、清洁发展、可持续发展。

用围海海挡、特色植物、人工沙丘营造极具特色的自然景观；填海地区主轴线两侧为高档住宅和旅游度假区，遵循生态和舒适原则，分别构建绿化居住区和海洋居住区，以"绿肺"为主题进行概念性规划设计。

主轴线：体育、海洋文化博览及高档水岸生活区。将步行广场设计成商户环绕的大型室内水系花园。

整个区域的亮点：地标性建筑物——六星级酒店综合体，其两侧裙房的形状像两片张开的贝壳，主楼前面的圆形会议中心造型独特，好像一颗美丽的珍珠。

总平面图

专家意见

1. 方案突出水岸休闲地域特色，充分考虑土地利用价值和城市综合功能的提升。

2. 采用自由式路网构架，内外衔接良好、顺畅。

3. 新能源有所创新，节能理念明确突出，绿化空间层次丰富。

4. 水体比例较大，增加了水体水质保持的难度。

总体鸟瞰图

World
Cutting-Edge **Vision**
国际一流的愿景

天津滨海新区规划设计国际征集汇编
Compilation of International Competitions for Urban
Planning & Design Schemes in Binhai New Area, Tianjin

四号方案
Scheme No.4

设计单位 英国沃特曼国际工程公司

Design Firm Waterman International

英国沃特曼国际工程公司是英国最大的工程设计集团上市公司之一，成立于1952年，于伦敦股票交易市场上市；主要服务包括建筑和规划、基础设施和市政工程、环保工程三大类。

设计理念

立意："鱼"——寓意吉祥，年年有余

景观优美的海湾由三条"鱼"组成，处于总体规划的中心地带，带状交通系统环绕四周。分区规划保留了南部的海面港口及高科技区，一条重要的绿化带沿海岸路段及游艇码头延展开来。临水而建的城市中心位于海湾的顶端，它拥有一个商业及政府商务中心，以及一所大学及其相关研究部门。方案对各功能区提出了土地利用规划，并在主要节点做了修建性城市设计。70层高的塔楼建筑"银鱼探海"坐落在核心区的一个岛上，为该区域的地标建筑。

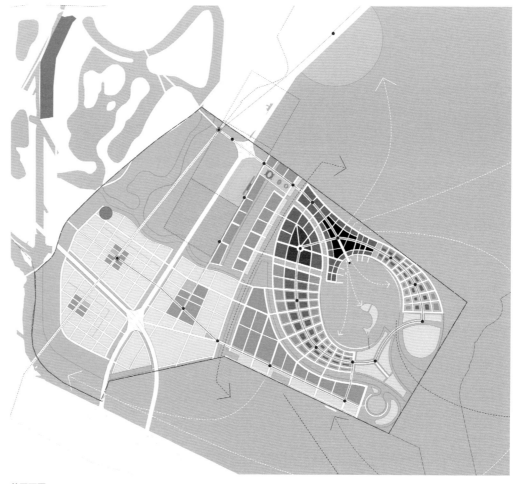

总平面图

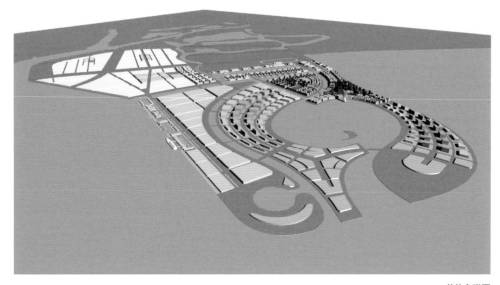

总体鸟瞰图

专家意见

1. 主题鲜明、分区明确、构思新颖，总体布局生动合理。

2. 交通系统构架清晰，多种交通方式有机结合。

3. 地标性建筑"银鱼探海"造型生动并富有地方传统文化韵味。

4. 建筑密度过大，可操作性有待研究。

节点效果图

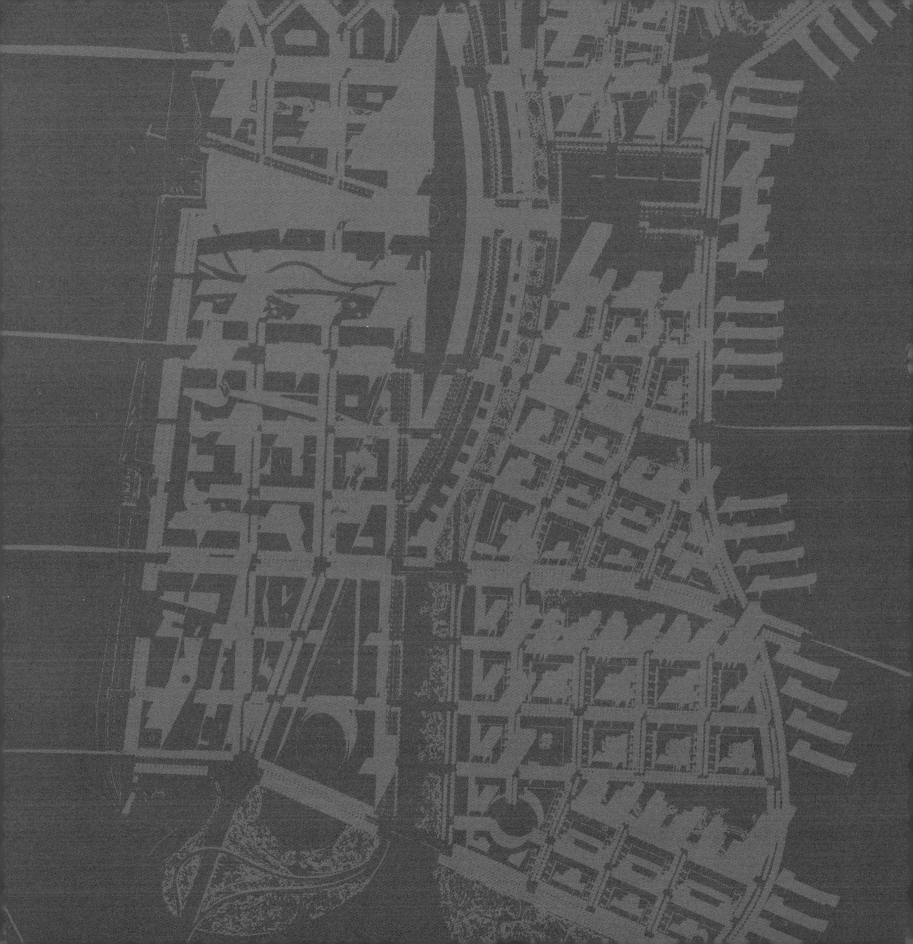

2007－2008 年

天津滨海新区中心商务区（于家堡地区）

城市设计国际竞赛

2007—2008 Int'l Competition for Urban Design of Riverfront CBD (Yujiapu) in Binhai New Area, Tianjin

Overall Description

总体概况

滨海新区中心商务区是滨海新区重要功能区之一，是滨海新区开发开放的标志和服务区域经济发展的窗口。于家堡地区位于中心商务区，是滨海新区 CBD 建设的重点区域，也是滨海新区推进经济跨越式发展、发挥滨海新区核心区引擎作用的重点区域，其规划设计水平受到外界广泛关注。

为更好地建设于家堡中心商务区，原天津市塘沽区人民政府与国际建筑师协会（简称 UIA）合作，向全球发出于家堡地区城市设计国际竞赛的邀请。该次国际竞赛于 2007 年 9 月 3 日正式启动，内容包括 3.44 平方千米整体性城市设计和 50 万平方米金融商务核心区城市设计。经公开报名，全球共有 69 家设计单位报名，经过层层筛选，邀请 8 家设计团队参加竞赛。

2008 年 3 月，历时 7 个月的国际竞赛落下帷幕，经国际评审团评审，最终来自中国、西班牙、丹麦三家设计单位的方案分获前三名。

这也是 UIA 首次进入中国地区并与中国地方政府合作参与的国际性赛事。

项目名称： 天津滨海新区中心商务区（于家堡地区）城市设计国际竞赛

项目区位： 北至新港路，东至海河，西至海河，南至海河

设计要求： 在《天津市滨海新区中心商务区（于家堡地区）行动规划及重要节点城市设计方案汇总整合》的基础上，通过地区城市设计的分期实施，形成有机有序的空间秩序。

设计内容： 整体性城市设计（3.44 平方千米）
核心区城市设计（50 万平方米）

设计时间： 2007 年 11 月 15 日—2008 年 3 月 20 日

应征单位： 二号方案　天津华汇工程建筑设计有限公司（一等奖）
一号方案　西班牙 i3 Consultores, S.A.（二等奖）
五号方案　丹麦亨宁·拉森建筑事务所（三等奖）
三号方案　加拿大布鲁克麦洛伊建筑设计公司、佩斯建筑事务所
四号方案　德国 SBA 公司
六号方案　法国帕特里克建筑事务所
七号方案　意大利斯加盖地建筑设计事务所
八号方案　美国 Gensler 设计事务所

组织单位： 原天津市塘沽区人民政府、国际建筑师协会

主办单位： 原天津市塘沽区规划局

邹德慈

崔 愷

Bruno Fortier

Stig Andersson

Simon Allford

Justine Miething

Michael Sorkin

霍 兵

评审专家

邹德慈　　中国工程院院士、原中国城市规划设计研究院院长

崔　愷　　中国工程院院士、中国建筑设计研究院副院长兼总建筑师

Bruno Fortier　　巴黎美丽城建筑学院教授

Stig Andersson　　丹麦 SLA 事务所创始人

Simon Allford　　英国 AHMM 事务所合伙人

Justine Miething　　德国建筑师、UIA 代表人

Michael Sorkin　　美国 Michael Sorkin 工作室负责人

霍　兵　　天津市规划局副局长、滨海新区规划和国土资源管理局局长

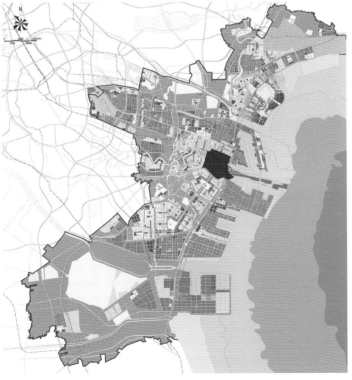

项目区位图

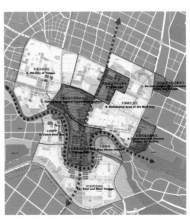

滨海新区中心商务商业区总体规划图

滨海新区中心商务商业区用地现状图

World
Cutting-Edge **Vision**
国际一流的愿景

天津滨海新区规划设计国际征集汇编
Compilation of International Competitions for Urban
Planning & Design Schemes in Binhai New Area, Tianjin

Competition Schemes

竞赛方案

二号方案（一等奖）
Scheme No.2
First-award

设计理念

该方案关注了于家堡 CBD 中心区与相邻
城市发展空间的关系，突出了滨水城市
特色。将轨道交通换乘枢纽站置于中心
部位，强化了区域交通网络对 CBD 的支
撑作用。滨河广场和绿地创造了有特色
的公共空间。路网的密度和街坊式的街
区空间营造为城市生活提供了适宜的尺
度。 合理紧凑且功能复合的渐进式分期
开发模式具有深远的现实意义。

设计单位 天津华汇工程建筑设计有限公司

Design Firm Huahui Architectural Design & Engineering Co., Ltd.

天津华汇工程建筑设计有限公司（HHD），1995 年成立于天津，是拥有国家建筑甲级、规
划甲级设计资质以及一类施工图审查资质的综合性建筑设计单位，通过 ISO9001 ： 2008
国际质量认证。

总平面图

模型鸟瞰图

World Cutting-Edge **Vision**
国际一流的愿景

天津滨海新区规划设计国际征集汇编
Compilation of International Competitions for Urban
Planning & Design Schemes in Binhai New Area, Tianjin

内外交通组织

区域规划力求整合于家堡国际商务中心与响螺湾国内商务中心，使其成为互补的共生体；寻找发展空间广阔并可迅速启动的地块，将其作为高速铁路站区的选址，最大限度地确保交通导向型发展模式的顺利推行。

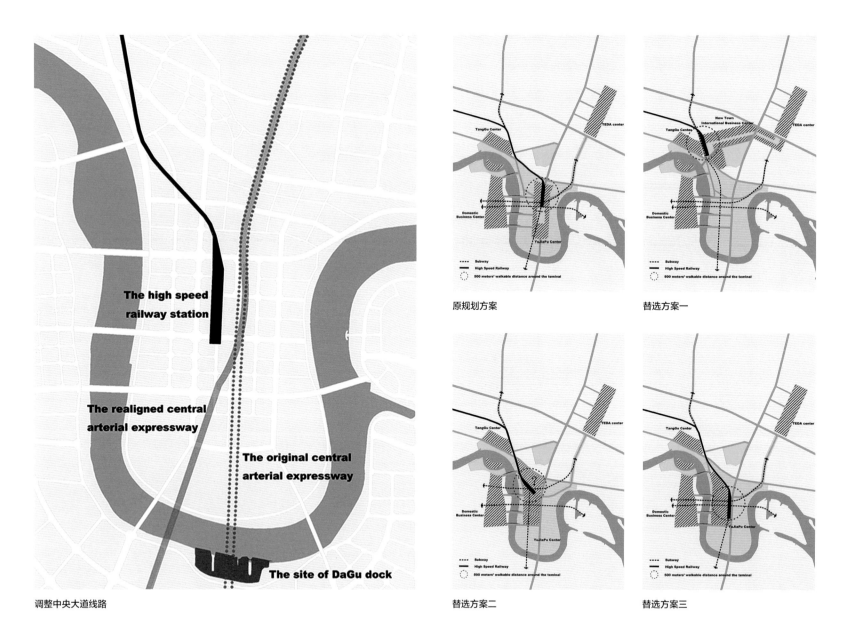

调整中央大道线路

原规划方案

替选方案一

替选方案二

替选方案三

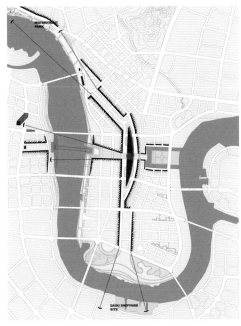

构建具有强烈中心地标感的高铁车站

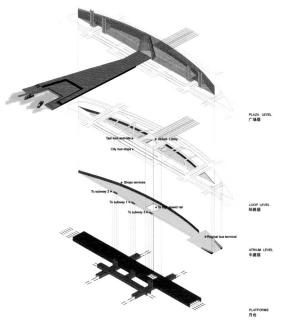

整合各种公交运具的动线，构建高效的交通运输枢纽

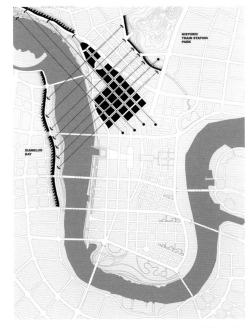

旋转西北街区道路网朝向

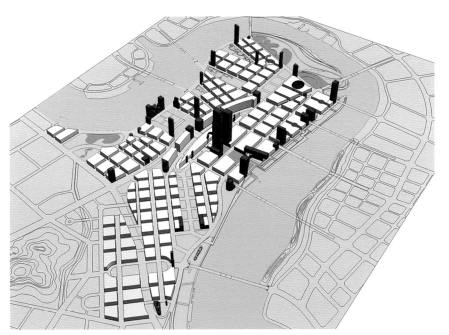

规划适宜步行的城市路网

World
Cutting-Edge Vision
国际一流的愿景

天津滨海新区规划设计国际征集汇编
Compilation of International Competitions for Urban
Planning & Design Schemes in Binhai New Area, Tianjin

可持续建设

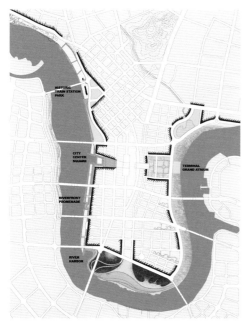

营造多元的滨水空间

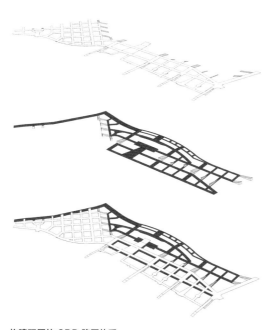

构建双层的 CBD 路网体系

整合暴雨处理系统，形成生态社区的架构

构建公交导向型的土地使用模式

开放空间

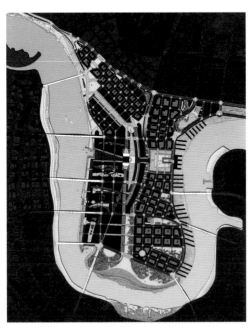

开放空间分析图

开放空间分析图

生态社区

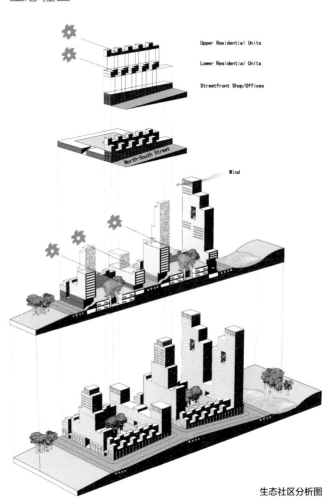

生态社区分析图

模型鸟瞰图

World
Cutting-Edge Vision
国际一流的愿景

天津滨海新区规划设计国际征集汇编
Compilation of International Competitions for Urban
Planning & Design Schemes in Binhai New Area, Tianjin

用地分类与开发强度

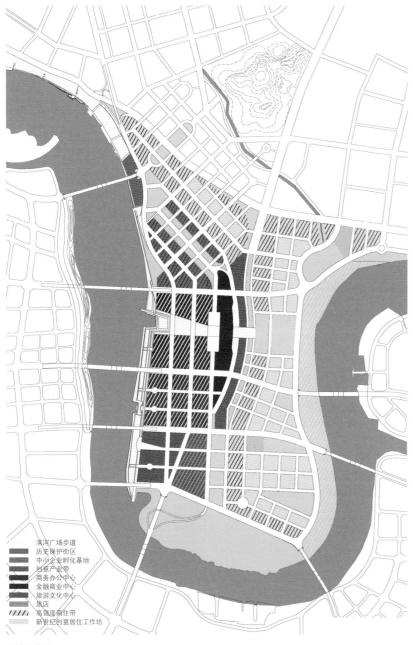

滨河广场步道
历史保护街区
中小企业孵化基地
创意产业带
商务办公中心
金融商业中心
旅游文化中心
旅店
高强度居住带
新世纪创意居住工作坊

用地分类图

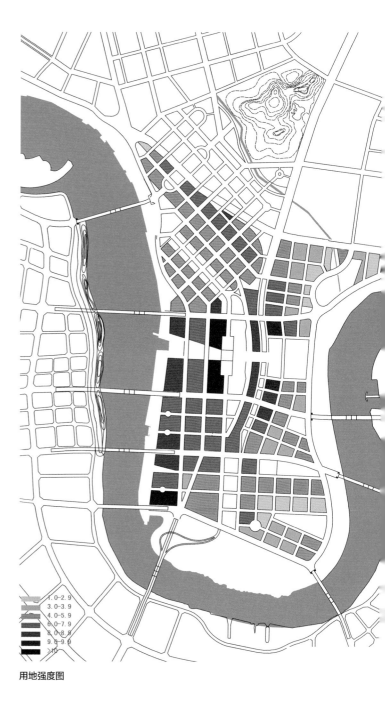

1.0-2.9
3.0-3.9
4.0-5.9
6.0-7.9
8.0-8.9
9.0-9.9
>10

用地强度图

开发时序

未拆迁地区

未拆迁地区应于政府及居民间达成再发展
共识后，逐步推动改造。

已拆迁地区

已拆迁地区从北往南逐步开发。启动高铁
车站和中央大道建设后，立即进行永太路
以北已拆迁地块的开发，其余地块可自北
往南分三期逐步开发。

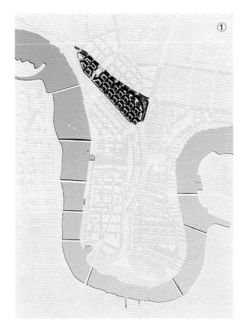
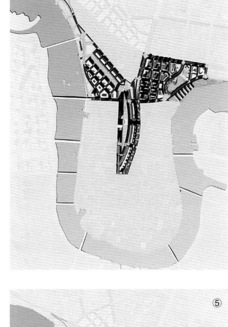
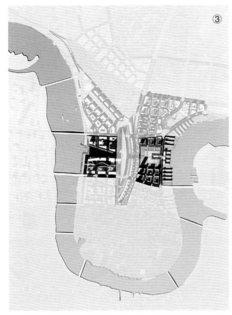

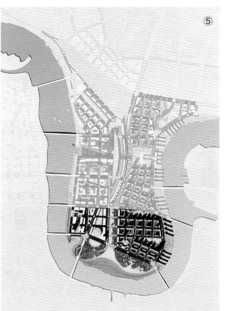

开发时序图

World
Cutting-Edge Vision
国际一流的愿景

天津滨海新区规划设计国际征集汇编
Compilation of International Competitions for Urban
Planning & Design Schemes in Binhai New Area, Tianjin

模型鸟瞰图

专家意见

1. 对响螺湾和于家堡的关系进行了认真的分析。

2. 街区尺度适宜。

3. 邻里社区富有层次变化。

4. 分散布置绿化的方式很好。

5. 具有可操作性和市场价值。

6. 中心火车站的位置有问题。

模型效果图

模型效果图

World
Cutting-Edge Vision
国际一流的愿景

天津滨海新区规划设计国际征集汇编
Compilation of International Competitions for Urban
Planning & Design Schemes in Binhai New Area, Tianjin

一号方案（二等奖）

Scheme No.1
Second-award

设计单位　西班牙 i3 Consultores, S.A.

Design Firm　i3 Consultores, S.A.

西班牙 i3 Consultores, S.A. 是爱德华·雷拉先生一手创办的设计咨询公司，爱德华·雷拉先生是城市设计和规划领域最杰出的欧洲建筑师之一。

设计理念

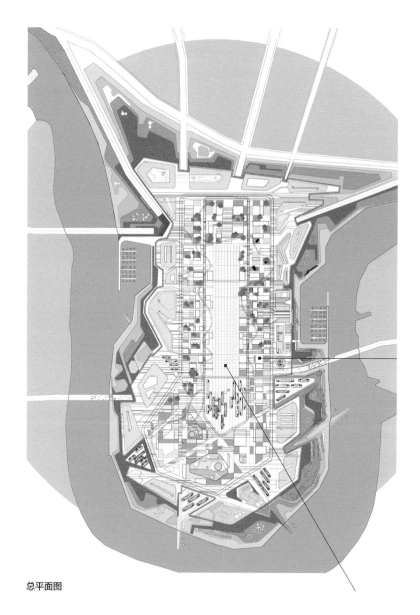

"青山"的主题意在结合防洪堤营造富有起伏变化的绿坡滨水空间，同时在其下面充分利用空间，强化滨水地带的商业及服务功能。更具特色的是中心高层建筑下部的立体化城市交通系统，在此不同层面的路网结构解决各类交通问题的同时，营造了极具特色的城市交往空间。

总平面图

夜景鸟瞰图

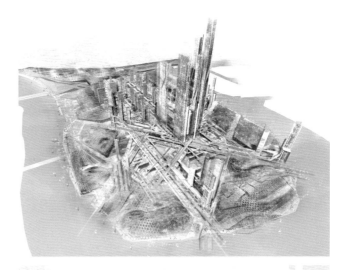

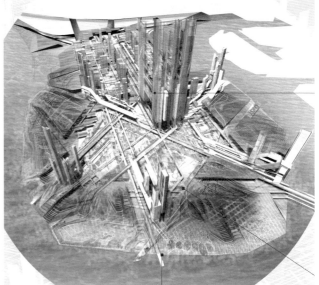

鸟瞰图

World
Cutting-Edge Vision
国际一流的愿景

天津滨海新区规划设计国际征集汇编
Compilation of International Competitions for Urban
Planning & Design Schemes in Binhai New Area, Tianjin

鸟瞰图
Aerial view

鸟瞰图

用地分析

空间分析

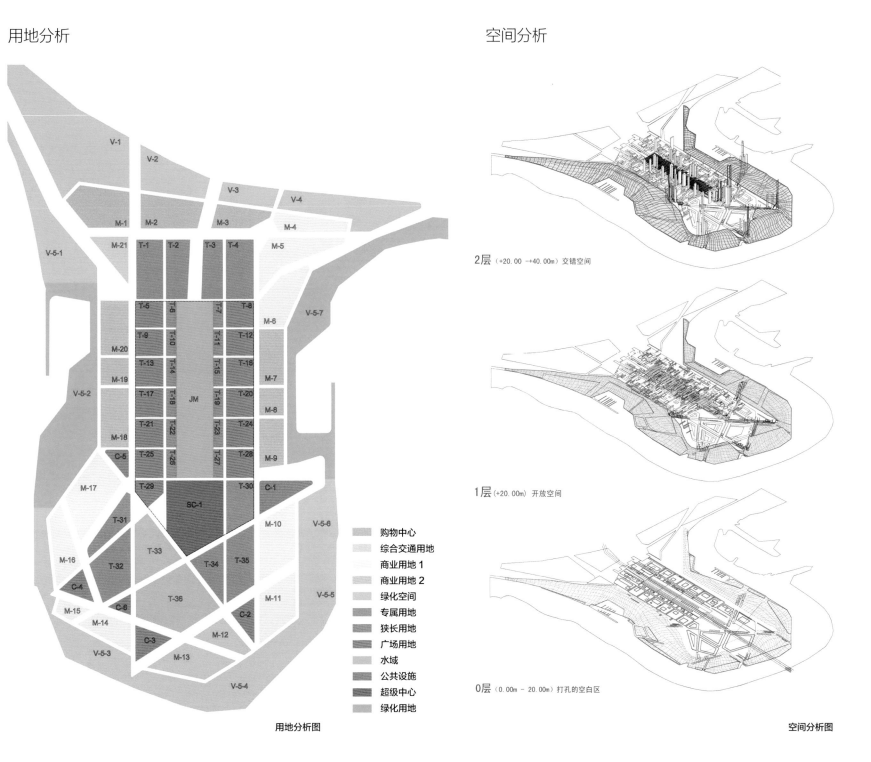

2层（+20.00 —+40.00m）交错空间

1层（+20.00m）开放空间

0层（0.00m — 20.00m）打孔的空白区

	图例
	购物中心
	综合交通用地
	商业用地1
	商业用地2
	绿化空间
	专属用地
	狭长用地
	广场用地
	水域
	公共设施
	超级中心
	绿化用地

用地分析图

空间分析图

交通系统

Car parks above ground level are integrated
with natural and created environment. 地面停车场与自然和人造环境融为一体

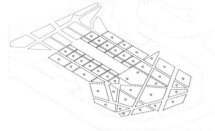

The city for cars without cars.
看不见私家车的私家车之城

Internal distribution system. 内部分配系统。进入道路直接引到环路系统，没有交叉路口
The access routes lead without crossroads to the Ring Road System.

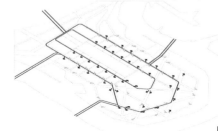

进入停车场的内车道
Internal lanes to access car parks.

Ring Road System. Two levels 环路系统。两层，分流私家车并增加容量
that distributes private traffic and increase capacity.

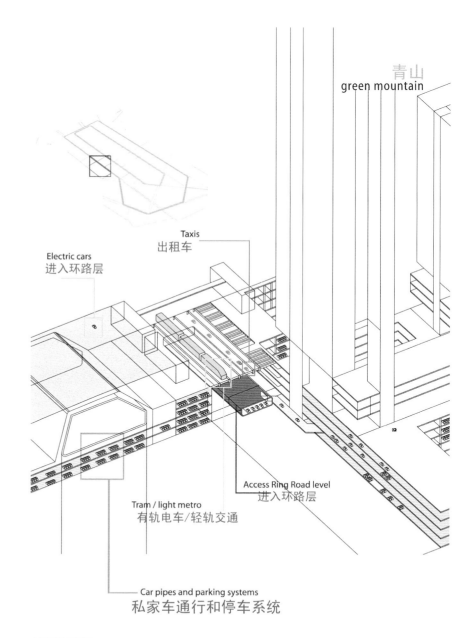

青山
green mountain

Electric cars
进入环路层

Taxis
出租车

Access Ring Road level
进入环路层

Tram / light metro
有轨电车/轻轨交通

Car pipes and parking systems
私家车通行和停车系统

交通系统示意图   交通系统示意图

专家意见

1. 视觉冲击力强。

2. 景观设计完整，单体建筑造型新颖。

3. 考虑了防洪问题，展现了城市的多层次。

4. "青山"的设想使中心背向海河。

5. 可实施性、成本、城市生活的可识别性有待研究。

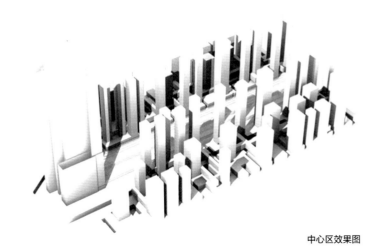

中心区效果图

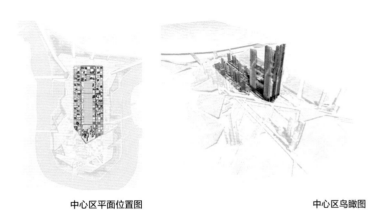

中心区平面位置图　　　　　中心区鸟瞰图

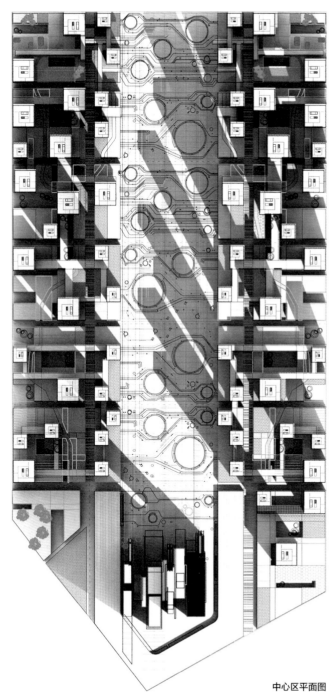

中心区平面图

五号方案（二等奖）
Scheme No.5
Third-award

设计单位 丹麦亨宁·拉森建筑事务所

Design Firm Henning Larsen Architects

丹麦亨宁·拉森建筑事务所是一家根植于斯堪的纳维亚的国际建筑公司。HLA 的目标是打造舒适宜人、可持续、不断超越建筑自身的设计，为使用者以及建筑自身创造持久的价值。

设计理念

区域规划突出了以中心公园为内核的向心式空间结构；建筑内高外低，构成了富有特色的城市轮廓线，强调了 CBD 中心区的高效率和外围滨水空间的生态性。建筑形态亦体现了信息时代的美学。

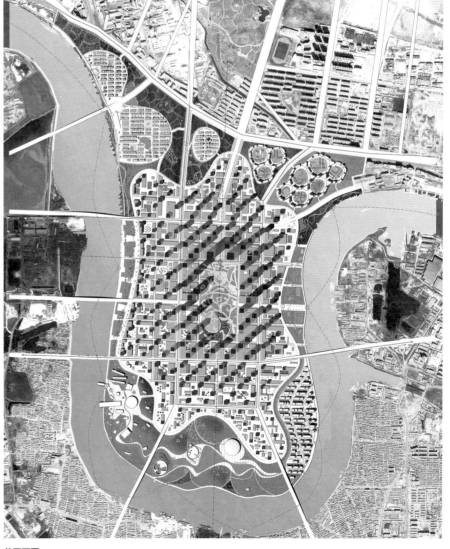

总平面图

总体鸟瞰图

World
Cutting-Edge Vision
国际一流的愿景

天津滨海新区规划设计国际征集汇编
Compilation of International Competitions for Urban
Planning & Design Schemes in Binhai New Area, Tianjin

土地利用

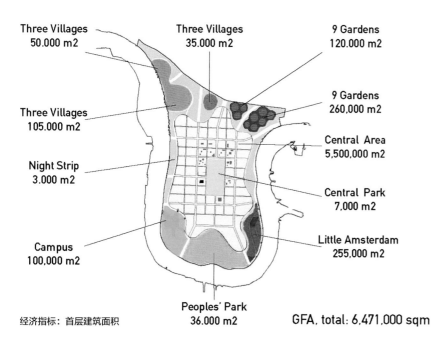

Three Villages
50.000 m2

Three Villages
35.000 m2

9 Gardens
120.000 m2

9 Gardens
260,000 m2

Three Villages
105.000 m2

Central Area
5,500,000 m2

Night Strip
3.000 m2

Central Park
7,000 m2

Campus
100,000 m2

Little Amsterdam
255,000 m2

Peoples' Park
36.000 m2

GFA, total: 6,471,000 sqm

经济指标：首层建筑面积

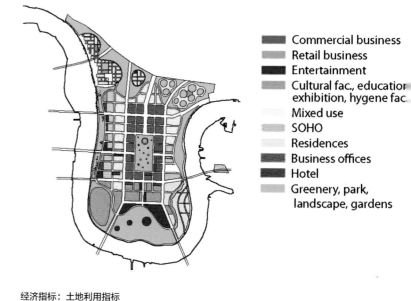

Commercial business
Retail business
Entertainment
Cultural fac., education
exhibition, hygene fac.
Mixed use
SOHO
Residences
Business offices
Hotel
Greenery, park,
landscape, gardens

经济指标：土地利用指标

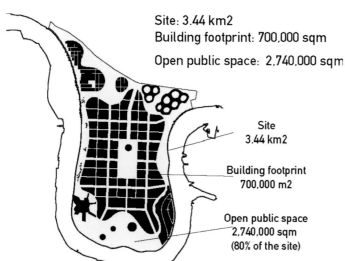

Site: 3.44 km2
Building footprint: 700,000 sqm

Open public space: 2,740,000 sqm

Site
3.44 km2

Building footprint
700,000 m2

Open public space
2,740,000 sqm
(80% of the site)

土地利用：建设用地指标

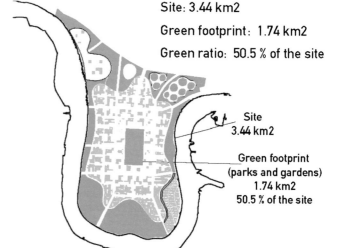

Site: 3.44 km2

Green footprint: 1.74 km2

Green ratio: 50.5 % of the site

Site
3.44 km2

Green footprint
(parks and gardens)
1.74 km2
50.5 % of the site

土地利用：绿化用地

交通分析

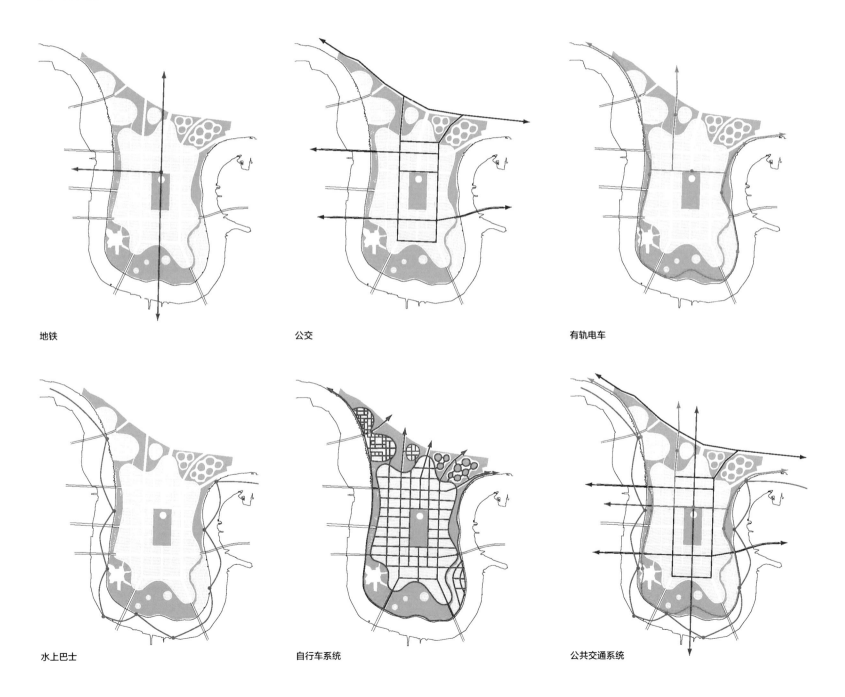

地铁

公交

有轨电车

水上巴士

自行车系统

公共交通系统

World
Cutting-Edge Vision
国际一流的愿景

天津滨海新区规划设计国际征集汇编
Compilation of International Competitions for Urban
Planning & Design Schemes in Binhai New Area, Tianjin

中心区设计

总平面图

专家意见

1. 该方案的创意在于通过城市规划塑造城市轮廓线。

2. 赋予设计绿色、亲水和生态的理念。

3. 从中间到周边逐渐下降，形成城市山的形象。

4. 沿河土地价值低，无法体现海河的城市价值。

5. 方案可行性差。

夜景

夜景效果图

World
Cutting-Edge **Vision**
国际一流的愿景

天津滨海新区规划设计国际征集汇编
Compilation of International Competitions for Urban
Planning & Design Schemes in Binhai New Area, Tianjin

三号方案
Scheme No.3

设计单位 加拿大布鲁克麦洛伊建筑设计公司、佩斯建筑事务所

Design Firms Brook McIlroy Inc. & Pace Architects

加拿大布鲁克麦洛伊建筑设计公司、佩斯建筑事务所是来自加拿大的建筑事务所，业务范围涵盖建筑设计、
城市设计、景观建筑等领域。

专家意见

1. 中央公园设计思路较好，结构清晰，功能和路网密度较平均。

2. 整体设计水平欠佳，标志性建筑的设计缺少内涵。

3. 滨水空间品质不突出，沿河基本上为一般性空间，中心绿地质量一般，商务区规模过大，居住区规模偏小。

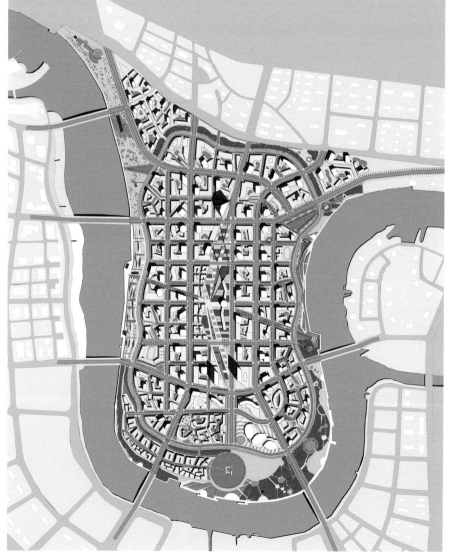

总平面图

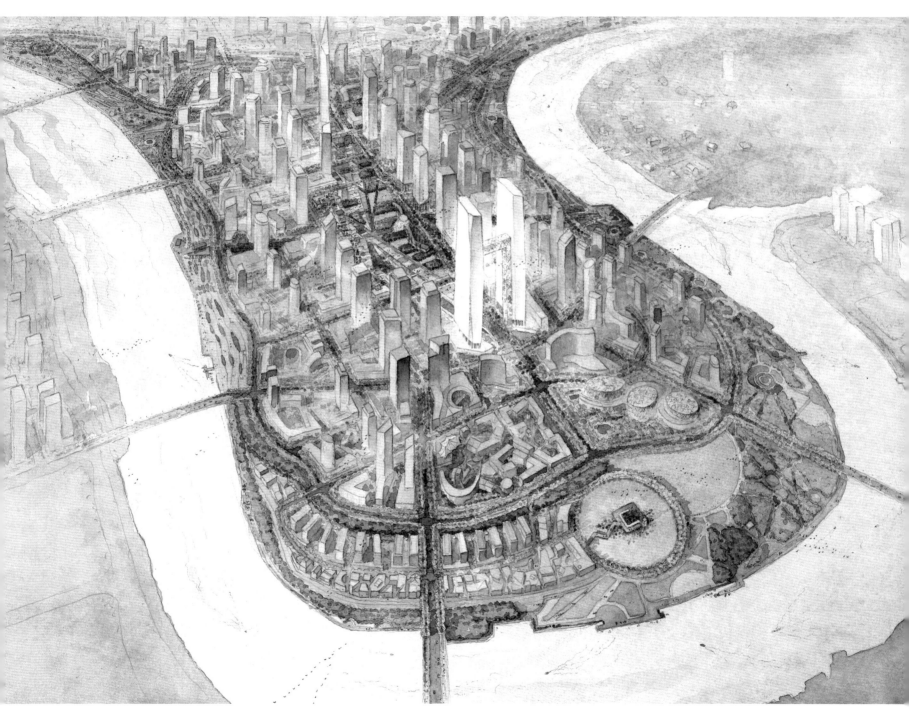

总体鸟瞰图

四号方案
Scheme No.4

设计单位 德国 SBA 公司

Design Firm SBA GmbH

德国 SBA 公司拥有来自德国的优秀建筑设计师、城市规划师、城市设计师及专业工程师团队；
业务范围涵盖建筑设计、城市规划、城市设计、景观设计、古建筑保护及城市建设领域中的各
类专业咨询；总部位于德国斯图加特市。

专家意见

1. 对场地上原有的遗迹及历史文化有深入
   的研究。

2. 逻辑性强，交通分析到位。

3. 把狭长的公园分为三个广场，构思不错。

4. 中心广场的尺度和形态欠佳；边沿做成
   社区也存在缺陷，缺乏亮点。

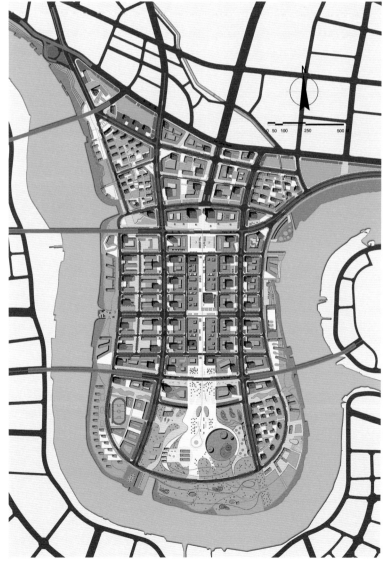

总平面图

总体鸟瞰图

World
Cutting-Edge Vision
国际一流的愿景

天津滨海新区规划设计国际征集汇编
Compilation of International Competitions for Urban
Planning & Design Schemes in Binhai New Area, Tianjin

六号方案
Scheme No.6

设计单位　法国帕特里克建筑事务所

Design Firm　Patrick Celeste Architect

法国帕特里克建筑事务所由法国设计师 **Patrick Celeste** 创办，业务范围涵盖建筑设计、城市设计等多个领域。

专家意见

1. 在北部开发运河，使东、南、西侧水域不必通行轮船。

2. 地块设计详细，西面公园设计手法自然。

3. 方案可操作性有待研究。

4. 与响螺湾的关系处理欠佳；车站位于北面，与商务区的联系不够密切。

总平面图

西向总体鸟瞰图

东向总体鸟瞰图

七号方案
Scheme No.7

设计单位　意大利斯加盖地建筑设计事务所

Design Firm　Luca Scacchetti Architect

位于米兰的意大利斯加盖地建筑设计事务所成立于 1978 年，提供建筑、规划和室内设计服务，通过高品质的设计、优秀的项目及技术管理实现客户的目标。

专家意见

1. 城市空间和建筑形式表达多样化。
2. 路网不规整，建筑造型变化太多，统一性不足，可操作性低。

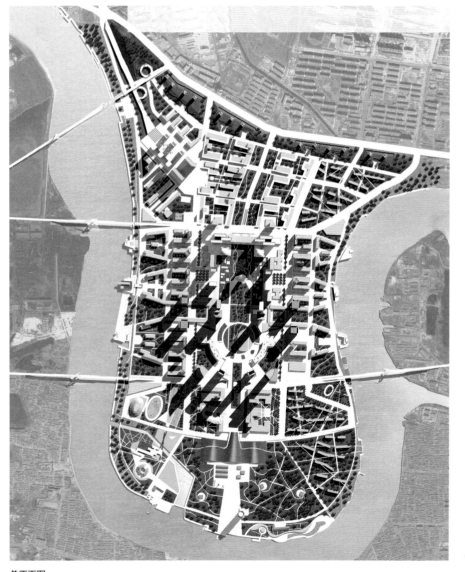

总平面图

总体鸟瞰图

夜景鸟瞰图

八号方案
Scheme No.8

设计单位　美国 Gensler 设计事务所

Design Firm　Gensler Architect Consultant

美国 Gensler 设计事务所是一家国际著名的建筑设计、规划与咨询公司，共有专业员工约 2900 名，总部设在美国旧金山，并在美国、英国及亚洲、中美洲等地的 30 个城市设有办事处。

专家意见

1. 简洁清晰的城市结构和中央公园是设计的亮点。
2. 在总体规划中进行区域设计，使人亲近大自然，结构具有张力。
3. 统一性过强，缺乏多样性。
4. 特色不太突出，缺乏长远规划。

总平面图

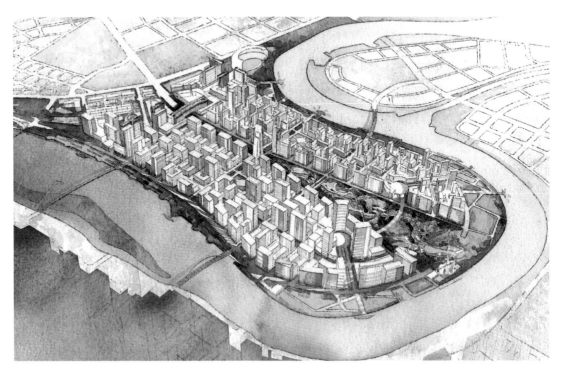

总体鸟瞰图

2007–2008 年

天津滨海新区中心商务区（海河两岸）

城市设计国际咨询

2007—2008 Int'l Consultation for Urban Design of CBD (Haihe Riverfront) in Binhai New Area, Tianjin

World
Cutting-Edge Vision
国际一流的愿景

天津滨海新区规划设计国际征集汇编
Compilation of International Competitions for Urban
Planning & Design Schemes in Binhai New Area, Tianjin

Overall Description

总体概况

滨海新区中心商务区（海河两岸）是滨海新区加强服务辐射功能的核心区和形象标志区。

原天津市滨海委、天津市规划局和原塘沽区政府按照天津市第九次党代会提出的"坚持高起点规划，按照国际水平，全面提升已有规划，经得起历史检验"的要求，开展了滨海新区中心商务区海河两岸城市设计国际咨询活动。咨询工作范围为滨海新区中心商务区（海河两岸），简称滨海"芯"城——即滨海新区核心区范围内除了已存在的高强度居住区用地的区域，用地面积53平方千米。

咨询活动由美国SOM设计公司、清华大学等国内外九家知名设计机构组成综合设计团队，包括城市设计、专项顾问、技术支持单位；邀请吴良镛、巴奈特等10位国内外城市规划、城市设计领域的权威专家作为规划顾问，长期参与中心商务区规划工作。

咨询工作于2007年12月13日开始，2008年5月31日结束，期间召开两次工作营、三次研讨会。作为技术支持单位的天津市规划院提交一系列研究文件，参与工作营的设计团队为研讨会提交四个城市设计草案。

三次研讨会分别对工作营城市设计草案及指导原则、京津城际铁路

滨海中心商务区站选址、于家堡金融区功能定位、于家堡起步区位置规模及内容、海河下游通航、地下空间、交通规划、海河堤岸、景观设计等重大问题进行了研究和论证。为滨海新区规划工作提出了很多建设性意见。

第三次研讨会后，美国SOM设计公司根据专家研讨会的意见和建议，在借鉴其他方案设计思路的基础上，对该地区城市设计方案进行了综合、完善和深化。

参加单位

国际咨询采用分工合作的组织形式，由九家国内外一流的设计单位共同组成滨海新区中心商务区（海河两岸）城市设计国际咨询综合设计团队。

城市设计单位：美国SOM设计公司、美国易道设计公司、英国沃特曼国际工程公司、清华大学建筑学院
专项顾问单位：日本株式会社日建设计、中国香港MVA交通咨询公司、美国EDSA
技术支持单位：天津市城市规划设计研究院、天津市渤海城市规划设计研究院
主办单位：原天津市滨海委、天津市规划局、原塘沽区政府

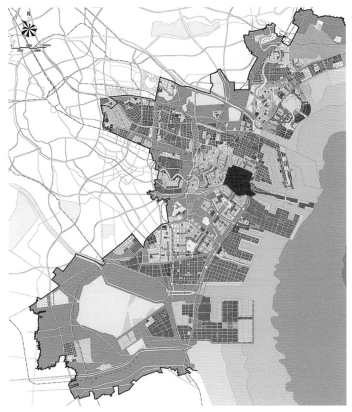

项目区位图

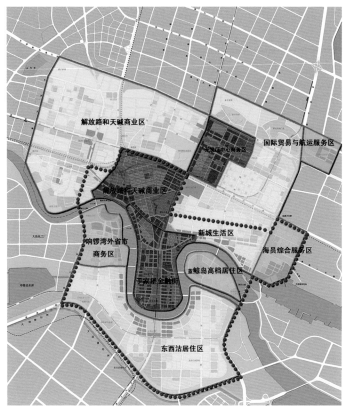

设计范围示意图

征集前研究

为了做好此次国际咨询工作，天津市城市规划设计研究院、天津市渤海城市规划设计研究院做了大量的前期准备和研究工作，先后编制了《天津滨海新区中心商务区海河两岸地区城市设计国际咨询文件》《天津滨海新区总体规划简介、滨海新区中心商务区规划简介》《天津滨海新区中心商务区海河两岸地区总体城市设计前期研究》《滨海新区中心商务区三年近期建设规划研究》《天津滨海新区中心商务区海河两岸地区城市设计深化研究》《滨海于家堡车站——京津城际车站选址规划和概念设计》《天津滨海新区中心商务区于家堡起步区——于家堡滨海金融街起步区规划设计研究》《天津滨海新区中心商业商务区于家堡金融服务区规划综合方案》《京津城际滨海站选址研究》《天津滨海新区中心商务区海河两岸规划系列——于家堡金融区起步区规划》《于家堡金融中心南站方案城市设计构想报告》《京津城际滨海车站永太桥南站选址概念设计》文件，供工作营使用和在研讨会上汇报。

World
Cutting-Edge Vision
国际一流的愿景

天津滨海新区规划设计国际征集汇编
Compilation of International Competitions for Urban
Planning & Design Schemes in Binhai New Area, Tianjin

咨询研讨会邀请专家

吴良镛　　　　　齐　康　　　　　彭一刚　　　　　邹德慈　　　　　乔纳森·巴奈特

邵启兴　　　　　方光屿　　　　　黄文亮　　　　　俞祖法　　　　　邹　哲

吴良镛　　中国科学院院士、中国工程院院士、清华大学教授

齐　康　　中国科学院院士、东南大学教授

彭一刚　　中国科学院院士，天津大学建筑学院名誉院长、教授

邹德慈　　中国工程院院士、原中国城市规划设计研究院院长

巴奈特　　美国著名建筑师，美国宾夕法尼亚大学建筑规划学院城市设计系主任、教授

邵启兴　　美国 CHS 交通顾问公司总裁、波士顿市前交通局副局长、旧金山市都市规划局交通规划总规划师

方光屿　　美国马萨诸塞州州政府工程总署总规划设计建筑师

黄文亮　　天津华汇环境规划公司营运主持人、规划总监

俞祖法　　铁道部工程鉴定中心副总工程师

邹　哲　　中国城市交通规划学会副主任委员、天津市城市规划设计研究院总工程师、天津市规划委员会委员

咨询活动安排

第一次现场设计工作营 2007 年 12 月 9 日—12 日

设计机构：英国沃特曼国际工程公司、清华大学建筑学院

工作内容：提出总体城市设计方案构思以及城市设计导则草案

第一次研讨会 2007 年 12 月 13 日—15 日

内容：针对工作营"成果"和该地区规划设计的关键问题，从疏港交通体系、城际车站选址、生态环境保护、项目发展时序、商务区近期建设、海河两岸城市形态等方面进行研讨，以确定总体发展思路，为下一步规划工作指明方向。

第二次现场设计工作营 2008 年 1 月 21 日—23 日

设计机构：美国 SOM 设计公司、美国易道环境规划设计有限公司

工作内容：提出总体城市设计方案构思以及城市设计草案

第二次研讨会 2008 年 3 月 1 日—3 日

内容：针对滨海新区中心商务区（海河两岸）的重大问题及总体开发策略进行深入的分析论证。确定九家国内外一流的设计单位，共同组成滨海新区中心商务区（海河两岸）城市设计国际咨询综合设计团队，分工合作，为该地区的开发建设提供技术支撑。

第三次研讨会 2008 年 5 月 29 日—31 日

研讨内容：主要针对京津城际铁路滨海中心商务区车站选址规划方案和于家堡起步区位置规模及海河下游通航等问题进行研究论证。

World
Cutting-Edge Vision
国际一流的愿景

天津滨海新区规划设计国际征集汇编
Compilation of International Competitions for Urban
Planning & Design Schemes in Binhai New Area, Tianjin

Conferences

系列研讨会

第一次研讨会

研讨会现场

研讨会现场

现场踏勘

领导会见专家并颁发证书

专家现场讨论

第一次专家研讨会确定的城市设计导则

1. 每个项目的发展都应该遵循已通过的规划。

2. 沿海岸线的联系将与北京、天津市区和塘沽的联系同等重要。

3. 在交通量的分配上，采用小汽车通勤的比例绝对不超过 20％。

4. 土地使用应该与保持生态平衡相联系。

5. 土地使用应该与公共交通统筹考虑，建立一个公共交通系统是首要任务。

6. 应该有一个足够大的、协调的公共开放空间系统，以营造滨海地区所有开发地区均可到达与使用的绿地环境。

7. 一个高密度的交通网络，并通过类型多元的交通模式和技术，满足每条交通走廊的需求。

8. 避免建设高架或地下运量只达中等水平的固定轨道公交系统。

9. 街道和街廓的尺度应该与公共交通共同考虑，在公交车站周围和人的步行范围内，规划尺度较小的街道和街廓；应通过地面首层的商业等用途和街道景观的设计鼓励街道的生活化。

10. 城市形态的确定应该符合市场动态。

11. 优秀的城市设计，意味着规划所确定的实体建筑和环境拥有高品质，不留遗憾，同时对未建设地区的未来发展提供多种可能性。

12. 高层建筑的分布不应该由开发商单独决定，而应该有高层建筑分布位置的导则和高层建筑组群或高层区的规划。

13. 设计应该在小尺度和大尺度两个层面都发挥作用。

14. 发展应该是紧凑的，以利于节约资源。

15. 优秀的设计不应该仅仅是一个概念框架。

16. 滨水区的设计应该考虑大自然的力量和历史因素，城市的记忆很重要。

17. 轻轨应该建在地面层。高架轨道公交应该是重轨，因为无论轻轨还是重轨，高架线路的建筑成本都是相近的，而轻轨的客运量远低于重轨（地铁）。

18. 规划区内过境高速公路、快速路或环路的设计是不适合的，因为它们会成为发展的走廊，对地区造成生分割。

19. 大街廓和宽马路会导致道路交叉口产生超负荷的交通量，这种情况应该严加避免。

20. 新的开发应该尽可能减少人口和工作岗位的搬迁，被搬迁居民和企业应该得到帮助和合理的补偿，避免产生严重的社会问题。所有规划都应该认识到，水、土地、能源的供应是有限的。

21. 规划和建筑物的设计应采用 LEED（美国绿色能源与环境设计先锋奖）的标准或同等导则。

22. 只有当一个基地可实现自给自足、平衡发展且可持续发展的时候，才可将其作为发展用地。

23. 现有建筑物应该尽可能地再加以利用而避免立即拆除。

24. 杰出的自然地区和农业用地应当受到保护而避免开发转型。

25. 规划和城市设计应该减少对小汽车的需求与依赖。

26. 所有设计和建设都应该遵循尽可能减少自然资源浪费的原则。

27. 在规划和设计中要始终鼓励替代性的交通方式，如自行车。

28. 应该通过建筑设计及街灯选择，减少城市光对晚间城市与天空的污染。

第二次研讨会

研讨会现场

专家和设计单位共同探讨方案

World
Cutting-Edge Vision
国际一流的愿景

天津滨海新区规划设计国际征集汇编
Compilation of International Competitions for Urban
Planning & Design Schemes in Binhai New Area, Tianjin

第三次研讨会

研讨会现场

研讨会现场

World Cutting-Edge **Vision**
国际一流的愿景

天津滨海新区规划设计国际征集汇编
Compilation of International Competitions for Urban
Planning & Design Schemes in Binhai New Area, Tianjin

Workshop

工作营

第一次工作营设计单位现场踏勘

第一次工作营设计单位现场踏勘

第二次工作营设计单位现场踏勘

第二次工作营技术交底会现场

第一次工作营现场

第二次工作营现场

第二次工作营现场

第二次工作营设计单位交流会

World
Cutting-Edge Vision
国际一流的愿景

天津滨海新区规划设计国际征集汇编
Compilation of International Competitions for Urban
Planning & Design Schemes in Binhai New Area, Tianjin

设计要求

《天津滨海新区中心商务区（海河两岸）总体城市设计》工作营设计任务书

一、目的

天津滨海新区已正式被纳入国家"十一五"发展战略，在整个滨海新区的发展中，中心商务区处于滨海新区的核心位置，是滨海新区金融改革创新和先行先试基地，也是其综合性现代服务产业发展的集中地。天津市滨海新区管理委员会与天津市规划局、天津市塘沽区人民政府以天津市第九次党代会"高起点规划，按照国际一流水平，全面提升已有规划"的要求，组织开展滨海新区中心商务区（海河两岸）总体城市设计工作营和研讨会，以此作为滨海中心商务区海河两岸地区深化城市设计工作的开始。

二、规划范围

规划范围处于滨海新城（53平方千米）的中心区域，西起海门大桥、东到海河大桥，包括天碱、于家堡、响锣湾、蓝鲸岛、海员综合服务区、新城生活区和东西沽七个功能区，总面积23.5平方千米。

三、规划依据

《国务院关于推进天津滨海新区开发开放有关问题的意见》

《天津市城市总体规划（2005—2020年）》

《天津市滨海新区城市总体规划（2005—2020年）》

《"金龙起舞"——海河综合开发改造规划》

《天津市滨海新区中心商务区总体规划》

《天津滨海新区综合交通规划》（待批复）

《响螺湾外省市商务区城市设计》和响螺湾部分已审查通过的建筑设计方案

《于家堡地区行动规划和城市设计》

该次工作营原则上以以上位规划为基本依据，可根据实际情况对具体问题进行讨论，提出具体的解决方案。

四、工作内容

滨海新区中心商务区是滨海新区开发开放的核心区和标志区，位于滨海新区南北两条主要发展轴线的交会处，紧临海河两岸，具有悠久的历史、独特的自然景观条件。其主要承担为国际航运物流和现代制造研发服务的国际贸易、金融、会展、信息、中介、科研、商业等城市服务功能。该次工作营旨在借助国际一流规划设计团队和全球顶级规划专家的参与，借鉴国内外先进案例，以开阔的思路、创新的手法，探索一条适合滨海中心商务区规划与建设之路，打造具有21世纪最高水平、功能完善、设施完备、环境优美、充满活力、创新力强的滨海新区中心商务区。

该次工作营要重点明确滨海新区中心商务区海河两岸地区的规划设计思路，提出地区总体规划框架和空间布局；确定各功能区的形态与特征；细化各功能区的发展定位与建设量；提出交通战略与路网布局、停车数量与公交发展时序；提出地区的开发建设与海河的关系、开发建设的时序与策略以及一些重要问题的解决方案。

五、需要解决的具体问题

在工作营中，该地区亟需解决的几个主要问题如下：

（一）滨海城际铁路车站选址问题。近期将要建设的京津城际铁路滨海站根据现有的各个选址已形成初步的选址方案和各选址的优缺点比较，但考虑到各选址所带动发展的区域不同，尚未确定一个明确的位置。

（二）海河通航与 CBD 建设问题。通过对海河航道、两岸防洪、两岸土地开发、两岸路网的定量分析，科学地提出海河通航更为合理的模式，并论证海河通航对两岸道路的影响，并提出解决方案。

（三）根据海河下游各段岸线各种功能设施要求，提出沿河地区不同的竖向规划方案。 根据规划中可能出现的沿河建筑地下停车、亲水景观、桥梁、堤岸、防洪、隧道等各类设施的复杂竖向关系，提出更为优化的设计方案。例如，解决于家堡 6 米堤岸与沿岸亲水

景观之间的矛盾；处理连接堤岸建筑的堤岸层、于家堡内建筑首层和建筑地下层，三者之间的合理联系；考虑沿河桥梁、 隧道和地区内道路系统之间的沟通。

（四）大型城市公共设施合理布局和建设时序。根据滨海中心区的发展阶段和各阶段的需要合理布局大型公共设施，如金融市场、图书馆、展览馆、科技馆、音乐厅、文化馆、大型百货公司、海河游乐中心等。

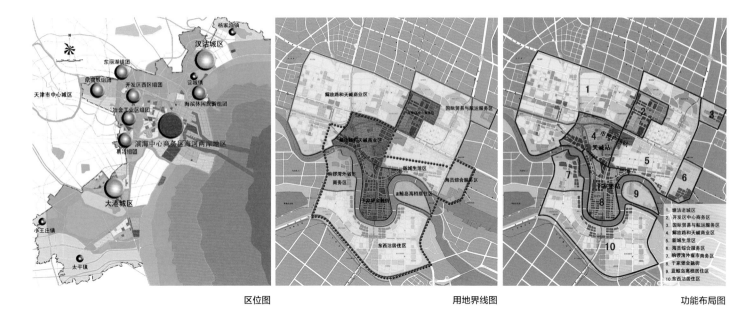

区位图　　　　　用地界线图　　　　　功能布局图

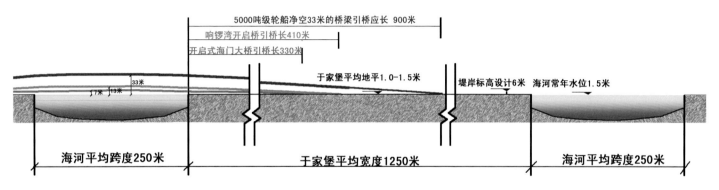

剖面图

World
Cutting-Edge **Vision**
国际一流的愿景

天津滨海新区规划设计国际征集汇编
Compilation of International Competitions for Urban
Planning & Design Schemes in Binhai New Area, Tianjin

Drafts for Urban Design

城市设计草案

SOM 方案
Scheme of SOM

设计单位　美国 SOM 设计公司

Design Firm　Skidmore Owings & Merrill LLP

美国 SOM 设计公司是世界顶级设计事务所之一，成立于 1936 年，工作领域涉及建筑设计、结构及土木工程、机械及电气工程、工程设计、城市设计和规划、室内设计、环境美术、战略研究、项目管理和古迹维护等方面。SOM 在建筑技术与设计品质方面的贡献是 20 世纪世界建筑领域中最重要的成就之一。SOM 一直站在世界建筑设计和建筑工程业的最前沿，自成立以来，已在 50 多个国家完成了 1 万多个设计项目。

设计理念

善于利用用地独有的特质，创造认同感。滨海新区将发展成为中国最有活力的区域之一，滨海新区中心商务区的规划发展愿景如下：

——世界知名的中心商务区；

——有活力的滨河体验；

——有趣多样的街道体验；

——可持续性交通；

——充满自然光的开放空间及公园；

——透明及视野；

——活跃的中心商务区天际线；

——正面、低风险的洪灾减轻技术；

——特色遗产资源整合。

设计意向图

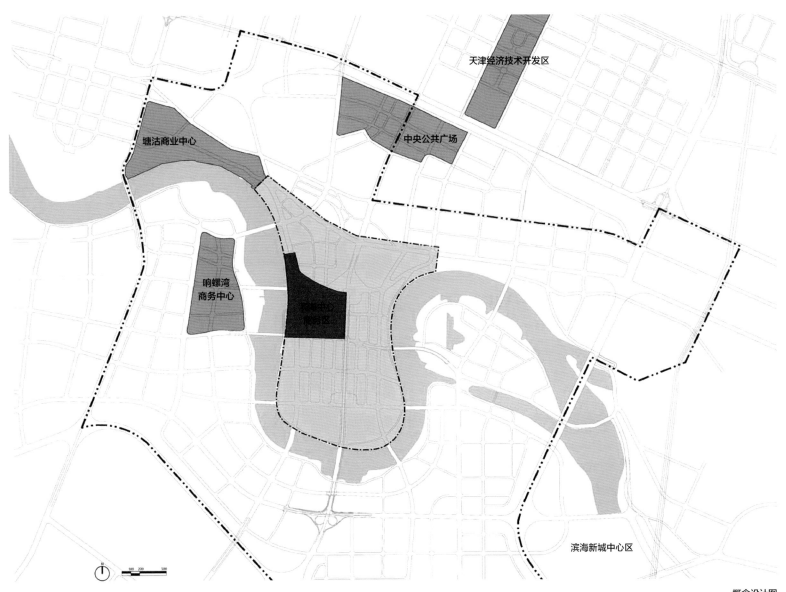

天津经济技术开发区

塘沽商业中心

中央公共广场

响螺湾
商务中心

滨海新城中心区

概念设计图

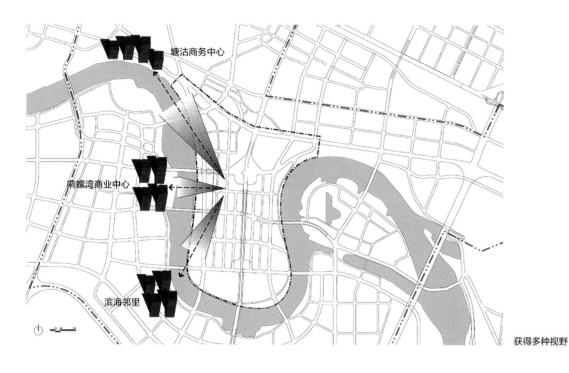

塘沽商务中心

响螺湾商业中心

滨海邻里

获得多种视野

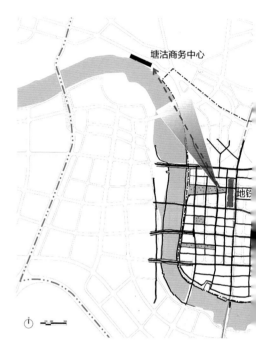

塘沽商务中心

地铁

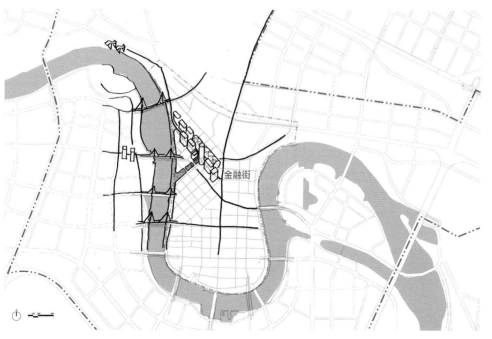

金融街

发展框架

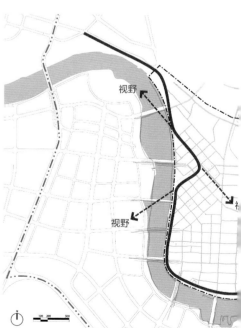

视野

视野

创造视线通廊
扩展内陆视野

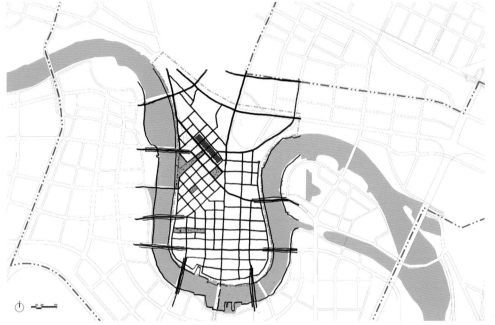

街道及中心商务区
开放空间

新街道方案

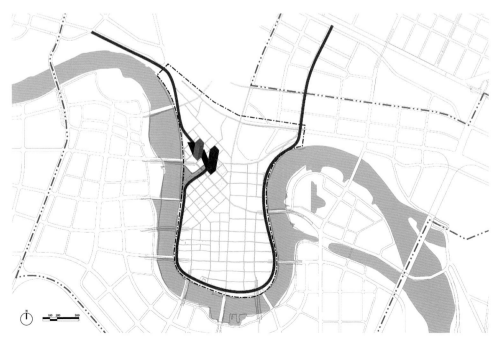

地标性塔楼

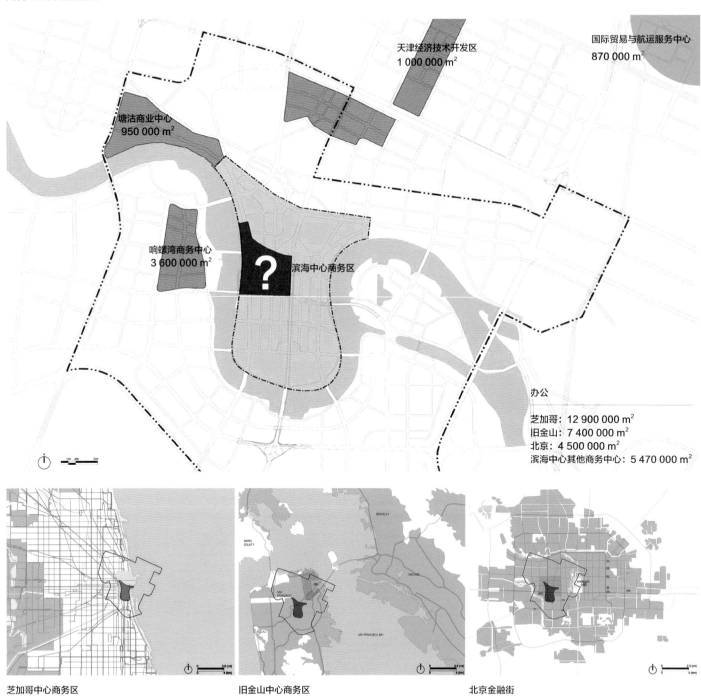

商务区开发量研究

天津经济技术开发区
1 000 000 m²

国际贸易与航运服务中心
870 000 m²

塘沽商业中心
950 000 m²

响螺湾商务中心
3 600 000 m²

滨海中心商务区

?

办公

芝加哥: 12 900 000 m²
旧金山: 7 400 000 m²
北京: 4 500 000 m²
滨海中心其他商务中心: 5 470 000 m²

芝加哥中心商务区

旧金山中心商务区

北京金融街

城市形态——密集、有活力的城市

旧金山 CBD

北京金融街实景照片

World
Cutting-Edge Vision
国际一流的愿景

天津滨海新区规划设计国际征集汇编
Compilation of International Competitions for Urban
Planning & Design Schemes in Binhai New Area, Tianjin

沿河设计意向图

商务区设计意向图

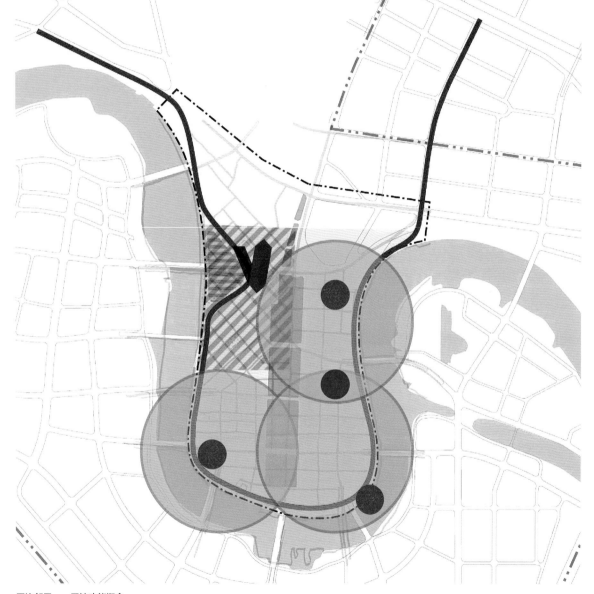

周边邻里——用地功能概念

- ▨ 多功能用途中心商务区
- ◯ 住宅邻里
- ● 邻里商业
- ● 历史区商业

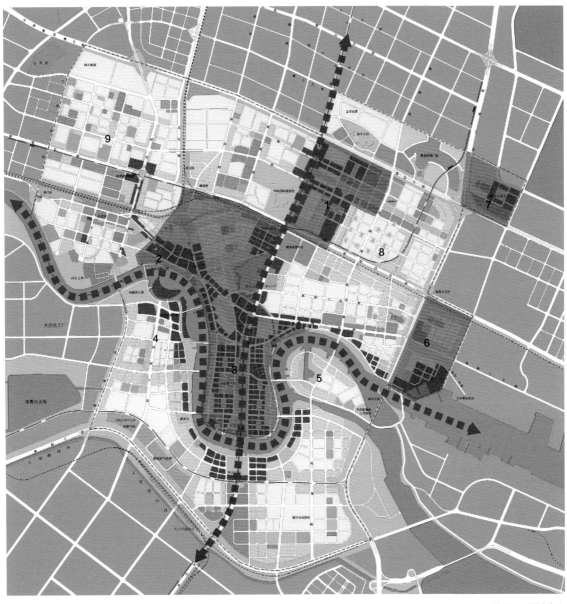

1. 开发区中心商务区
2. 解放路中心商业区
3. 于家堡中心商务区
4. 响螺湾
5. 蓝鲸岛
6. 海员综合服务区
7. 国际贸易与航运服务区
8. 新城生活区
9. 塘沽老城区

地区——经济中心

World Cutting-Edge **Vision**
国际一流的愿景

天津滨海新区规划设计国际征集汇编
Compilation of International Competitions for Urban
Planning & Design Schemes in Binhai New Area, Tianjin

塘沽外滩

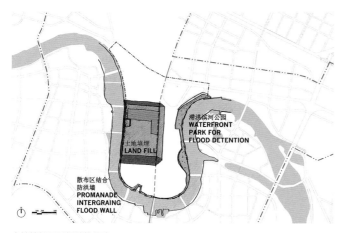

土地填埋及甲板结构组合

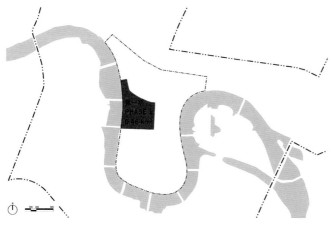

中心商务区——第一期

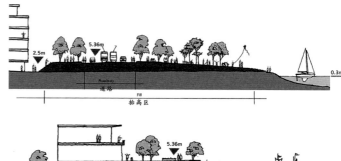

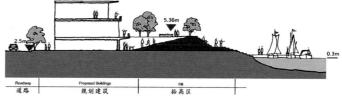

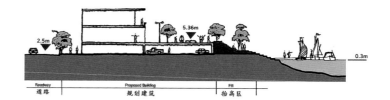

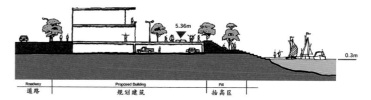

概念剖面图

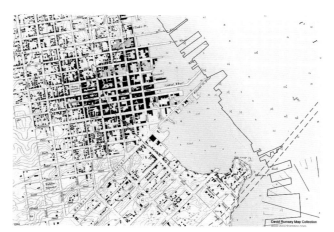

以土地填埋延伸城市结构

防洪措施

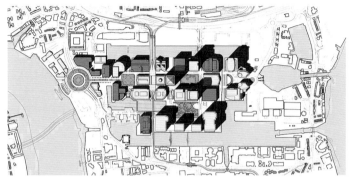

伦敦金丝雀码头

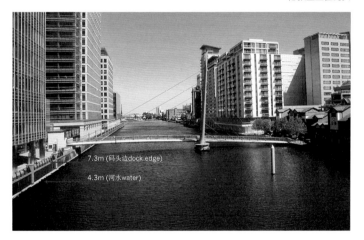

7.3m (码头边dock edge)

4.3m (河水water)

伦敦金丝雀码头

泰晤士水闸关闭的触发器是潮流和浪涌的任何组合，并将在伦敦大桥产生4.85ODN的潮高。
The trigger for Thames Barrier closure is any combination of tide and surge that will generate a tide height at London Bridge of 4.85 meters ODN.

自1984年以来，该水闸被关闭了64次来防止潮涌。在2001年关闭了15次水闸。
Since 1984 the Barrier has been closed 64 times in response to tidal surges, 15 of these closures took place in 2001.

泰晤士河水闸是建在一个1/1000的风险水平。
The Thames Barrier was built to a risk level of 1 in 1000.

泰晤士水闸防洪

卡崔娜飓风造成的纽奥良水灾

纽奥良水灾实景

纽奥良水灾实景

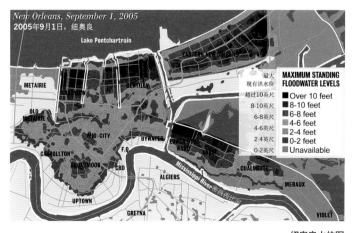

New Orleans, September 1, 2005
2005年9月1日，纽奥良

Lake Pontchartrain

METAIRIE
OLD METAIRIE
MID-CITY
CARROLLTON
BROADMOOR
UPTOWN
GRETNA
ALGIERS
F.Q.
CBD
BYWATER
CHALMETTE
MERAUX
VIOLET
EASTERN NEW ORLEANS
GENTILLY
Mississippi River

最大
现有洪水位
超过10英尺
8-10英尺
6-8英尺
4-6英尺
2-4英尺
0-2英尺

MAXIMUM STANDING FLOODWATER LEVELS
- Over 10 feet
- 8-10 feet
- 6-8 feet
- 4-6 feet
- 2-4 feet
- 0-2 feet
- Unavailable

纽奥良水位图

World Cutting-Edge **Vision**
国际一流的愿景

天津滨海新区规划设计 国际征集汇编
Compilation of International Competitions for Urban
Planning & Design Schemes in Binhai New Area, Tianjin

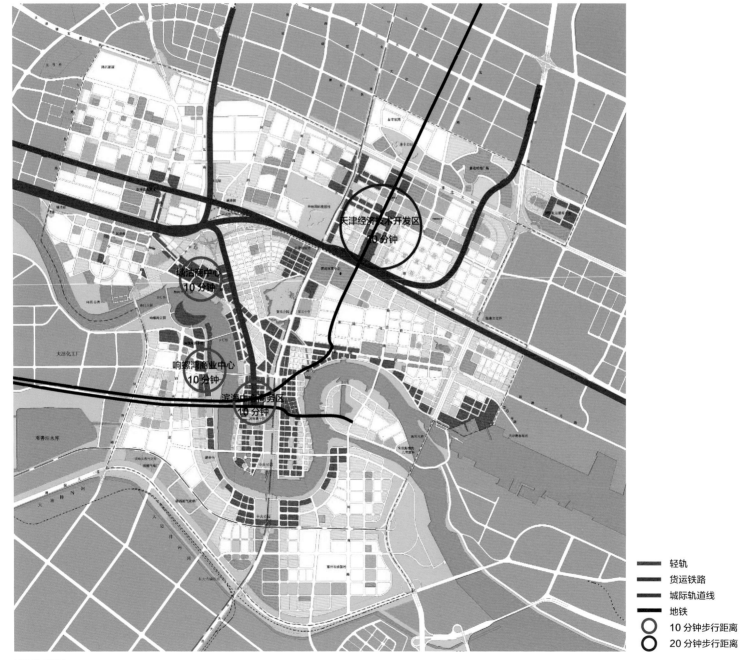

轻轨
货运铁路
城际轨道线
地铁
10 分钟步行距离
20 分钟步行距离

铁路体系策略

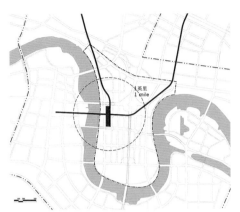

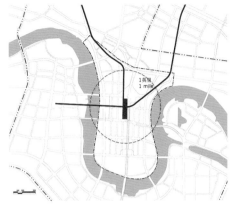

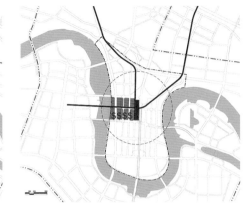

滨海城铁站

滨海城铁站位置

高价值滨海区

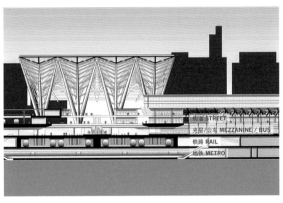

地下通道

旧金山环湾塔楼及转运总站

台湾高雄火车站

可持续性交通——巴西库力奇巴公车捷运系统

斯德哥尔摩

阿姆斯特丹

World Cutting-Edge **Vision**
国际一流的愿景

天津滨海新区规划设计国际征集汇编
Compilation of International Competitions for Urban
Planning & Design Schemes in Binhai New Area, Tianjin

清华大学方案
Scheme of Tsinghua University

设计单位　清华大学建筑学院

Design Firm　School of Architecture, Tsinghua University

清华大学建筑学院是清华大学设置的 19 个学院之一，其前身清华大学建筑系由著名建筑学家梁思成先生创办；目前下设建筑系、城市规划系、景观学系、建筑技术科学系。学院为国家城乡建设事业及国内外建筑领域培养输送了大批优秀人才，同时还承担完成了大量科研与实践项目，成果荣获包括世界人居奖、国家最高科技奖、国家自然科学一等奖等在内的重大国际国内学术奖励。

设计理念

立意："日月星城"之意象

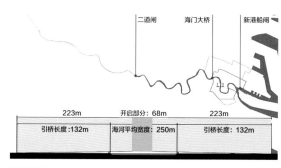

海河通航

海河综合开发改造规划总体构思

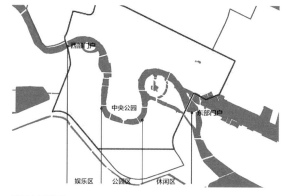

特色主题地区

"日月星城"之意象

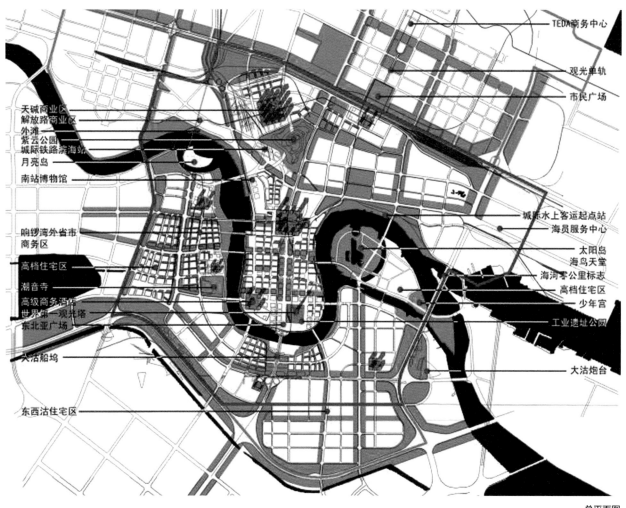

天城商业区
解放路商业区
外滩
紫云公园
城际铁路滨海站
月亮岛
南站博物馆

响锣湾外省市
商务区

高档住宅区
湖音寺
高级商务酒店
世界第一观光塔
东北亚广场

大沽船坞

东西沽住宅区

TEDA商务中心
观光单轨
市民广场

城际水上客运起点站
海员服务中心
太阳岛
海鸟天堂
海河零公里标志
高档住宅区
少年宫
工业遗址公园

大沽炮台

总平面图

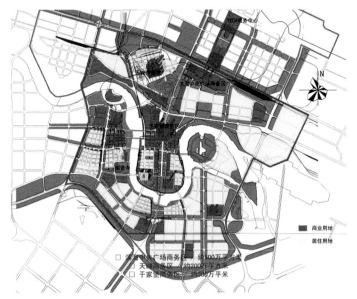

功能分区图

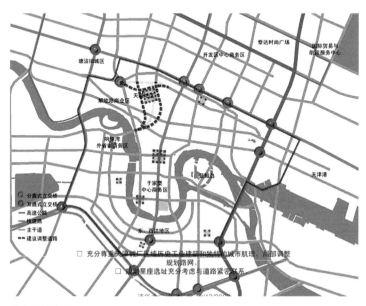

道路系统规划图

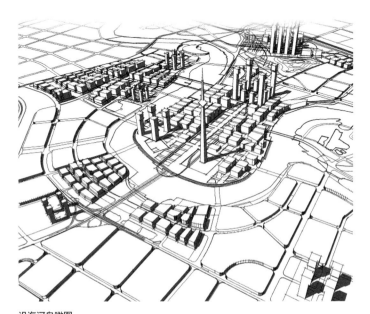

沿海河鸟瞰图

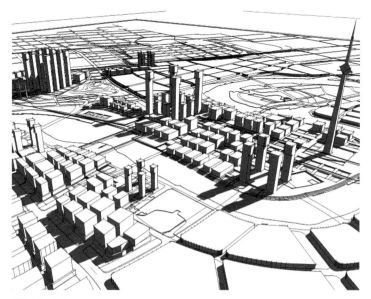

沿海河鸟瞰图

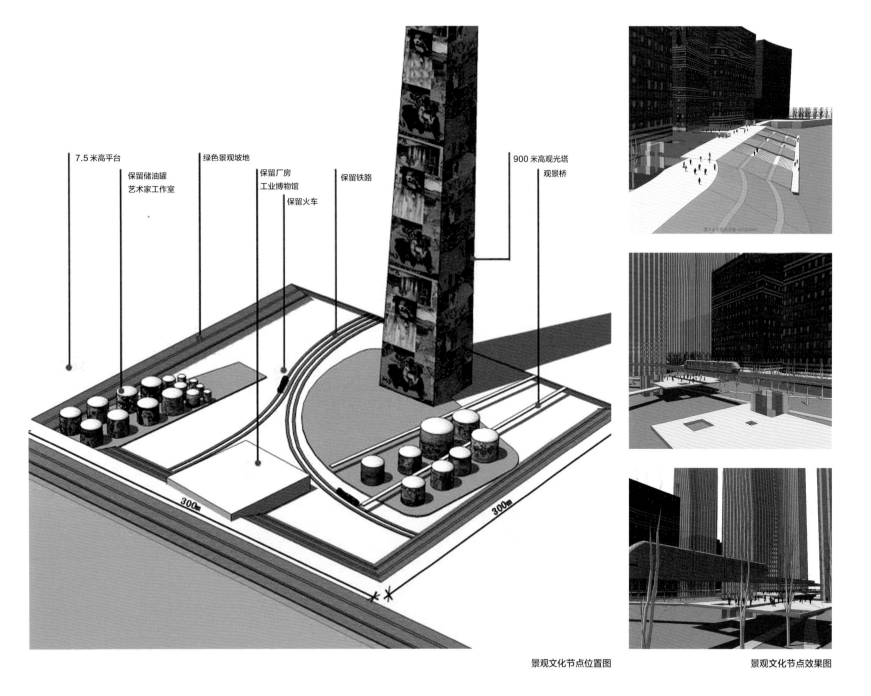

7.5 米高平台

保留储油罐
艺术家工作室

绿色景观坡地

保留厂房
工业博物馆

保留火车

保留铁路

900 米高观光塔
观景桥

300m

300m

景观文化节点位置图

景观文化节点效果图

World
Cutting-Edge Vision
天津滨海新区规划设计国际征集汇编
国际一流的愿景
Compilation of International Competitions for Urban
Planning & Design Schemes in Binhai New Area, Tianjin

EDAW 方案
Scheme of EDAW

设计单位 美国易道环境规划设计有限公司

Design Firm EDAW, Inc.

美国易道环境规划设计有限公司于 1939 年设立于美国加州，70 余年来，一直在全世界规划设计的专业界中保持领导地位。公司的专长更著称于解决复杂的土地规划与环境设计，尤其以保护环境与善用资源为特色。公司的专业人才从土地规划师、城市设计师、景观建筑师到环境工程师甚至地质专家，将近 1600 名多类型、多层次的专业人员，32 家分布世界的分公司，均以不断改善人类的居住品质和生存环境为持续追求的目标。

设计理念

以公交与开放空间为主导的 CBD 开发模式；

弹性组团式开发模式与土地混合使用模式相结合；

开放空间与防洪体系相结合。

上海浦东新区

发展策略建议

分析天津滨海新区 CBD 的优势与劣势，避免"浦东症后群"、缺乏人性尺度、以机动车为主的交通系统、缺乏活力的街区及其他。

谋求突破与创新

超越上海浦东新区与深圳经济特区。

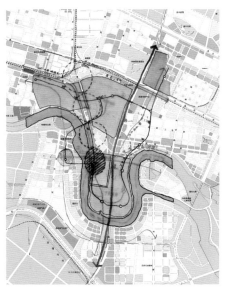

建议增加社区层级公交联络系统

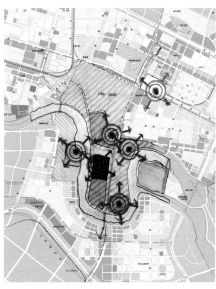

建议小组团开始模式

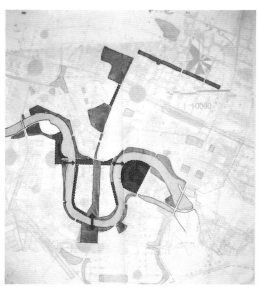

建议增加行洪 / 蓄洪 / 生态淹没区

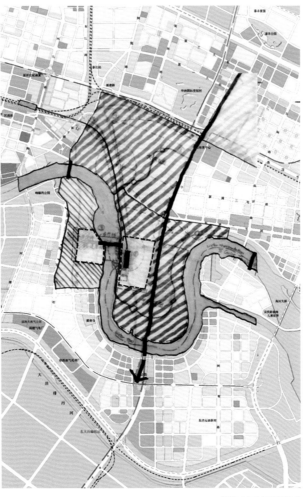
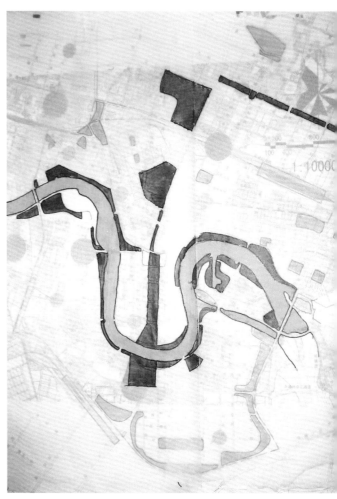

现有道路交通系统　　　　　　现有大区域开发模式　　　　　　现有开放空间体系

World
Cutting-Edge Vision
国际一流的愿景

天津滨海新区规划设计国际征集汇编
Compilation of International Competitions for Urban
Planning & Design Schemes in Binhai New Area, Tianjin

海河两岸地区特色主题功能定位

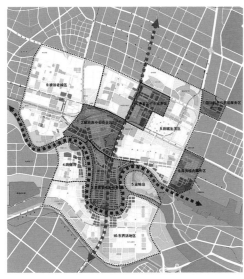

聚焦热点，集中建设（3平方千米核心区）

1. CBD 核心区
2. 近期发展区
3. 远期总体发展区

分期发展规划图

1. 城市中心区（以城际铁路车站为发展核心
   的中心商务区）

2. 响螺湾外省商务区（与城市 CBD 隔岸相对
   的商贸办公区）

3. 解放路商业区与月亮岛（文化娱乐与滨水
   休闲购物区）

4. 蓝鲸岛（生态防洪体系与高档居住岛屿）

5. 于家堡生活休闲区（以泻湖与湿地为特色
   的生态居住区）

6. 天碱厂区历史保留区（文化与历史特区 /
   未来土地开发预留地）

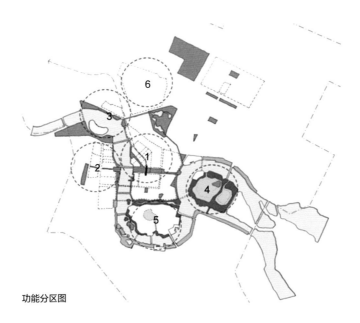

功能分区图

城市总体空间设计构思

开放空间体系

■ 开放绿地空间
■ 生态绿地空间
□ 滨河绿地空间
■ 公共广场
□ 泻湖与湿地（淹没区）

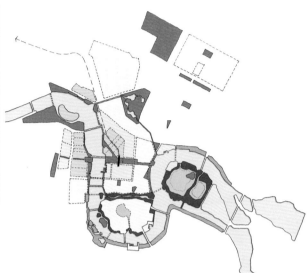

环境景观系统规划

响螺湾外省商务区
（与城市 CBD 隔岸相对的商贸办公区）

城市中心区
（以城际铁路车站为发展核心的中心商务区）

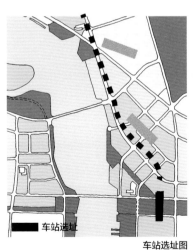

■ 车站选址

车站选址图

1. 辐射场站更大的辐射范围
2. 充分利用大型开放空间带，提升形象
3. 城市段铁道地下化
4. 让出较大的河岸空间

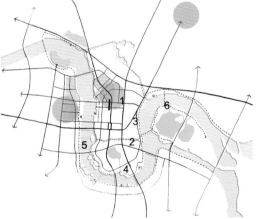

综合交通系统规划

1. 新华路因站点位置因素改线
2. 中央大道向右偏移，打破规划均质性
3. 永太路改线，串联响螺湾、CBD 核心区、开发区、
   中心商务区
4. 打造连通于家堡地区的内部景观环路
5. 优化滨水步道与道路通行
6. 增加两岸步行连接

轨道交通体系

1. 建议轨道东西线改线，服务于家堡南侧与东侧地段
2. 轨道港塘线线位顺应新站建议位置
3. 轨道塘汉线服务未来 CBD 核心区并贯通响螺湾与开发区
4. 建议增加社区层级的公交网络
5. 维持 500 米到达任意公共交通设施节点

World
Cutting-Edge Vision
国际一流的愿景

天津滨海新区规划设计国际征集汇编
Compilation of International Competitions for Urban
Planning & Design Schemes in Binhai New Area, Tianjin

海门大桥至海河大桥段海河堤岸景观生态规划设计

海河两岸地区重要功能与活动分布

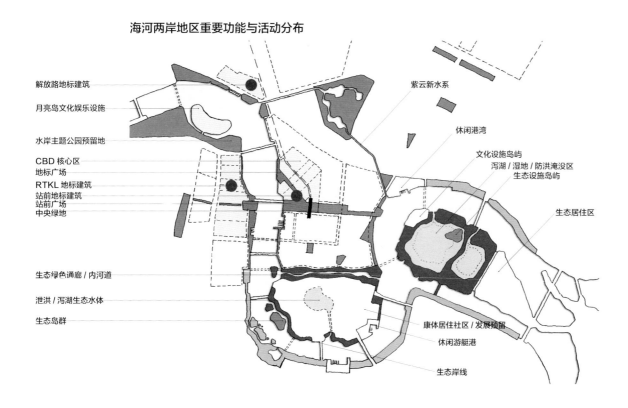

解放路地标建筑

月亮岛文化娱乐设施

水岸主题公园预留地

CBD 核心区
地标广场
RTKL 地标建筑
站前地标建筑
站前广场
中央绿地

生态绿色通廊 / 内河道

泄洪 / 泻湖生态水体

生态岛群

紫云新水系

休闲港湾

文化设施岛屿
泻湖 / 湿地 / 防洪淹没区
生态设施岛屿

生态居住区

康体居住社区 / 发展预留

休闲游艇港

生态岸线

沿河交通组织构思

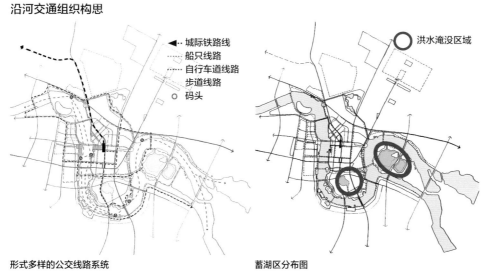

◀ 城际铁路线
┈ 船只线路
┈ 自行车道线路
┈ 步道线路
○ 码头

○ 洪水淹没区域

形式多样的公交线路系统

蓄湖区分布图

湖泊在平常作为主要景观，在洪水泛滥时作为主要蓄水池，可淹没范围扩大到周边绿地。

特色主题空间营造

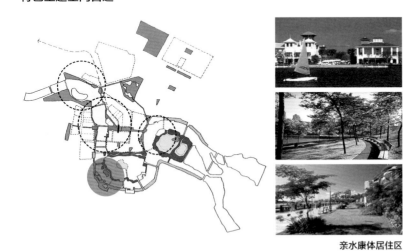

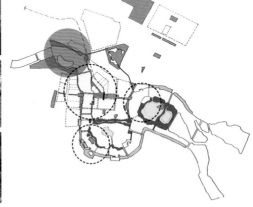

亲水康体居住区

该区域是 CBD 核心区周边的高档住宅区。

该区域包括外滩休闲区、解放路商业区、大型文化建筑等。

文化娱乐商业区

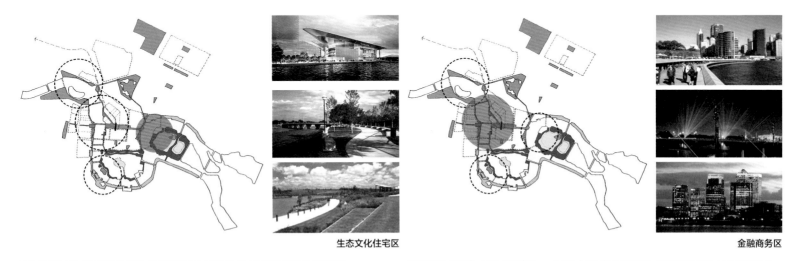

生态文化住宅区

金融商务区

该区域的亮点是蓝鲸岛的生态居住主题以及对岸的历史文化街区。

依托城际车站，该区域成为一个以大型公交枢纽为导向的城市中心商务区。

World Cutting-Edge Vision
国际一流的愿景

天津滨海新区规划设计国际征集汇编
Compilation of International Competitions for Urban
Planning & Design Schemes in Binhai New Area, Tianjin

堤岸设计控制

硬质堤岸一（滨水廊道）

软质堤岸一（开放绿地）

软质堤岸三（生态绿地）

硬质堤岸二（码头）

软质堤岸二（滨河绿地）

软质堤岸三（生态绿地）

节点设计——海门大桥至永太桥海河两岸区域

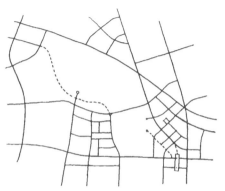

路网结构示意

开放空间与水岸活动节点结构示意

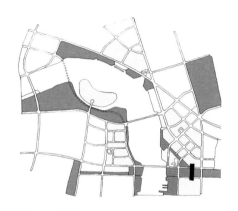

空间框架／两岸连接／视觉节点构成

节点设计——海门大桥至永太桥海河两岸区域

城市与自然结合的滨水空间体系

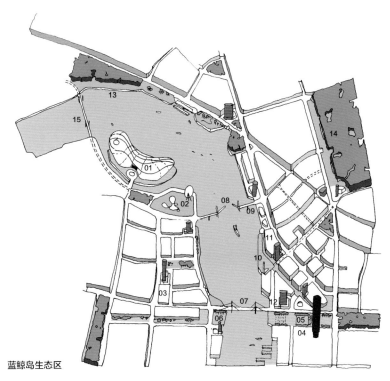

蓝鲸岛生态区

蓝鲸岛是滨海新区重要的特色主题空间和景观节点，周围的用地性质以住宅为主，定位为以"生态文化"为主题的绿色生态岛。

1. 月亮岛文化娱乐设施
2. 水主题乐园
3. 响螺湾地标建筑（RTKL）
4. 高速铁路站（地下化）
5. 站前广场与站后绿化带
6. 跨河开放空间带
7. 永太桥
8. 升起式步行桥
9. 沿岸文化设施
10. 地标广场
11. CBD 核心区地标建筑
12. 洲际酒店
13. 沿河绿化带
14. 紫云公园
15. 海门大桥

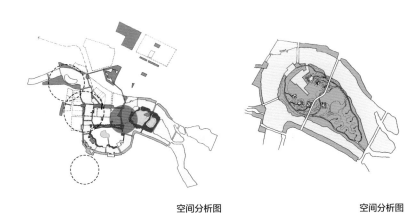

空间分析图

空间分析图

实景图

Waterman 方案
Scheme of Waterman

设计单位　英国沃特曼国际工程公司

Design Firm　Waterman International

英国沃特曼国际工程公司是英国最大的工程设计集团上市公司之一，成立于 1952 年，于伦敦股票交易市场
上市；主要服务范围包括建筑和规划、基础设施和市政工程、环保工程三大类。

设计理念

五个主要设计思路

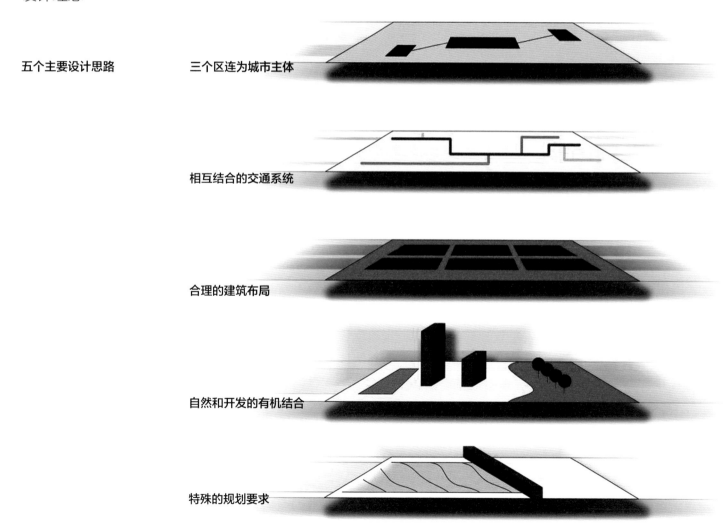

三个区连为城市主体

相互结合的交通系统

合理的建筑布局

自然和开发的有机结合

特殊的规划要求

用地规划

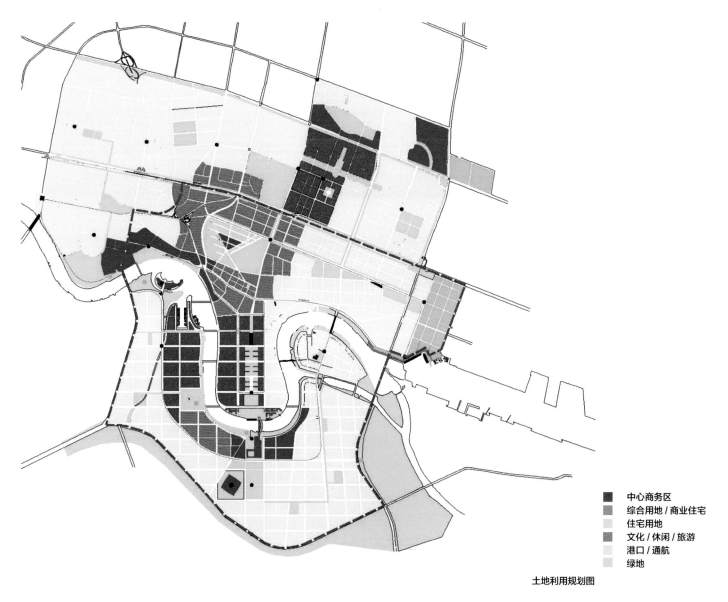

中心商务区
综合用地 / 商业住宅
住宅用地
文化 / 休闲 / 旅游
港口 / 通航
绿地

土地利用规划图

World
Cutting-Edge Vision
国际一流的愿景

天津滨海新区规划设计国际征集汇编
Compilation of International Competitions for Urban
Planning & Design Schemes in Binhai New Area, Tianjin

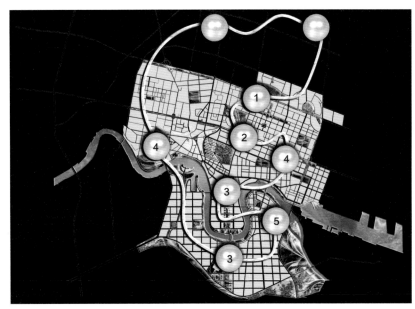

景观概念——"一串珍珠"

五个主题"公园王国"

1. 泰达——灯光和色彩

2. 城市庄园——和谐与安静

3. 现代公园——创新和发明

4. 城市公园——高尔夫球场 / 运动和活力

5. 保留公园——自然和文化

景观示范位置图

景观示范效果图

个性化景观

个性化景观意向图

World Cutting-Edge **Vision**
国际一流的愿景

天津滨海新区规划设计国际征集汇编
Compilation of International Competitions for Urban
Planning & Design Schemes in Binhai New Area, Tianjin

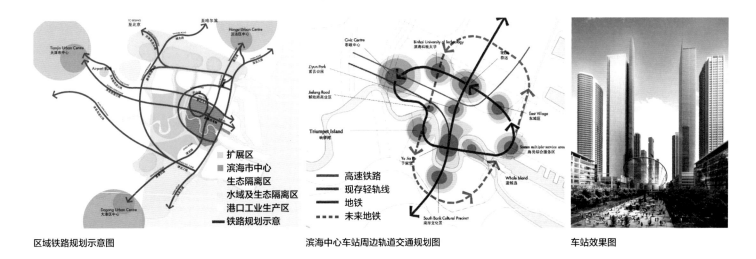

区域铁路规划示意图

滨海中心车站周边轨道交通规划图

车站效果图

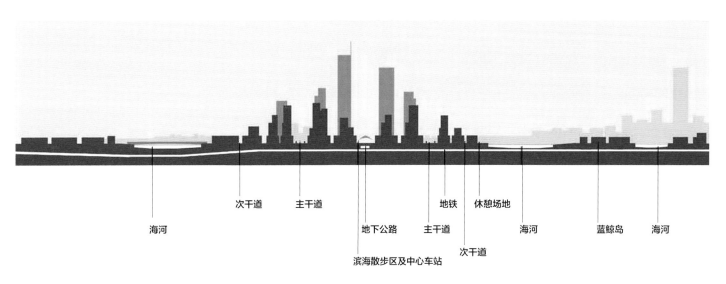

于家堡岸线和地铁示意图

夜景效果图

World
Cutting-Edge Vision
国际一流的愿景

天津滨海新区规划设计国际征集汇编
Compilation of International Competitions for Urban
Planning & Design Schemes in Binhai New Area, Tianjin

专家意见汇总

一、海河下游通航问题

1. 该段海河不适合通航，至少不适合大吨位船舶通航，应该将 CBD 发展作为前提，不考虑商业运营，仅满足公共交通中需要的通勤航线及旅游观光需求即可。

2. 降低船的吨位数及高度和跨河大桥的净空（通勤船舶规模以 1000 吨为宜，桥净空宜 10 米以下）。

3. 研究并寻求以其他方式提供沿河厂商的原料供应。有必要对沿河企业的运输要求进行详细调研。

4. 海河上大型船只停止通航后，响锣湾地区才可以开发。建桥可使响锣湾运行，但建桥的造价太高，同时架设的高度过高，这与开发无法很好地协调。于家堡一期可以开始建设，但前提条件是不能有附加桥梁。

二、于家堡和响螺湾的防洪高程问题

1. 以大沽高程计，于家堡岛平均高程约 2.6 米，响螺湾平均高程约 2.8 米。海河是天津的一级河道，通过与水利部门沟通确定海河防洪标准，按 200 年一遇洪水设防，设计洪水位 3.6 米；超高计为 0.9 米，综合考虑，海河防洪堤顶标高定为 4.5 米。

2. 尽管做了大量工作，防洪标高和规划用地现状标高仍然相差很远。

3. 对于如此重要的中心商务区，我们不接受采用防洪墙的方式，因此决定抬高地基。经反复论证，决定将于家堡岛高程提升至 4.5 米；响螺湾因为已经开始建设，前期准备不足，只能抬高至 3.6 米，从而在根本上解决了防洪与景观亲水的矛盾，建筑里和街道上的人都可以尽情地欣赏海河的景致。

4. 对于所需土方，从两方面进行考虑：一是利用其他地方建设的废土，一是利用大部分地块建设地下空间挖出来的土方。经初步计算，足够使用。

三、于家堡金融区的功能定位

1. 于家堡计划建设成为全球国际金融中心，这意味着它将成为一个合理紧凑、混合使用的步行地区，拥有舒适宜人、充满活力的环境以及多元的使用功能。它与机场、高速轨道、快速公路的连接系统方便快捷，并成为区域运输线路的中心。

2. 以金融区为主，1 平方千米以内为功能相对单一的金融中心，以外宜为功能多元的复合区域，中心地段要有便利的交通组织、优化的生态环境。

3. 以商务金融为主体，兼具居住、文化、商业、休闲、餐饮、绿化等多种功能的综合体。具体面积指标可深入研究。

4. 强调高起点，可持续发展应该成为区域特点。

四、于家堡起步区位置规模及内容

1. 意见一：于家堡一期开发项目建议应该为一组统一的建筑群，风格与金融中心建筑风格协调一致。直接与交通枢纽连接的设施包括城际车站、公共空间等应该与滨河地区保持相应关系（当于家堡半岛被滨水公共空间环绕时，中心公园就不必要了）。

2. 意见二：位于于家堡中间偏西方向，与响螺湾相呼应。区域设置尽量多功能化，以减少城市交通压力。

3. 意见三：同意建议的起步区用地区位。

五、城际车站选址意见

1. 选址意见一：从滨海新区乃至整个天津的发展趋势来看，有必要在滨海新区创建一个铁路主客站。城际车站的定位倾向于永泰桥北（塘沽南）站位。首选地面（或高架）设站。

2. 选址意见二：建议车站设在 53 平方千米的中心部位，但不一定要在于家堡中心，宜设在区域的相对中心位置，交通的转化不一定在河湾处。

3. 选址意见三：建议设在于家堡半岛的中心，以便在各个方向与开发保持最好的联系。乘客经火车抵达，到达地面层后与街道路网相连，应该设计成可直接尽可能多地到达建筑物底层的车站。

4. 选址意见四：车站宜设在于家堡半岛的西北侧，中心留作绿化，中央大道设置人行道。地下站要考虑地质状况，做详细的单体设计。

5. 目前的车站方案包括三个站台、六条线。预计的乘客量总数与预计规模的车站不匹配。预计的乘客量为 9 万人，一个站台、两条线规模的车站足够满足客流要求。

6. 从工程实施的可行性来看，离水太近的深基坑（北方案）在实施过程中会存在非常大的工程隐患，投资也会增加；从轨道交通线路的衔接来看，南方案更为合理；车站与 CBD 中心 10 ~ 15 分钟的步行距离非常合理。建议尽快提供工程地质资料，对两个站址及整个于家堡进行详细综合的工程地质评价；车站的规模可以控制在 5 个站台，站台长度按 25 米控制并保留向南出线的可行性。

7. 尚需地质报告、于家堡横向剖面图等多项资料，深入研究中央大道与车站（南端站）的关联，中央大道不需入地道。充分利用 45 米 ×2 米的空间变化。应该从规划中加强对可持续发展的综合考虑。

2010-2011年

天津滨海新区散货物流周边地区概念规划及中心区

城市设计方案国际征集

2010—2011 Int'l Competition for Conceptual Planning
Surrounding Binhai Bulk-cargo Logistic Area & Urban
Design Schemes of Central Area, Tianjin

World Cutting-Edge **Vision**
国际一流的愿景

天津滨海新区规划设计国际征集汇编
Compilation of International Competitions for Urban
Planning & Design Schemes in Binhai New Area, Tianjin

Overall Description

总体概况

随着滨海新区开发开放力度的不断加大，越来越多的企业落户临港经济区、中心商务区，区域内人口增加迅速，给原有的城市配套设施带来了很大压力。为了满足在这些区域工作、生活的人群的相关需求，并提升新区人民的生活水平，2010 年 8 月，由滨海新区规划和国土资源管理局牵头，组织开展了滨海新区散货物流周边地区概念规划及中心区城市设计方案国际征集活动，针对滨海新区核心区南部地区，结合天津港散货物流中心搬迁改造和现有盐田的开发，力求建设新城区，以延伸城市中心的服务带动功能，为中心商务区和临港经济区提供城市配套服务。

通过几个月的工作，最终来自新加坡以及中国上海、天津的三个方案入选了最后的决赛。在评审会上，来自中国北京、天津、广州等地的规划设计专家，通过观看沙盘模型、现场演示汇报、问答等环节，最终确定了由天津市城市规划设计研究院设计的"4D 青年城"为优胜方案。

该区域位于滨海新区核心区南部，毗邻临港经济区和中心商务区，规划总用地 52 平方千米。其中，有 11 平方千米目前是天津港散货物流中心，其他区域是盐田。目前，该区域周围的海滨大道、天津大道、港塘公路、津晋高速公路延长线已建成，中部的中央大道正

在建设，未来还将通过海河隧道连通于家堡金融区，交通条件十分便捷。结合天津港散货物流区的搬迁，该区域的规划建设正式启动。

项目名称：天津滨海新区散货物流周边地区概念规划及中心区城市设计方案国际征集
项目区位：天津滨海新区核心区南部
设计要求：打造集现代服务业、高水平的科技研发与都市工业于一体的活力新城，集保障住房、商品住房于一体的配套完善、环境优美、高品质、多元化的宜居新城，集最新生态城市理念、低碳环保科技于一体的生态新城。
设计内容：概念性城市设计（52.6 平方千米）
中心区城市设计（4 平方千米）
设计时间：2010 年 8 月 17 日—10 月 29 日
应征单位：二号方案　天津市城市规划设计研究院（一等奖）
一号方案　缔博建筑设计咨询（上海）有限公司
三号方案　美国 RTKL 国际有限公司
主办单位：天津市滨海新区规划和国土资源管理局

2010—2011 Int'l Competition for Conceptual Planning Surrounding Binhai
Bulk-cargo Logistic Area & Urban Design Schemes of Central Area, Tianjin

2010—2011 年天津滨海新区散货物流周边地区概念规划及中心区城市设计方案国际征集

评审专家

朱嘉广	中国城市规划协会副理事长、原北京市城市规划设计研究院院长
冯　容	住建部城市规划、历史文化名城保护专家委员会委员、 原天津市规划局副局长
戴　月	中国城市规划设计研究院副总规划师

洪再生	天津大学建筑设计规划研究总院院长
张　毅	广东省城市规划设计研究院深圳分院院长
张丽丽	原天津港集团党委书记、董事长
姚国华	天津渤化集团公司总经济师

评审会现场

项目区位图

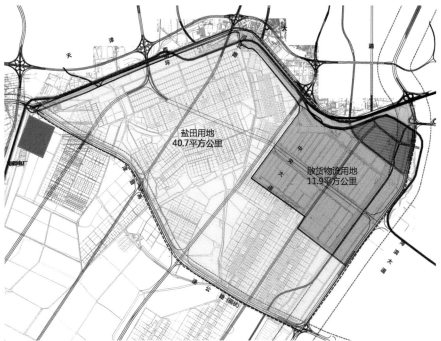

盐田用地
40.7平方公里

散货物流用地
11.9平方公里

设计范围示意图

Design Schemes

征集方案

二号方案（一等奖）
Scheme No.2
First-award

设计单位　天津市城市规划设计研究院
Design Firm　Tianjin Urban Planning & Design Institute

天津市城市规划设计研究院成立于 1989 年，是拥有国家城市规划、土地规划、建筑设计、工程咨询以及规划环评甲级资质的综合性规划设计研究院；主要业务范围包括城乡规划、城市设计、环境景观设计、建筑设计、道路交通与市政工程设计等；近年来积极开展对外技术合作与交流，与多家学术团体和设计公司开展合作。

设计理念

区域规划遵循生态宜居，倡导低碳环保的轨道交通和慢行交通，突出生态建设理念。新城充分发挥轨道交通对于中距离、重要组团客运出行的服务作用，同时与自行车系统、步行系统相结合，形成相互连通的慢行交通系统。在生态空间设计上，新城结合滨海新区水网系统，以低成本的技术手段打造新城水体，形成2.8平方千米水域，完善滨海新区生态水循环系统。同时，青年新城还形成三级公共服务系统结构，并建设800余万平方米的限价房、廉租房、经济适用房、蓝白领公寓等保障性住房，为相关经济区提供配套服务，满足新区居民的需求。此外新城还将结合周边产业布局规划都市工业园区、现代服务业中心区和教育科研园区，实现产业的可持续发展。

总体鸟瞰图

2010—2011 Int'l Competition for Conceptual Planning Surrounding Binhai
Bulk-cargo Logistic Area & Urban Design Schemes of Central Area, Tianjin
2010—2011 年天津滨海新区散货物流周边地区概念规划及中心区城市设计方案国际征集

青年新城的城市发展行动战略以滨海新区核心片区为基点，将青年新城这一重要城市组团融入核心片区城市组团的联动发展，完善新区片区 - 组团城市结构。

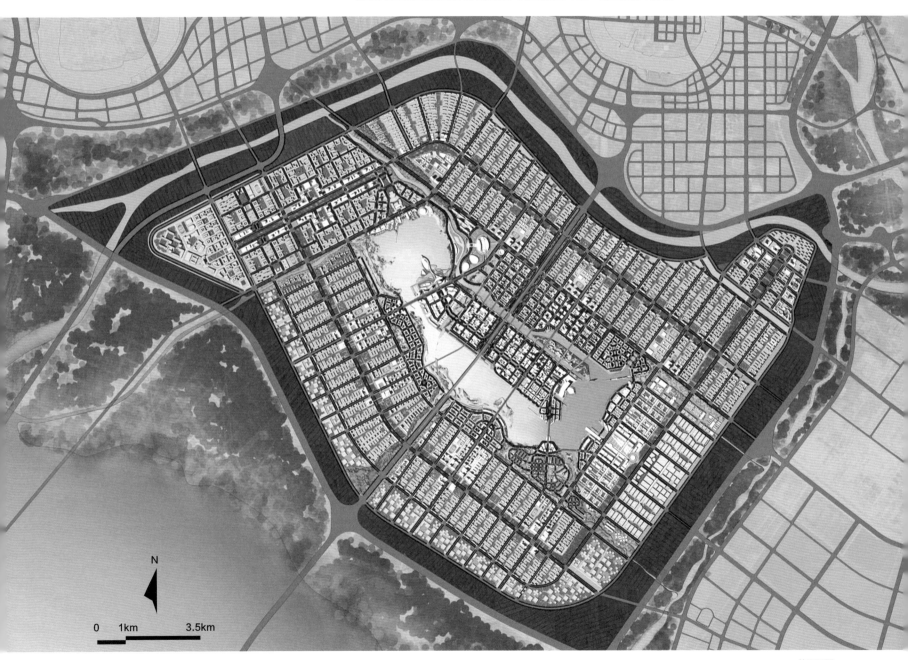

总平面图

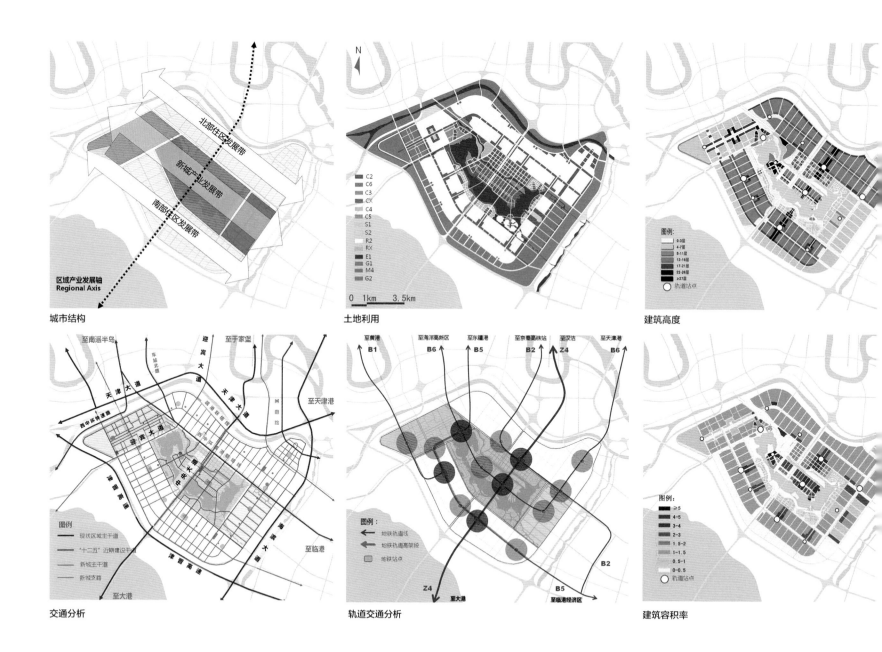

城市结构

土地利用

建筑高度

交通分析

轨道交通分析

建筑容积率

2010—2011 Int'l Competition for Conceptual Planning Surrounding Binhai
Bulk-cargo Logistic Area & Urban Design Schemes of Central Area, Tianjin

2010—2011 年天津滨海新区散货物流周边地区概念规划及中心区城市设计方案国际征集

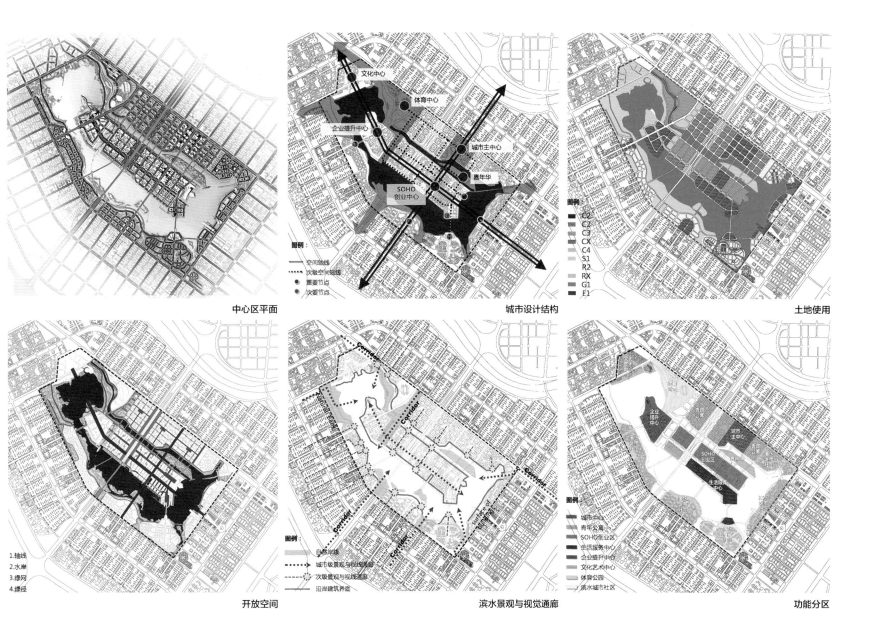

中心区平面 | 城市设计结构 | 土地使用

开放空间 | 滨水景观与视觉通廊 | 功能分区

World
Cutting-Edge Vision
国际一流的愿景
天津滨海新区规划设计国际征集汇编
Compilation of International Competitions for Urban
Planning & Design Schemes in Binhai New Area, Tianjin

青年新城中心区模型

2010—2011 Int'l Competition for Conceptual Planning Surrounding Binhai
Bulk-cargo Logistic Area & Urban Design Schemes of Central Area, Tianjin

2010—2011 年天津滨海新区散货物流周边地区概念规划及中心区城市设计方案国际征集

SOHO-开放城市大学

SOHO 开放城市大学效果图

World
Cutting-Edge Vision
国际一流的愿景

天津滨海新区规划设计国际征集汇编
Compilation of International Competitions for Urban
Planning & Design Schemes in Binhai New Area, Tianjin

青年新城将成为滨海核心片区城市副中心，定位为滨海新区未来
发展的宜居新城、创业新城、活力新城、生态新城。

专家意见

1. 对周边情况包括相关规划获取的信息量充足。

2. 水面大，符合 TOD 概念，特点突出，设计内容符合实际。

3. 有许多新理念，有效地融合了当地整体环境。

节点效果图

2010—2011 Int'l Competition for Conceptual Planning Surrounding Binhai
Bulk-cargo Logistic Area & Urban Design Schemes of Central Area, Tianjin

2010—2011 年天津滨海新区散货物流周边地区概念规划及中心区城市设计方案国际征集

青年新城中心区鸟瞰图

World
Cutting-Edge Vision
国际一流的愿景

天津滨海新区规划设计国际征集汇编
Compilation of International Competitions for Urban
Planning & Design Schemes in Binhai New Area, Tianjin

一号方案
Scheme No.1

设计单位　缔博建筑设计咨询（上海）有限公司

Design Firm　DP Architects

缔博建筑设计咨询（上海）有限公司的总部位于新加坡，自1967年创立以来，一直与新加坡国家建设同步发展，逐步成为亚洲首屈一指的建筑设计公司之一，致力于提供建筑设计、城市规划、室内设计、项目管理、可持续设计、景观设计、工程咨询等跨领域、全方位的服务。

设计理念

整体方案根据不同的空间环境，使"汇润新城"成为一个多元化的未来城市。得益于三个地铁枢纽站的引导，环站点自然形成两个集中的发展中心。更多的绿化生态区在规划中得以保留，通过河岸和绿化走廊，把各个重要组团区域连为一体，在空间架构上形成两轴两带的规划发展格局，并营造以教育及资讯科技为基础的工作环境，使"汇润新城"成为一个集知识性技术产业服务基地和高品质生态居住环境于一体的特色城市。

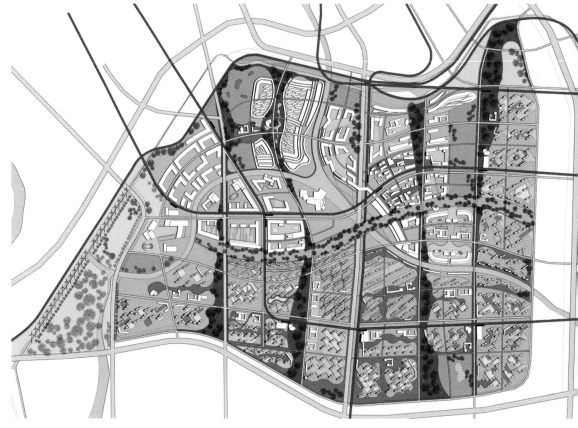

总平面图

2010—2011 Int'l Competition for Conceptual Planning Surrounding Binhai
Bulk-cargo Logistic Area & Urban Design Schemes of Central Area, Tianjin
2010—2011 年天津滨海新区散货物流周边地区概念规划及中心区城市设计方案国际征集

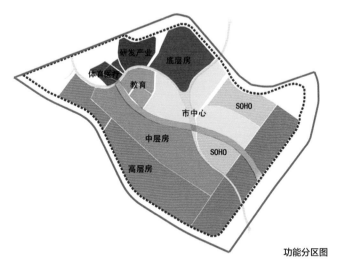

功能分区图

总体鸟瞰图

市中心概念

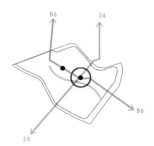

空间分析图

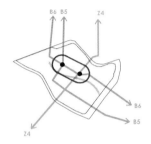

商贸中心和文化中心位于中央大道、Z4、B5、B6 轨道和绿化带的交叉点。

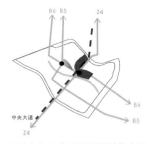

区域中心定位于重要轴道的交叉点，让用地各角落和中心区均可保持轻便与舒畅的交通关系。

开发强度

用地布局

● 文化中心
● 购物带
● 贸易带
● 多层次广场
● 步行桥

用地功能与容积率

市中心——商贸中心和文化中心位于中央大道、Z4 轨道、B5 轨道、B6 轨道和绿化带的交叉点，各个角落与中心区均可保持轻便与舒畅的交通关系。 市中心用地策略是使主要的用地功能从轴线交叉点分别向外散出。

市中心的容积率规划为 1.0 ～ 3.5——从文化中心和酒店／购物带最低的 1.0 ～ 2.0，到贸易带的 3.5。由于区域医疗与研发产业需要相当多的支持性业务，而对外交通设施相当快捷便利，所以将贸易带的容积率定为较高的 3.5 是适当的。

中心区连同性的规划策略

用横跨整片用地的 240 米宽绿化带把文化中心和会议中心／贸易带串联起来。

酒店／购物带和贸易带在建筑第三层，步行桥将二者衔接起来。酒店／购物带和贸易带在建筑空间内穿插不同大小的广场，作为居民活动与聚集的空间。

空间示意图

2010—2011 Int'l Competition for Conceptual Planning Surrounding Binhai
Bulk-cargo Logistic Area & Urban Design Schemes of Central Area, Tianjin

2010—2011 年天津滨海新区散货物流周边地区概念规划及中心区城市设计方案国际征集

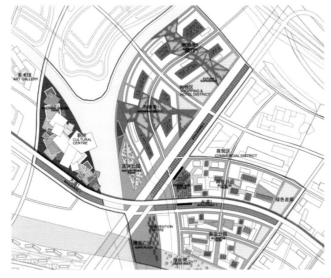

区域布局

专家意见

1. 空间布局、节点等方面考虑细致。

2. 规划理念缺失。

3. 合成一个大区的想法考虑欠佳。

重要节点透视图

World
Cutting-Edge Vision
国际一流的愿景

天津滨海新区规划设计国际征集汇编
Compilation of International Competitions for Urban
Planning & Design Schemes in Binhai New Area, Tianjin

三号方案
Scheme No.3

设计单位　美国 RTKL 国际有限公司
Design Firm　RTKL International Ltd.

美国 RTKL 国际有限公司是世界上最大的建筑规划设计公司之一，以丰富的经验及特长为世界各地的客户提供各类专业设计服务。从 1946 年创办至今，RTKL 已发展为拥有建筑设计、都市规划、结构工程、空调水电设备工程、室内设计、园景绿化设计、标志路牌系统设计等各种专业人才并提供多元整体专业服务的世界性设计公司。

设计理念

"渤望新城" 致力于满足中心商务区、临港经济区就业职工和创业人员的住房需求，为企业提供更全面的城市生活服务的理念，形成多业态新城中心的城市特色。新城中心位于中央大道和海晶大街交叉口处，桥梁与地铁将周边社区连为一体，包括一个商业区、一座国际品质的医疗机构、一个研发基地和各种教育运动设施。新城位于半岛上的商业中心，包括一条商业走廊，两边为多业态群组。零售和娱乐区充分利用观湖景观，激活了整个湖滨区域，将演艺中心与商业活动联系起来，为新城和周边开发区提供独一无二的服务，并成为这座新城跳动的心脏。

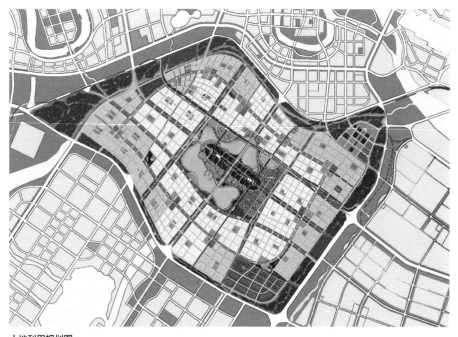

土地利用规划图

商品性住房	体育设施	道路广场
保障性住房	医疗卫生	开放空间与公园
商业金融	教育设施	防护绿地
混合功能	社会福利	水域
行政办公	研发产业与工业	市政停车场
文化娱乐		

2010—2011 Int'l Competition for Conceptual Planning Surrounding Binhai
Bulk-cargo Logistic Area & Urban Design Schemes of Central Area, Tianjin
2010—2011 年天津滨海新区散货物流周边地区概念规划及中心区城市设计方案国际征集

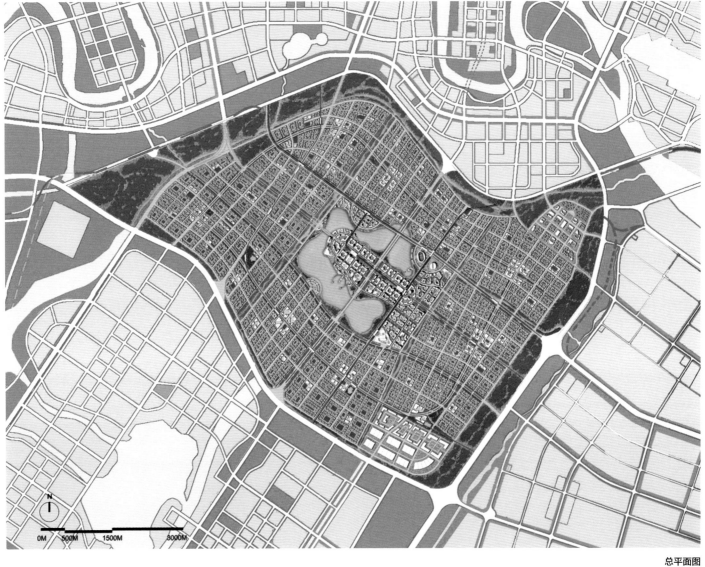

总平面图

World
Cutting-Edge Vision
国际一流的愿景

天津滨海新区规划设计国际征集汇编
Compilation of International Competitions for Urban
Planning & Design Schemes in Binhai New Area, Tianjin

总体鸟瞰图

2010—2011 Int'l Competition for Conceptual Planning Surrounding Binhai
Bulk-cargo Logistic Area & Urban Design Schemes of Central Area, Tianjin
2010—2011 年天津滨海新区散货物流周边地区概念规划及中心区城市设计方案国际征集

专家意见

l.　探讨了作为生活配套区本身且有一定产业作支撑地区的设计理念。

2.　从生活方式进行考虑的想法特点突出。

3　空间组织和空间布局平淡。

4.　整体区域与核心区的关系处理不到位。

中心区鸟瞰图

2010-2011 年

天津滨海新区重点地区
建筑设计和城市设计方案国际征集

2010—2011 Int'l Competition for Architectural & Urban Design Schemes of Binhai Key Areas, Tianjin

World
Cutting-Edge Vision
国际一流的愿景

天津滨海新区规划设计国际征集汇编
Compilation of International Competitions for Urban
Planning & Design Schemes in Binhai New Area, Tianjin

Overall Description

总体概况

为全面提升滨海新区规划设计整体水平，借用外脑、引进国内外先进设计理念，高起点、高水平编制好滨海新区重点地区规划，塑造富有特色的城市形象，滨海新区规划和国土资源管理局、规划提升指挥部会同中心商务区管委会、原滨海旅游区管委会共同组织了 7 次重点地区的建筑设计和城市设计方案国际征集活动。于 2010 年 10 月开始前期策划，12 月 8 日召开发布会，历经两个半月的设计时间，于 2011 年 2 月 25 日至 3 月 2 日完成项目的研讨及评审工作。

该次活动按照以下三类方式组织：定向邀请设计大师，召开研讨会和评审会；公开征集，优选三家单位入围开展设计，经方案评审确定深化单位；公开报名，经资质评审优选一家单位委托设计。经报名、邀请、资质评审，从来自美国、加拿大、英国、法国、德国、荷兰、澳大利亚、新加坡、中国香港等 10 个国家和地区的 50 余家境内外设计机构中确定 25 家设计机构及设计联合体参加该次征集活动。

1. 滨海新区文化中心建筑群概念设计
2. 于家堡城际车站周边地区标志性建筑设计
3. 海河外滩和解放路商业街地区城市设计
4. 新港船厂改造综合文娱区城市设计
5. 大沽船坞文化创意和媒体园城市设计
6. 塘沽南站滨河休闲风情街规划设计
7. 滨海新区旅游区规划及核心区城市设计

项目分布图

项目发布会

项目发布会

研讨会现场

研讨会现场

现场踏勘

现场踏勘

领导会见

大师来津

World
Cutting-Edge Vision
国际一流的愿景

天津滨海新区规划设计国际征集汇编
Compilation of International Competitions for Urban
Planning & Design Schemes in Binhai New Area, Tianjin

Int'l Consultation for Conceptual Architectural Design of Cultural Center （Round I）

滨海新区文化中心建筑群
概念设计国际咨询（第一轮）

项目概况

滨海新区文化中心位于滨海新区核心区，是体现从"中国制造"到"中国创造"的重要载体，也是拥有科技、展示、教育等多元功能的综合性文化商业区。规划建设滨海大剧院、航天航空博物馆、现代工业博物馆、滨海美术馆、滨海青少年宫、传媒大厦及综合开发地下图书城、商业街及其他配套设施。该中心对于提升滨海新区的城市功能、公共文化水平以及促进和谐新区的建设具有重要意义。它的建设将展现滨海新区建设的时代性和前沿性。

四至范围：东至中央大道，南至解放路、紫云公园，西至洞庭路，北至大连道。

项目名称： 天津滨海新区文化中心建筑群概念设计国际咨询（第一轮）

项目区位： 天津滨海新区中心商务区

设计要求： 为落实市委市政府"打好文化大发展、大繁荣攻坚战，统筹推进中心城区、滨海新区、各区县三个层面文化产业协调发展"的总体要求，结合滨海新区"十二五"规划，在滨海新区行政文化中心已完成的城市设计基础上，邀请四位国际一流的设计大师及其团队，开展滨海新区文化中心建筑群概念设计国际咨询，使规划设计达到国际先进水平。

项目规模： 规划总用地 45.2 公顷，总建筑面积 51.3 万平方米（地上建筑面积 39.9 万平方米，地下建筑面积 11.4 万平方米）

滨海大剧院 4 万平方米、航空航天博物馆 2.5 万平方米、现代工业博物馆 2.5 万平方米、滨海美术馆 3.5 万平方米、青少年活动中心 2.4 万平方米、传媒大厦 5 万平方米、商业综合体 20 万平方米

设计内容： 总体布局规划
单体建筑概念方案（滨海大剧院、航天航空博物馆、现代工业博物馆、滨海美术馆）

设计时间： 2010 年 12 月 8 日—2011 年 2 月 24 日

应征单位： 一号方案（滨海大剧院）——英国扎哈·哈迪德建筑事务所、天津市城市规划设计研究院
二号方案（航空航天博物馆）——荷兰 MVRDV 建筑事务所、北京市建筑设计研究院有限公司
三号方案（现代工业博物馆）——美国伯纳德·屈米建筑事务所、美国 KDG 建筑设计有限公司
四号方案（滨海美术馆）——华南理工大学建筑设计研究院

主办单位： 天津市滨海新区规划和国土资源管理局

评审专家

李道增　　马国馨　　邢同和　　孙乃飞　　朱雪梅

李道增　中国工程院院士、清华大学建筑学院教授

马国馨　中国工程院院士、北京市建筑设计研究院顾问总建筑师

邢同和　上海现代建筑设计（集团）有限公司总建筑师、全国工
　　　　程勘察设计大师

孙乃飞　美国 SOM 设计公司设计师

朱雪梅　天津市城市规划设计研究院
　　　　副总规划师、城市设计所所长

设计大师

扎哈·哈迪德　　伯纳德·屈米　　韦尼·马斯　　何镜堂

项目区位图

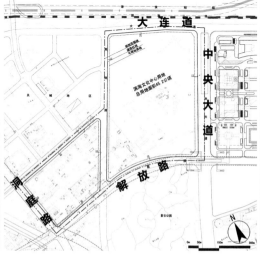

规划范围图

滨海文化中心概念方案

World
Cutting-Edge Vision
国际一流的愿景

天津滨海新区规划设计国际征集汇编
Compilation of International Competitions for Urban
Planning & Design Schemes in Binhai New Area, Tianjin

一号方案 滨海大剧院
Scheme No.1
Binhai Grand Theatre

设计单位 英国扎哈·哈迪德建筑事务所、天津市城市规划设计研究院

Design Firm Zaha Hadid Architects & Tianjin Urban Planning & Design Institute

首席设计师

扎哈·哈迪德（Zaha Hadid）

1950 年出生于巴格达，1972 年进入伦敦建筑联盟学院（AA）学习建筑学，后加入大都会建筑事务所并执教于 AA 建筑学院，1979 年成立自己的工作室。她以新颖的诠释方法创造了一个新世界；以拆解题材和物件的方式，寻找现代主义的根，塑造全新的景观，任由观者遨游。早期扎哈的语汇是挑战基地涵构；现在她会从基地中寻找所运用的空间语汇，结合动能与空间逻辑，打造令人赞赏的建筑。

总体鸟瞰图

World
Cutting-Edge Vision
国际一流的愿景

天津滨海新区规划设计国际征集汇编
Compilation of International Competitions for Urban
Planning & Design Schemes in Binhai New Area, Tianjin

设计理念

立意：流动的音乐，恢宏的篇章

区域由一系列模仿毛笔笔触的壳状建筑组成，它们围合成内聚的完整公共空间。

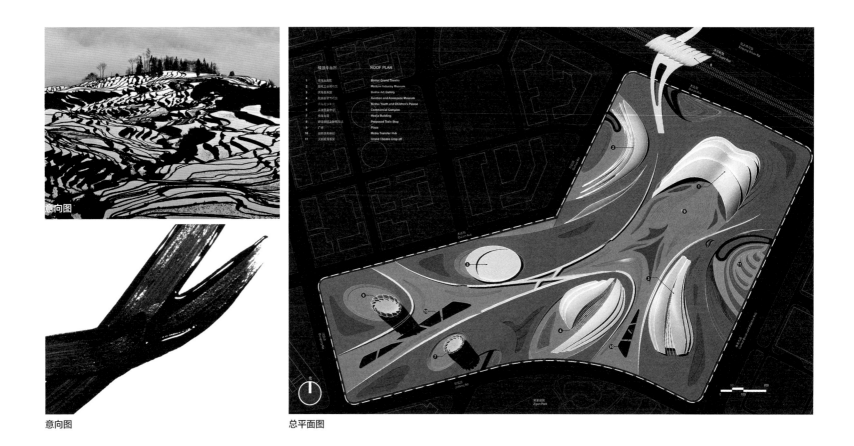

意向图

意向图

总平面图

建筑群总体布局

现状

绿地延伸

出入口

基地与周边关系

现代工业博物馆

滨海大剧院

滨海美术馆

航天航空博物馆

抬升景观区域以适应设计，形成围合广场空间

从广场和绿地进入建筑

抬升基地周围以提供后勤出入口

竖向造型

商业大厦

传媒大厦

滨海青少年活动中心

效果图

建筑方案：滨海大剧院

建筑面积：4 万平方米

主要功能：大剧院、音乐厅、小剧场

建筑限高：30 米

滨海大剧院效果图

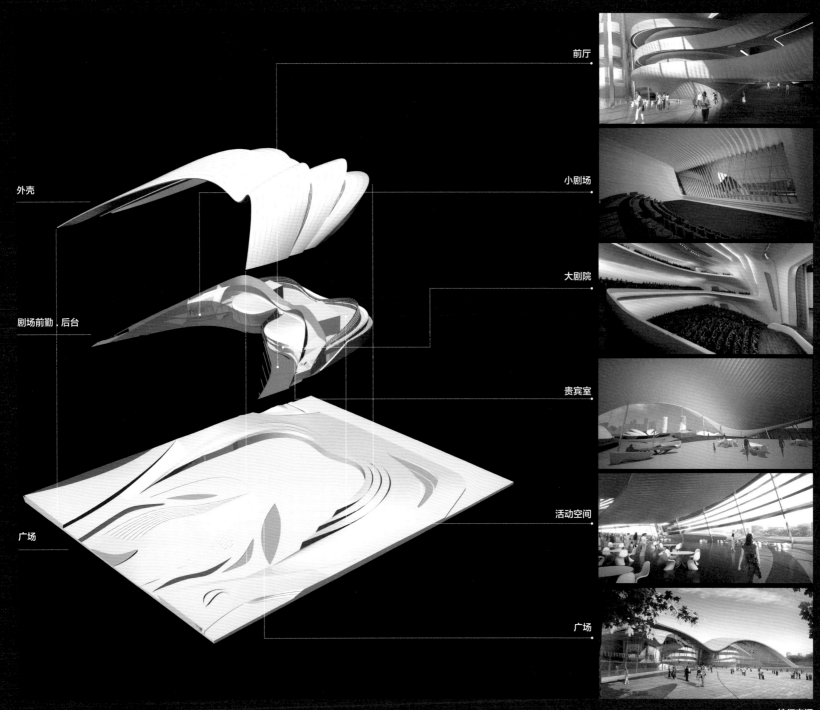

外壳

剧场前勤，后台

广场

前厅

小剧场

大剧院

贵宾室

活动空间

广场

特征空间

效果图

专家意见

总体布局规划

1. 布局形态优美、整体性强。

2. 增加轻轨站点的想法较好。

3. 建筑与景观有较好的结合。

4. 公共空间层次丰富，尺度适中，具有凝聚性。

建筑单体

1. "流动的音乐"构思较好。

2. 形态优美，手法简练。

3. 建筑空间利用率低，造价高。

总体鸟瞰图

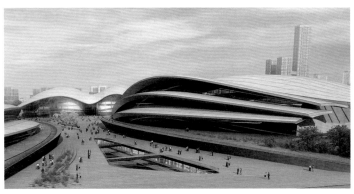

效果图

效果图

World
Cutting-Edge Vision
国际一流的愿景

天津滨海新区规划设计国际征集汇编
Compilation of International Competitions for Urban
Planning & Design Schemes in Binhai New Area, Tianjin

二号方案 航空航天博物馆
Scheme No.2
Aviation & Aerospace Museum

设计单位 荷兰 MVRDV 建筑事务所、北京市建筑设计研究院有限公司
Design Firms MVRDV & Beijing Institute of Architectural Design

Winy Maas 韦尼·马斯　　Jacob van Rijs　　Nathalie de Vries

首席设计师

韦尼·马斯（Winy Maas）

荷兰 MVRDV 建筑事务所三个合伙人之一，创新型年轻设计师。
设计作品通过对与当代建筑和设计过程相关的大量复杂数据的
分析来塑造空间，将众多研究成果融入设计中，同时注重与景
观设计相结合，作品受到国际建筑界的广泛关注。

设计理念

立意：绚丽拼图和城市舞池

区域规划将建筑、景观、历史、灯光等多种元
素聚集在一起，形成一个有故事的公园。

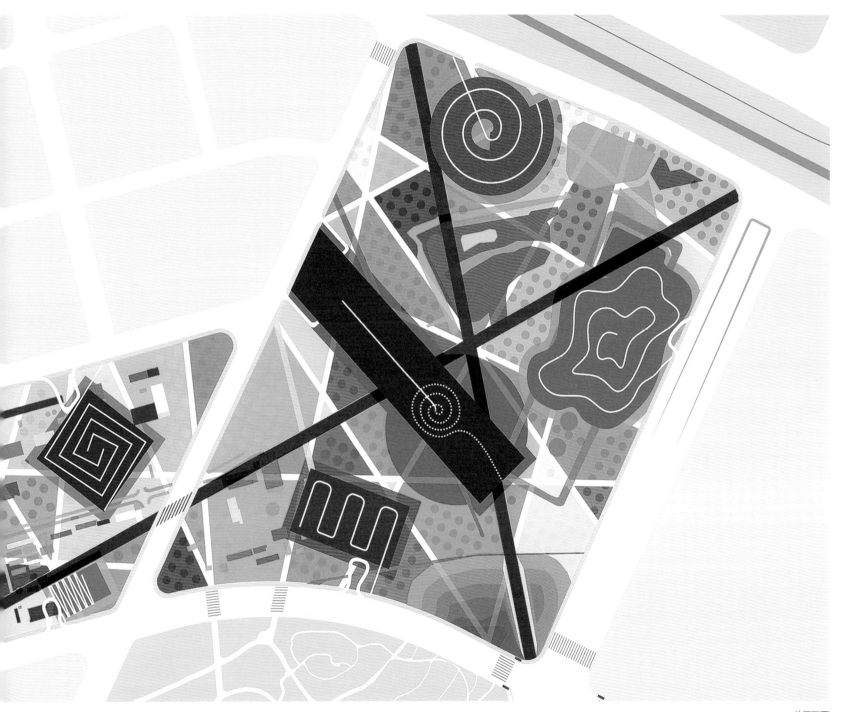

总平面图

World
Cutting-Edge Vision
国际一流的愿景

天津滨海新区规划设计国际征集汇编
Compilation of International Competitions for Urban
Planning & Design Schemes in Binhai New Area, Tianjin

建筑群总体布局

总体鸟瞰图

建筑方案：航空航天博物馆

设计创意：陨石与跑道

建筑面积：2.5 万平方米

功能空间：航天馆、航空馆、天象厅

建筑高度：30 米

航空航天博物馆效果图

航空航天博物馆平面布局图

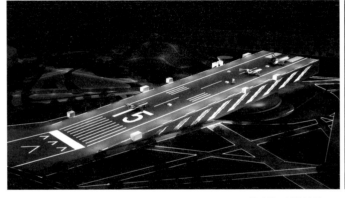

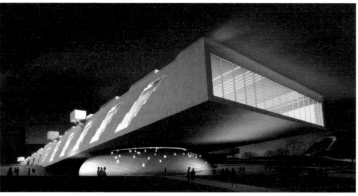

航空航天博物馆效果图

航空航天博物馆夜景效果图

屋顶展示区效果图

专家意见

总体布局规划

1. 方案极具趣味性。

2. 可包容不同风格的景观和建筑设计。

3. 尊重场地的历史。

4. 城市公共空间主次不分明，过于强调建筑。

5. 建筑尺度及流线存在缺陷。

建筑单体

1. 构想大胆，富有创意。

2. 参观流线可以营造令人难忘的体验。

3. 建筑大斜坡如何实现需深入研究，例如，如何处理无障碍设计。

航空展示区室内效果图

航天展示区室内效果图

建筑人视效果图

World Cutting-Edge Vision
国际一流的愿景

天津滨海新区规划设计国际征集汇编
Compilation of International Competitions for Urban
Planning & Design Schemes in Binhai New Area, Tianjin

三号方案 现代工业博物馆
Scheme No.3
Modern Industrial Museum

设计单位 美国伯纳德·屈米建筑事务所、美国 KDG 建筑设计有限公司
Design Firms Bernard Tschumi Architects & Kalarch Design Group, Inc.

首席设计师

伯纳德·屈米（Bernard Tschumi）

当代最有影响力的建筑师之一。

美国建筑师协会会员，英国皇家建筑师学会会员，曾担任纽约哥伦比亚大学建筑规划保护研究院的院长。在纽约和巴黎设有事务所，鲜明独特的建筑理念对新一代的建筑师产生了极大影响，给世界各地带来了巨大冲击。

总体鸟瞰图

设计理念

立意：虚实相生，和平共处

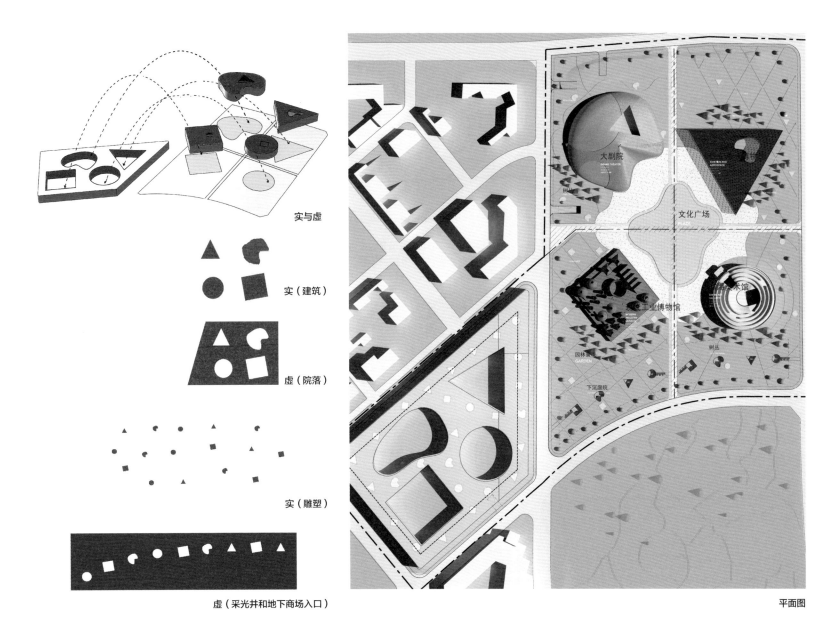

实与虚

实（建筑）

虚（院落）

实（雕塑）

虚（采光井和地下商场入口）

平面图

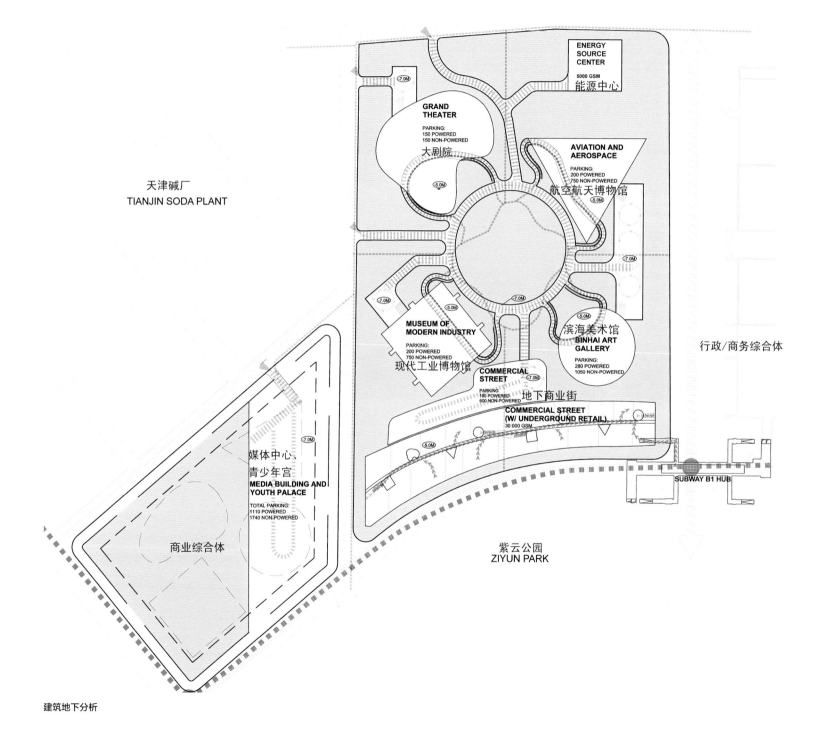

天津碱厂
TIANJIN SODA PLANT

ENERGY SOURCE CENTER
5000 GSM
能源中心

GRAND THEATER
PARKING:
150 POWERED
150 NON-POWERED
大剧院

AVIATION AND AEROSPACE
PARKING:
200 POWERED
750 NON-POWERED
航空航天博物馆

MUSEUM OF MODERN INDUSTRY
PARKING:
200 POWERED
750 NON-POWERED
现代工业博物馆

滨海美术馆
BINHAI ART GALLERY
PARKING:
280 POWERED
1050 NON-POWERED

COMMERCIAL STREET
PARKING:
180 POWERED
600 NON-POWERED
地下商业街

COMMERCIAL STREET
(W/ UNDERGROUND RETAIL)
30 000 GSM

行政/商务综合体

SUBWAY B1 HUB

媒体中心
青少年宫
MEDIA BUILDING AND YOUTH PALACE
TOTAL PARKING:
1110 POWERED
1740 NON-POWERED

商业综合体

紫云公园
ZIYUN PARK

建筑地下分析

建筑方案：现代工业博物馆

设计创意： 托盘与茶艺

建筑面积：2.5 万平方米

功能空间：门厅、天津展厅、滨海展厅

建筑高度：30 米

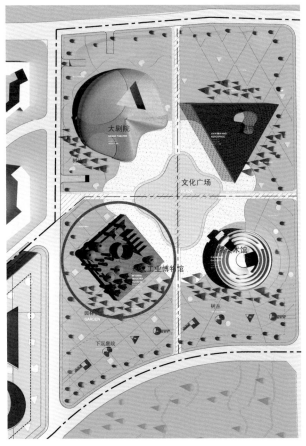

现代工业博物馆平面图

现代工业博物馆鸟瞰图

屋顶人视效果图

建筑效果图

室内效果图

专家意见

总体布局规划

1. 规划设计理念借鉴了中国传统哲学思想。
2. 包容形态各异的建筑设计。
3. 景观未能为整个基地创造合理的构架。
4. 空间设计过于单调，中心公园设计平淡。
5. 地下中心环路缺乏方向感，可行性有待研究。

建筑单体

1. 强有力的设计语汇和形体塑造体现了工业博物馆的主题。
2. 在可持续发展设计方面做了有益的尝试。
3. 平面布局合理，内部展览空间构思富有创意。
4. 可实施性较强。
5. 建筑顶部空间过于繁杂并且承载过重，规模过大。

总体鸟瞰图

World
Cutting-Edge **Vision**
国际一流的愿景

天津滨海新区规划设计国际征集汇编
Compilation of International Competitions for Urban
Planning & Design Schemes in Binhai New Area, Tianjin

四号方案 **滨海美术馆**
Scheme No.4
Binhai Art Gallery

设计单位　华南理工大学建筑设计研究院
Design Firm　Architectural Design Research Institute of South China Universly of Technology

首席设计师

何镜堂

中国工程院院士、华南理工大学建筑设计研究院院长。长期从事建筑及城市规划的教学与研究，提出了"两观"（整体观、可持续发展观）、"三性"（地域性、文化性、时代性）的建筑哲理和创造思想，并体现在大量的建筑创作作品中。

总体鸟瞰图

设计理念

立意：众脉汇心，滨海搏动

区域规划充分研究周边关系，并提出"文化中心应当是复合的都市文化核心"。

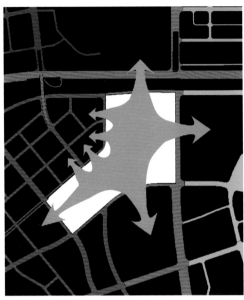

空间示意图

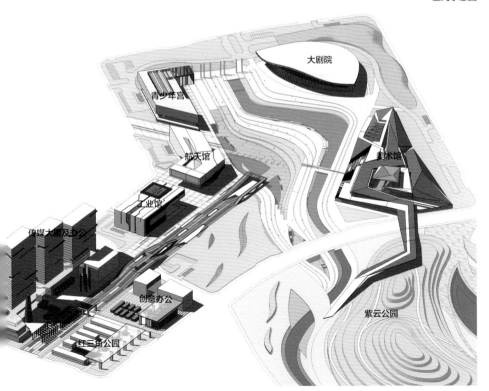

建筑群总体布局

总平面图

World
Cutting-Edge Vision
国际一流的愿景

天津滨海新区规划设计国际征集汇编
Compilation of International Competitions for Urban
Planning & Design Schemes in Binhai New Area, Tianjin

建筑方案：滨海美术馆

大地刻痕，艺术土壤

建筑面积：3.5 万平方米

主要功能：版画展览、艺术品展示

建筑限高：30 米

建筑位置图

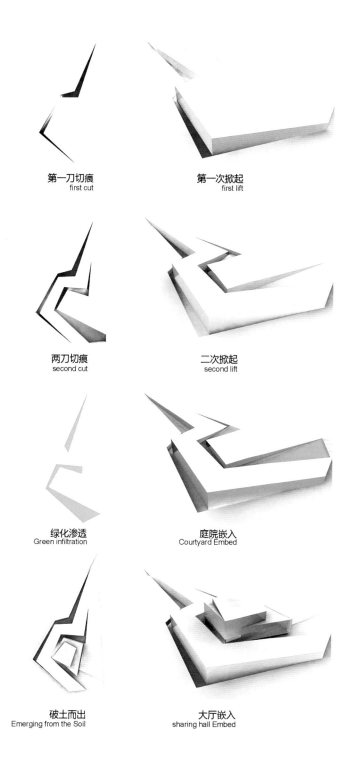

第一刀切痕
first cut

第一次掀起
first lift

两刀切痕
second cut

二次掀起
second lift

绿化渗透
Green infiltration

庭院嵌入
Courtyard Embed

破土而出
Emerging from the Soil

大厅嵌入
sharing hall Embed

专家意见

总体布局规划

1. 极具包容性。
2. 城市界面处理得当，与基地周边环境相呼应。
3. 工业遗产景观轴特色突出。
4. 对道路线形的修改值得借鉴。
5. 景观手法繁杂，缺少主题。
6. 地下空间使用有待进一步研究。

建筑单体

1. 绿脉相承、因地制宜。
2. 城市界面处理得当，在东侧延续绿色界面，塑造了城市公园的形象。
3. 与地铁站结合较好，公共性强。
4. 建筑形象没有大的突破。

美术馆鸟瞰图

World
Cutting-Edge **Vision**
国际一流的愿景

天津滨海新区规划设计国际征集汇编
Compilation of International Competitions for Urban
Planning & Design Schemes in Binhai New Area, Tianjin

Int'l Competition for Architectural Design Schemes of Landmark Buildings Surrounding Yujiapu Intercity High-speed Railway Station

于家堡城际车站周边地区

标志性建筑设计方案国际征集

项目概况

于家堡城际车站周边地区地标性建筑是于家堡最高的标志性建筑和视觉焦点，紧临车站南侧，车站西侧有已开工的宝龙地块，北侧为紫云公园等；另有原塘沽火车南站等历史保护建筑位于西侧滨河地块，在规划上形成整体有序的空间格局。结合于家堡金融区对于整个滨海新区的定位以及城际站已有的功能，规划在车站正南位置建设一座 500 米高的标志塔楼及一座停车建筑，并且在东侧的相邻地块布置两座配套超高层建筑。

项目名称：天津滨海新区中心商务区于家堡城际车站周边地区标志性建筑设计国际征集

项目区位：天津滨海新区中心商务区

设计内容：建筑单体设计（01-36、01-37、02-11、02-19 四个地块）

设计时间：2010 年 12 月 8 日—2011 年 2 月 26 日

应征单位：四号方案　日本株式会社日建设计（一等奖）

　　　　　　二号方案　美国 SBA 公司

　　　　　　一号方案　法国 AREP 公司

　　　　　　三号方案　华东建筑设计研究院有限公司

组织单位：天津市滨海新区规划和国土资源管理局

主办单位：天津滨海新区中心商务区管理委员会

夜景鸟瞰图

总平面图

功能构成

主塔楼为混合功能

中低区为普通办公

高区为高级办公

超高区为酒店和俱乐部

塔楼顶部设置为对外开放的空间——空中花园、景观餐厅

外檐设计

简练、现代、美感

平面由三角形转化为六角形

北侧运用水平线条，最大限度地展现车站广场景观视野

东西两侧面向海河景观

地下空间

地上、地下整体连通的空间结构

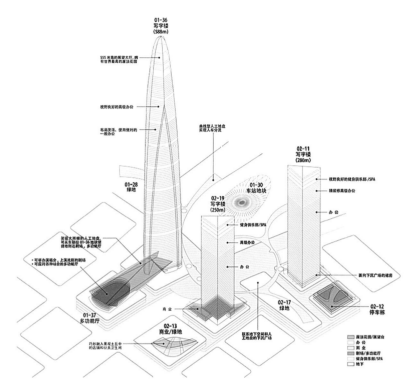

功能构成图

地下室内效果图

效果图

专家意见

1. 充分研究场地内几栋建筑与交通车站整体的功能安排。

2. 总体建筑群布局及造型较好，主塔楼收分及造型优美，增加了公共活动空间。

3. 交通核心性价比不高。

4. 主建筑外观从某些角度看有一定的偏心。

World Cutting-Edge **Vision**
国际一流的愿景

天津滨海新区规划设计国际征集汇编
Compilation of International Competitions for Urban
Planning & Design Schemes in Binhai New Area, Tianjin

二号方案
Scheme No.2

设计单位 美国 SBA 公司

Design Firm Steffian Bradley Architects

美国 SBA 公司业务涵盖建筑、城市设计、室内设计和照明等专业领域，
拥有丰富的全球项目实施经验，并在美国、英国、西班牙等地设有多个
公司和办事处，致力于营造可提高人类生活品质的空间环境。

设计理念

立意：借用中国竹子和传统塔楼的形式
　　　"节节升高"的寓意
　　　独特的建筑造型

人视点效果图

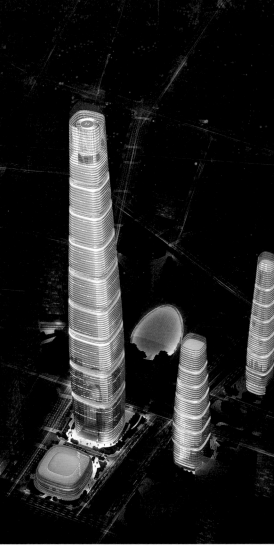

夜景鸟瞰图

规划布局

主塔楼与配套地块各自独立设计

各街区由地下车库连接地铁及城际车站

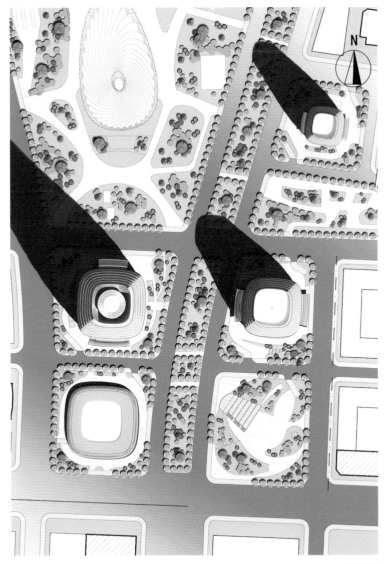

总平面图

鸟瞰图

World Cutting-Edge Vision
国际一流的愿景

天津滨海新区规划设计国际征集汇编
Compilation of International Competitions for Urban
Planning & Design Schemes in Binhai New Area, Tianjin

功能构成

主塔楼为混合功能

底层为零售商业及餐厅

中低区为办公

高区为公寓

超高区为酒店

塔楼顶部设置为对外开放的景观空间

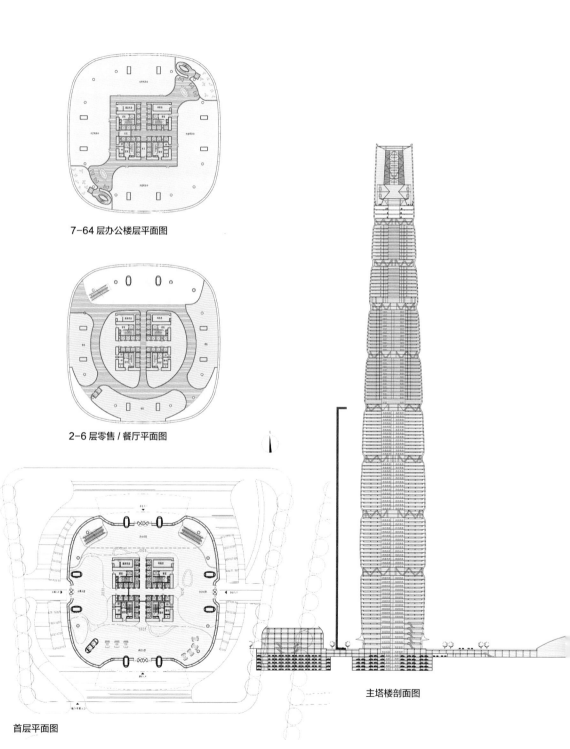

7-64 层办公楼层平面图

2-6 层零售 / 餐厅平面图

主塔楼剖面图

屋顶停机坪效果图

首层平面图

平视图

专家意见

1. 强调群体的标志性，技术问题解决较好。

2. 人流疏导方面提供了强有力的方案，但建筑的避难层设计不尽合理。

3. 收分造型不优美，群体平淡单调，创意不足，标准层面积过大。

World Cutting-Edge **Vision**
国际一流的愿景

天津滨海新区规划设计国际征集汇编
Compilation of International Competitions for Urban
Planning & Design Schemes in Binhai New Area, Tianjin

一号方案
Scheme No.1

设计单位 法国 AREP 公司

Design Firm AREP Ville

法国 AREP 公司是国际知名的大型综合性设计企业集团，隶属于世界 500 强法国国家铁路公司 SNCF 集团。公司设有项目前期策划、建筑设计、城市规划、景观设计、室内设计、结构机电工程技术、经济估算、施工咨询等专业部门，拥有很强的综合实力与综合竞争力。设计项目多次获得国内外大奖、多次接受政要贵宾的参观访问。

设计理念

立意：城市灯塔

人视点效果图

夜景鸟瞰图

总体鸟瞰图

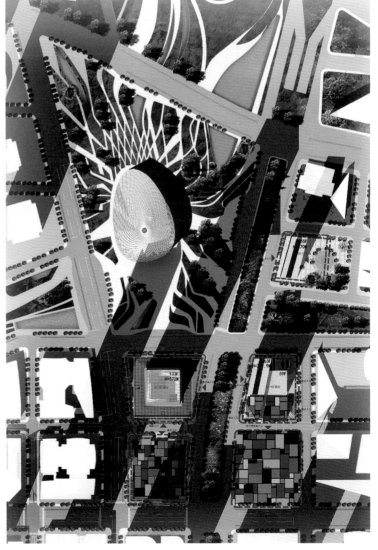

总平面图

World Cutting-Edge Vision
国际一流的愿景

天津滨海新区规划设计国际征集汇编
Compilation of International Competitions for Urban
Planning & Design Schemes in Binhai New Area, Tianjin

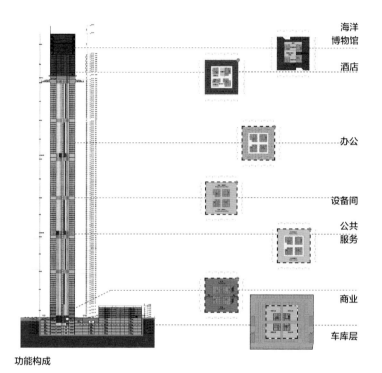

海洋
博物馆

酒店

办公

设备间

公共
服务

商业

车库层

功能构成

平台、酒店、海洋主题博物馆

海洋博物馆室内效果图

城市天际线效果图

夜景效果图

专家意见

1. 突出超高层建筑设计的独创性。

2. 顶部独特的室内庭院和建筑塔身上的色彩应用
   效果好。

3. 主辅楼造型及色彩不太协调，480 米观景层及
   观景楼梯不现实。

4. 平面尺寸偏小，不经济，比例不好。

三号方案
Scheme No.3

设计单位 华东建筑设计研究院有限公司

Design Firm East China Architectural Design & Research Institute Co., Ltd

华东建筑设计研究院有限公司是中国最具影响力的建筑设计机构之一，隶属于上海现代建筑设计集团。多年来，总院设计项目遍及数十个国家和地区、全国各个省市，完成工程设计及咨询项目数以万计，并培养了包括院士及国家设计大师在内的许多杰出专家人才。

设计理念

立意：生长、腾飞

结合结构的稳定性和功能的实用性，超高层建筑的形态呈纺锤形，由上至下逐渐收分，形成一条优美的曲线，直冲云霄，呈现出向上无限生长的趋势。弧形的建筑轮廓力求化解大量密集的超高层建筑之间的形体矛盾，并强调其在整个于家堡金融区诸多建筑中的融入与凸显。

西南向沿永太路透视图

西南向沿永太路鸟瞰图

规划布局

城际车站与主楼间的南北轴线均衡了四面的景观视野。

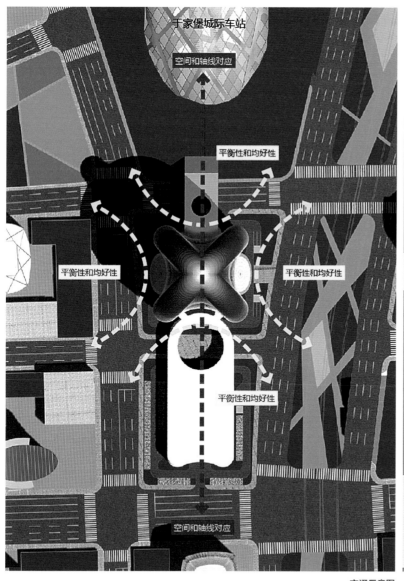

交通示意图

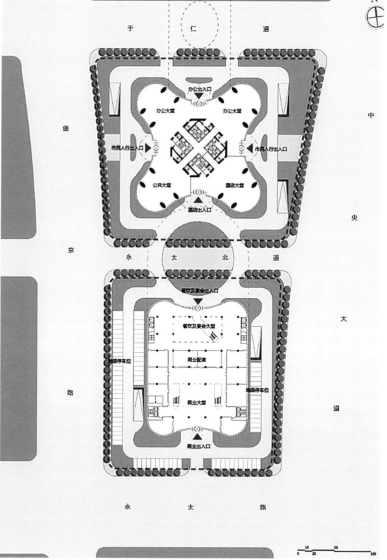

总平面图

功能构成

主塔楼为混合功能

中低区为办公室

高层区为酒店

塔楼顶部为对外开放的观光空间

观光厅透视图

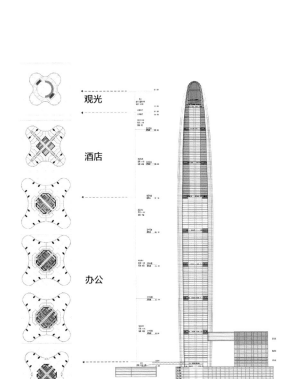

剖面图

观光厅透视图

专家意见

1. 建筑造型流畅，对地块综合利用有一定考虑。

2. 平面体型有缺陷，消防不好解决，无法设置停机坪，楼梯疏散不够。

3. 群体组合不协调，不统一，平台收分后基层门厅及入口太窄。

东北向透视图

Int'l Competition for Urban Design Schemes of Haihe Bund and Jiefang Commercial Street

海河外滩和解放路商业街地区
城市设计方案国际征集

项目概况

规划地块现状由上海道划分为两部分：解放路商业街、海河外滩。解放路商业街是滨海地区的传统商业街，2000年被改造为步行街后，一直为滨海新区提供优良的综合商业服务，全长430米，其中有金元宝商厦、服饰商厦、乐购超市、中原百货等大型商场。海河外滩公园总占地13公顷，其中三个"碧海帆影"构架成为塘沽地区标志性建筑。

为满足中心商务区居民日益提高的消费水平和购物需求，提升滨海新区的城市功能并展现滨海国际大都市形象，结合现有解放路商业街的商业设施以及其南部外滩的休闲旅游功能，规划建成滨海新区解放路商业中心，形成集购物、餐饮、休闲、娱乐、旅游等于一体的滨河中心商业区。

项目名称： 天津滨海新区海河外滩和解放路商业街地区城市设计方案国际征集

项目区位： 天津滨海新区中心商务区

设计要求： 提出解放路地区的定位、主要城市功能、业态，注意与天碱地区商业形式区分。

提出道路、轨道及其车站、公交、停车、步行等交通组织方案，解决上海道对商业街区与海河外滩的分割问题。

对海河外滩改造、滨河绿化及水体景观提出设计思路和方案。

考虑经济平衡，确定合理的产业居住各类用地的控制指标。

设计内容： 城市设计（1.24平方千米）

设计时间： 2010年12月8日—2011年3月1日

应征单位： 一号方案　德国HPP设计公司（一等奖）

三号方案　德国SBA设计公司

二号方案　澳大利亚PDI国际设计有限公司

组织单位： 天津市滨海新区规划和国土资源管理局

主办单位： 天津滨海新区中心商务区管理委员会

解放南路商业街　　　　　　外滩公园

评审专家

彭一刚　　中国科学院院士，天津大学建筑学院名誉院长、教授

柯焕章　　北京 CBD 规划建设总顾问、原中国城市规划协会副会长、原北京市城市规划设计研究院院长

戴　月　　中国城市规划设计研究院副总规划师

洪再生　　天津大学建筑设计规划研究总院院长

黄文亮　　天津华汇环境规划公司营运主持人、规划总监

彭一刚　　　　　　　柯焕章　　　　　　　戴　月　　　　　　　洪再生　　　　　　　黄文亮

项目区位图

设计范围示意图

一号方案（一等奖）
Scheme No.1
First-award

设计单位 德国 HPP 设计公司

Design Firm HPP International Planungsgesel lschaft mbH

德国 HPP 设计公司是一家拥有 70 多年悠久历史以及约 300 位一流建筑设计师、规划设计师的国际化建筑规划设计公司。居世界建筑规划设计公司排名榜前 50，总部坐落于德国杜塞尔多夫。业务范围包括建筑设计和城市规划两大类，主要致力于办公建筑、购物中心、酒店、交通、居住、运动设施、文化、医院、城市规划、改造建筑和室内设计。

设计理念

区域规划着重将解放路单一的线性商业街改造为网络化的面状立体商业街区，同时延长步行街。步行街北侧的建筑拆除较多。区域规划同时对海河外滩进行了彻底的改造。商业总面积约 69 万平方米。

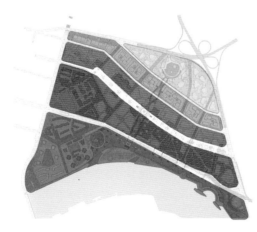

功能分区图

■ 层次 1：休闲旅游带
■ 层次 2：商业服务带
■ 层次 3：商办综合带
■ 层次 4：商住综合带
□ 层次 5：商店办公带

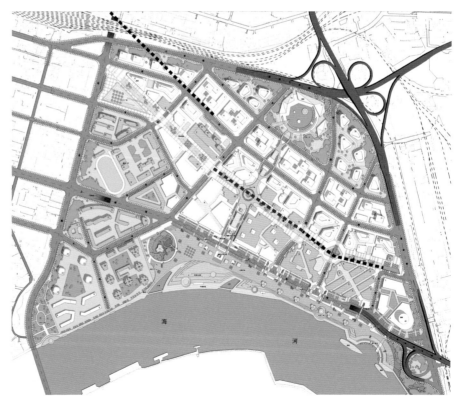

总平面图

总体鸟瞰图

重点打造三大轴线

南北中央活动轴与解放路交会处形成了集中心广
场、交通枢纽功能为一体的中部节点。

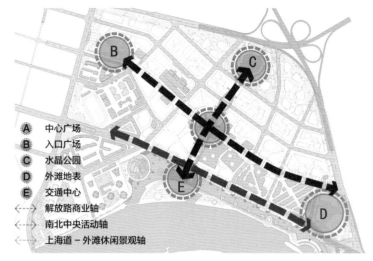

A 中心广场
B 入口广场
C 水晶公园
D 外滩地表
E 交通中心
←---→ 解放路商业轴
←---→ 南北中央活动轴
←---→ 上海道－外滩休闲景观轴

规划结构图

节点透视图

南北轴线

高架廊道将海河外滩观光平台、中心广场和中央公园连为一体，并与解放路步行街形成"十"字形公共活动中轴。

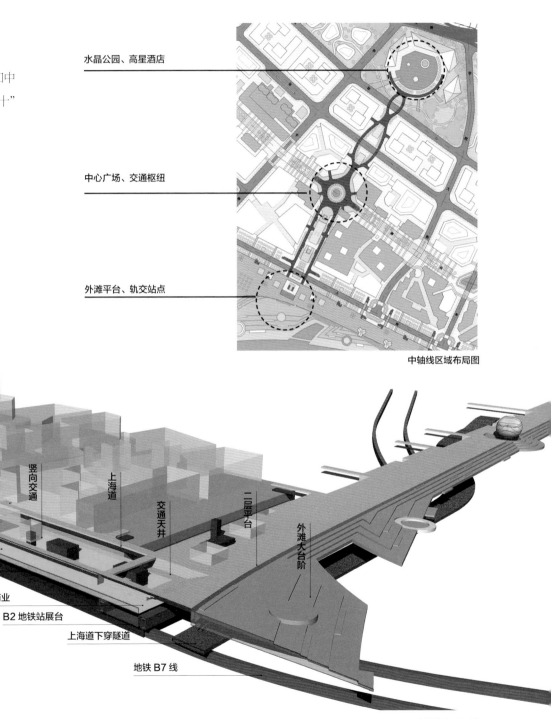

水晶公园、高星酒店

中心广场、交通枢纽

外滩平台、轨交站点

中轴线区域布局图

解放路

休闲模块

竖向交通

上海道

交通天井

二层平台

外滩大台阶

中心广场

二层连廊

地铁站厅

B7 地铁站台

平台底层商业

B2 地铁站展台

上海道下穿隧道

地铁 B7 线

中轴线竖向设计图

人们可以从外滩步行直接到达解放路商业街区购物。南北向畅通的中央活动轴成为联系海河与内陆的景观通廊，同时也为人们提供了购物、休闲的场所。

开发强度呈现自南向北梯度上升的态势，改造海河外滩，形成完全开敞式的空间。

下沉广场效果图

专家意见

1. 整体性较好，骨架清晰。

2. 街道界面围合感强；对东西向交通进行了充实，进而形成了"十"字形的发展轴。

3. 通过上海道的局部下沉，跨越上海道两侧的区域有了更好的联系。

滨水空间效果图

三号方案
Scheme No.3

设计单位 德国 SBA 设计公司

Design Firm SBA GmbH

德国 SBA 公司拥有来自德国的优秀建筑设计师、城市规划师、城市设计师及专业工程师团队，业务范围涵盖建筑设计、城市规划、城市设计、景观设计、古建筑保护及城市建设中的各类专业咨询工作，总部位于德国斯图加特市。

设计理念

区域规划拆除了上海道以北的部分商业区，形成了规模较小的商业群，功能为精品商业街。

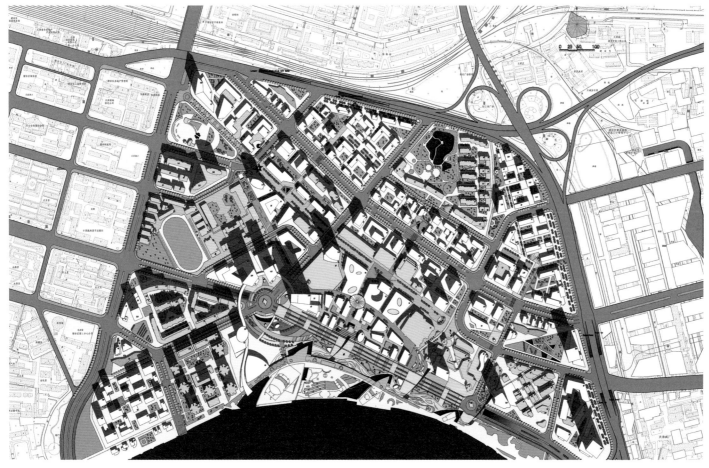

总平面图

总体鸟瞰图

World Cutting-Edge Vision
国际一流的愿景

天津滨海新区规划设计国际征集汇编
Compilation of International Competitions for Urban
Planning & Design Schemes in Binhai New Area, Tianjin

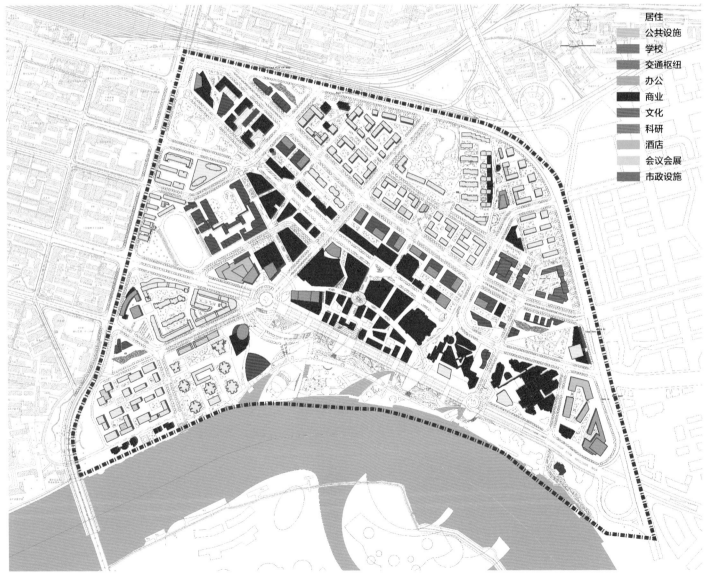

居住
公共设施
学校
交通枢纽
办公
商业
文化
科研
酒店
会议会展
市政设施

建筑功能布局图

节点效果图

专家意见

1. 方案在空间形态的更新理念上思考深入。

2. 考虑加强与滨水区的联系。

3. 缺少对商业业态与城区的差异性研究，应明确原有基地更新后的功能、建筑形态。

外滩节点效果图

World Cutting-Edge Vision
国际一流的愿景

天津滨海新区规划设计国际征集汇编
Compilation of International Competitions for Urban
Planning & Design Schemes in Binhai New Area, Tianjin

二号方案
Scheme No.2

设计单位 澳大利亚 PDI 国际设计有限公司

Design Firm Australia Pride Design International Pty Ltd

澳大利亚 PDI 国际设计有限公司是一家从事城市规划、城市设计、建筑设计、风景园林设计及咨询的综合性外资公司。公司拥有一支由顶级设计大师领军的专业设计团队，囊括城市规划、建筑、室内、景观、交通、生态、产业研究及经济策划等各方面的人才。公司已在城市规划、城市设计、建筑设计、园林景观设计等领域承接了众多项目。

设计理念

区域规划保留了现有的大多建筑，整体以改造为主，建造了两个大型城市综合体并通过步行街相连接。

1. 典型居住区
2. 商务办公楼
3. 特色商业楼
4. 停车楼
5. 核心商业楼
6. 跨街商业楼
7. 公交场站
8. 学校
9. 公园
10. 混合商住区
11. 商业步行街
12. 市民休闲广场
13. 黄海学社
14. 坡地公园
15. 沿街特色商业
16. 商业楼
17. 海河外滩
18. 悦海花园
19. 滨水居住区

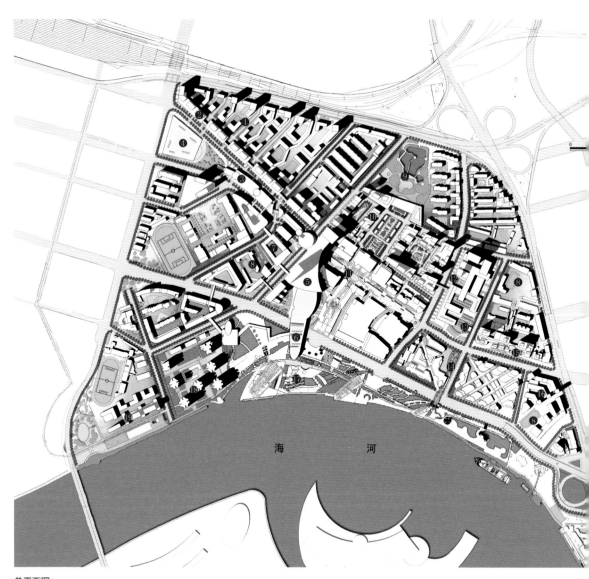

总平面图

总体鸟瞰图

World
Cutting-Edge Vision
国际一流的愿景

天津滨海新区规划设计国际征集汇编
Compilation of International Competitions for Urban
Planning & Design Schemes in Binhai New Area, Tianjin

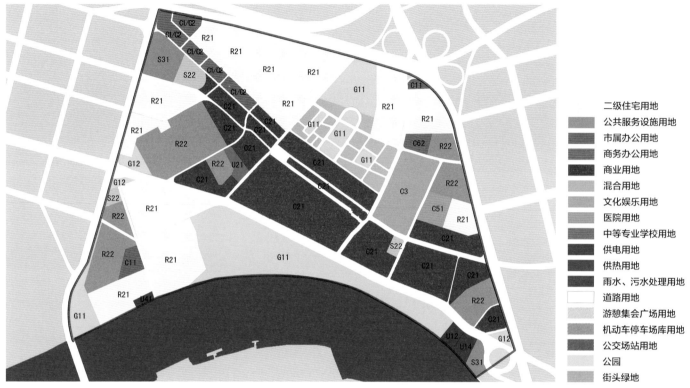

二级住宅用地
公共服务设施用地
市属办公用地
商务办公用地
商业用地
混合用地
文化娱乐用地
医院用地
中等专业学校用地
供电用地
供热用地
雨水、污水处理用地
道路用地
游憩集会广场用地
机动车停车场库用地
公交场站用地
公园
街头绿地

土地利用规划图

典型居住区效果图

专家意见

1. 对建筑更新和街区更新等有较好的分析，提出的城市更新单元概念有参考价值。
2. 超大建筑复合体是亮点。
3. 建筑品质有待提升，市场风险高。
4. 应该充分利用滨水空间。

打造站点综合体
东面的文化休闲综合体，以天津市级文物保护单位黄海学社为核心，规划一个以都市休闲娱乐为主的现代城市综合体。

站点综合体效果图

World Cutting-Edge **Vision**
国际一流的愿景

天津滨海新区规划设计国际征集汇编
Compilation of International Competitions for Urban
Planning & Design Schemes in Binhai New Area, Tianjin

Int'l Competition for Urban Design Schemes of Comprehensive Cultural & Entertainment Area Renovated from Xingang Shipyard

新港船厂改造综合文娱区
城市设计方案国际征集

项目概况

新港船厂地区属于滨海新区中心商务区的范畴，位于中心商务区东部，与天津港相邻。为满足中心商务区进一步发展建设的要求，结合新港船厂的搬迁和改造，该地区致力于成为滨海新区的海上门户、形象标志区、中心商务区的延伸区以及天津港国际航运服务中心的功能载体。

项目名称：天津滨海新区新港船厂改造综合文娱区城市设计方案国际征集

项目区位：天津滨海新区中心商务区

设计要求：该规划初步定位为滨海新区中心商务区的海上门户、文化娱乐区、重要的形象标志区；
由滨水文化娱乐区、滨水商务商业区、文化创意产业聚集区、高品质居住区等组成，
力求成为城市更新的典范。

设计内容：城市设计（120.54 公顷）

设计时间：2010 年 12 月 8 日—2011 年 3 月 1 日

应征单位：一号方案　澳大利亚 ANS 国际建筑设计与顾问有限公司（一等奖）
三号方案　英国合乐集团
二号方案　德国莱茵之华设计公司

组织单位：天津市滨海新区规划和国土资源管理局

主办单位：天津滨海新区中心商务区管理委员会

评审专家

彭一刚　　中国科学院院士，天津大学建筑学院名誉院长、教授

柯焕章　　北京 CBD 规划建设总顾问、原中国城市规划协会副会长、原北京市城市规划设计研究院院长

戴　月　　中国城市规划设计研究院副总规划师

洪再生　　天津大学建筑设计规划研究总院院长

黄文亮　　天津华汇环境规划公司营运主持人、规划总监

彭一刚　　　　　　柯焕章　　　　　　戴　月　　　　　　洪再生　　　　　　黄文亮

 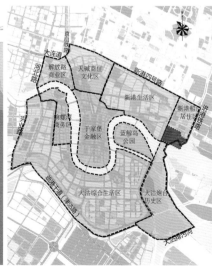 

项目区位图　　　　　　　　　　项目位置示意图　　　　　　　　　　设计范围示意图

World Cutting-Edge **Vision**
国际一流的愿景

天津滨海新区规划设计国际征集汇编
Compilation of International Competitions for Urban
Planning & Design Schemes in Binhai New Area, Tianjin

一号方案（一等奖）

Scheme No.1
First-award

设计单位 澳大利亚 ANS 国际建筑设计与顾问有限公司

Design Firm ANS International Design & Consulting Pty. Ltd.

澳大利亚 ANS 国际建筑设计与顾问有限公司是一家起源于澳洲并通过其在澳洲的合作伙伴进行全球推广及专业服务的国际建筑设计与顾问有限公司，主要业务包括：城市规划、建筑设计、室内设计，同时提供房地产项目前期工程的咨询顾问服务。

设计理念

方格网道路与三角形景观组合出新的秩序，楔形绿地深入地块，设置滨水游憩栈道，创造生态湿地公园，将遗留的厂房改造为各类活动场所。

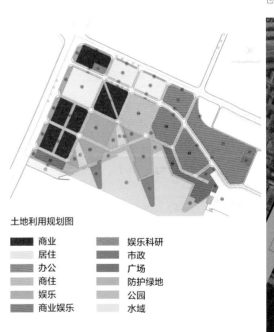

土地利用规划图

- 商业
- 居住
- 办公
- 商住
- 娱乐
- 商业娱乐
- 娱乐科研
- 市政
- 广场
- 防护绿地
- 公园
- 水域

总平面图

滨水设施丰富，沿河设置滨水体验区、游船码头、
大型绿地、人造珊瑚礁及湿地。

沿岸效果图

滨水木栈道效果图

World Cutting-Edge Vision
国际一流的愿景

天津滨海新区规划设计国际征集汇编
Compilation of International Competitions for Urban
Planning & Design Schemes in Binhai New Area, Tianjin

滨水地块效果图

专家意见

1. 很好地满足了规划设计的要求。
2. 港池设计富有创意。
3. 城市设计的素养比较成熟。
4. 高端社区部分缺乏与城市主体关系的考虑。
5. 环形路交通组织欠缺。

人视点透视图

World Cutting-Edge **Vision**
国际一流的愿景

天津滨海新区规划设计国际征集汇编
Compilation of International Competitions for Urban
Planning & Design Schemes in Binhai New Area, Tianjin

三号方案
Scheme No.3

设计单位　英国合乐集团

Design Firm　Halcrow Group Limited

英国合乐集团始建于 1868 年，拥有近 150 年的悠久历史和 7500 余名分布于全球的专业人员，是在英国乃至欧洲名列前茅的设计机构之一。

设计理念

区域规划以文化创意产业为核心，组织各类功能区。

区域规划包括环绕核心形成文化休闲产业内圈层、文化商住产业次圈层、航运服务旅游产业次圈层、行政服务外圈层、生活居住外圈层。核心内部通过对现状厂房的利用，布置文化博览中心、创意文化中心；滨水区域设置豪华游轮酒店、游艇码头、海上休闲餐饮区和滨海观演广场。

总建筑面积：186 万平方米。其中：居住建筑 46 万平方米，公建建筑 140 万平方米。

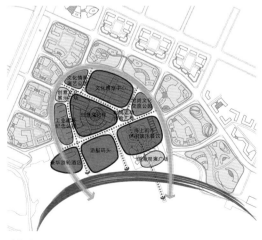

功能分区图

总平面图

总体鸟瞰图

专家意见

1. 满足了重要标志区的规划要求。

2. 对旧船厂的建筑物进行了较好的保护和延伸利用。

3. 对人的活动和营造宜人尺度的公共空间方面关注不够。

4. 对海岸线利用不够充分。

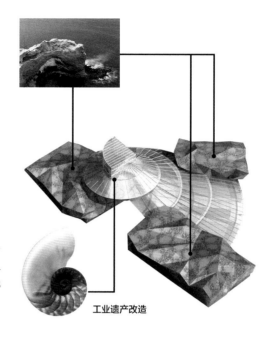

建筑形态呈海螺、岩礁状,加入了玻璃、铜绿色金属板与传统金属板等新材料,且与旧的钢构架本身的色彩组合和材质形成了鲜明的对比,船厂建筑获得了良好的艺术表现力,变得更加生动、更具现代感。

工业遗产改造

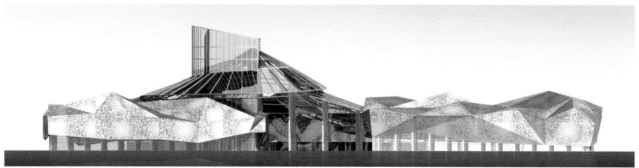

建筑北立面图

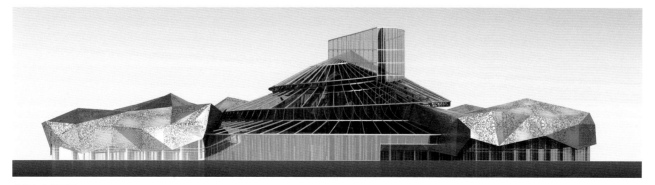

建筑东南立面图

文化体验中心步行街

人视点透视图

World
Cutting-Edge Vision
国际一流的愿景

天津滨海新区规划设计国际征集汇编
Compilation of International Competitions for Urban
Planning & Design Schemes in Binhai New Area, Tianjin

二号方案
Scheme No.2

设计单位 德国莱茵之华设计公司

Design Firm Rheinschiene GmbH

德国莱茵之华设计公司成立于 2005 年，是一家拥有超过 80 名城市规划师、建筑设计师以及建筑工程师的中等规模的设计联合体。公司以多年国际化工作的经验为基础，为业主提供一流的国际服务。公司的业务范围包括：总体规划、城市设计、建筑设计、室内设计、景观设计、生态节能咨询、生态水文管理、交通规划、项目管理。

设计理念

海滨大桥下的城市绿化带串联起南北向的城市公园，水街把海洋和城市联系在一起，形成特色轴线，滨水步道同时连接城市生活和海洋景观，设置商业综合体、船坞遗址公园，注重工业遗产保护。

总平面图

标志性建筑

总体鸟瞰图

World
Cutting-Edge Vision
国际一流的愿景

天津滨海新区规划设计国际征集汇编
Compilation of International Competitions for Urban
Planning & Design Schemes in Binhai New Area, Tianjin

海景公寓视野

专家意见

1. 三角形网格创造了全新的几何体秩序，布局较有特点。

2. 商业集中布置于西北角，商务区三面为住宅包围，布局不合理。

3. 方案过于概念化，将新港船厂改造作为重要形象标志区的设计方法有欠缺。

鸟瞰图

Int'l Competition for Urban Design Schemes of Cultural, Creative and
Media Park Renovated from Dagu Dock

大沽船坞文化创意和媒体园
城市设计方案国际征集

项目概况

大沽船坞遗址位于滨海新区中心商务区内，属于大沽综合生活区域。北临海河，与河对岸的于家堡金融区隔河相望，西靠响螺湾商务区。中心商务区的南北主轴中央大道海河隧道从地段下穿越，地理位置十分优越，是滨海新区中心商务区大沽生活区中心，也是海河在滨海新区的重要节点。为适应文化创意和媒体产业发展需求，结合大沽船坞历史文化遗址公园和新建的中央大道海河隧道大型干坞，该地区致力于建设一个现代化的文化创意和媒体园。

项目名称： 天津滨海新区大沽船坞文化创意和媒体园城市设计方案国际征集

项目区位： 天津滨海新区中心商务区

设计要求： 功能定位和布局——打造功能完整的海河文化创意和媒体园区。

　　　　　优化交通组织——对中央大道海河隧道地区与周边交通衔接方案进行深入设计。

　　　　　设计遗址公园——利用现有厂房和船厂构筑物，完成大沽船坞遗址公园概念设计。

　　　　　干坞和通风塔的利用——结合中央隧道施工场地干坞，打造海河游艇码头港湾，隧道通风塔必须予以保留。

　　　　　确定建筑形式——对建筑空间布局、风格、造型、色彩、高度等提出概念方案。

设计内容： 城市设计（88.74 公顷）

设计时间： 2010 年 12 月 8 日—2011 年 3 月 2 日

应征单位： 三号方案　天津大学建筑设计规划研究总院、英国伟信顾问集团有限公司（一等奖）

　　　　　一号方案　清华大学规划设计院

　　　　　二号方案　日本菊竹清训建筑设计事务所

组织单位： 天津市滨海新区规划和国土资源管理局

主办单位： 天津滨海新区中心商务区管理委员会

彭一刚　　　　　　柯焕章　　　　　　朱嘉广

评审专家

彭一刚　　中国科学院院士，天津大学建筑学院名誉院长、教授
柯焕章　　北京 CBD 规划建设总顾问、原中国城市规划协会副会长、原北京市城市规划设计研究院院长
朱嘉广　　中国城市规划学会副理事长、原北京市城市规划设计研究院院长
戴　月　　中国城市规划设计研究院副总规划师
王富海　　住建部城乡规划专家委员会委员、深圳市蕾奥城市规划设计有限公司董事长
王小耘　　神州天地公司董事长

戴　月　　　　　　王富海　　　　　　王小耘

  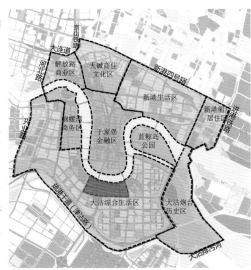

项目区位图　　　　　　　　项目位置示意图　　　　　　　　设计范围示意图

World Cutting-Edge **Vision**
国际一流的愿景

天津滨海新区规划设计国际征集汇编
Compilation of International Competitions for Urban
Planning & Design Schemes in Binhai New Area, Tianjin

三号方案（一等奖）
Scheme No.3
First-award

设计单位 天津大学建筑设计规划研究总院、英国伟信顾问集团有限公司

Design Firms Tianjin University Research Institute of Architectural Design and Urban Planning & Scott Wilson

天津大学建筑设计规划研究总院是国家重点大学中第一家拥有建筑设计、城市规划设计、工程咨询、旅游规划等九项甲级资质的总院设计机构；依托天津大学的人才优势、学科优势和技术优势，近年来完成的各项建筑设计、城市规划设计，在国内外各类设计竞赛中屡获殊荣，受到项目委托单位的好评。

英国伟信顾问集团有限公司是一个综合性的国际企业，在建筑与自然环境领域提供全面的设计与工程咨询服务；总部位于英国，目前在全球拥有 80 个办事处；在建筑、基建、自然环境以及铁路和公路领域为客户提供战略咨询与多学科的专业服务。

设计理念

立意：万年沽船坞，创意新平台

总体鸟瞰图

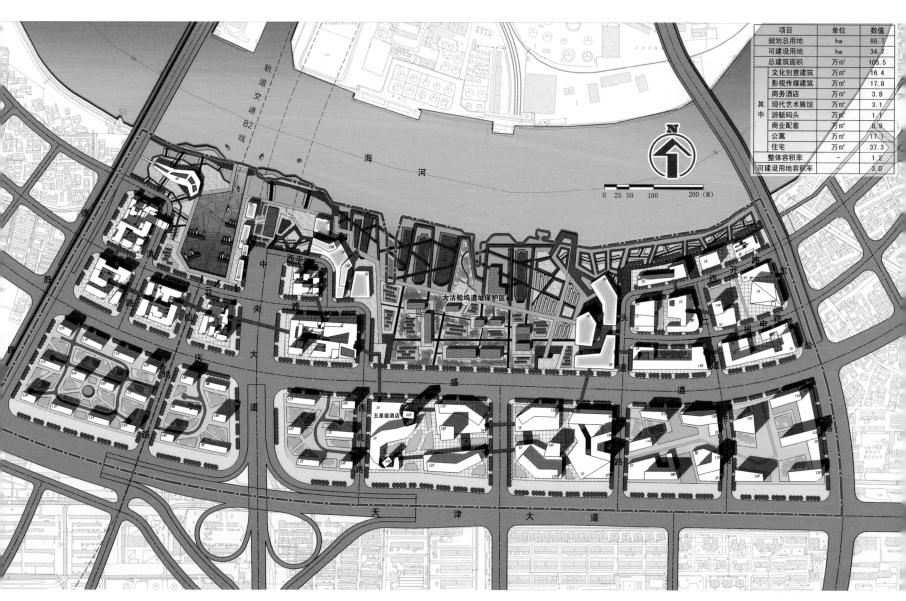

项目		单位	数值
规划总用地		ha	88.7
可建设用地		ha	34.7
总建筑面积		万㎡	105.5
其中	文化创意建筑	万㎡	16.4
	影视传媒建筑	万㎡	17.8
	商务酒店	万㎡	3.8
	现代艺术展馆	万㎡	3.1
	游艇码头	万㎡	1.1
	商业配套	万㎡	8.9
	公寓	万㎡	17.1
	住宅	万㎡	37.3
整体容积率		—	1.2
可建设用地容积率			3.0

规划总平面图

World
Cutting-Edge Vision
国际一流的愿景

天津滨海新区规划设计国际征集汇编
Compilation of International Competitions for Urban
Planning & Design Schemes in Binhai New Area, Tianjin

功能构成—— 一核、两廊、多板块

以大沽船坞公园为核心，构建各功能板块环抱的整体形态；

通过空中步行廊道和滨水景观廊道将各个版块串联起来。

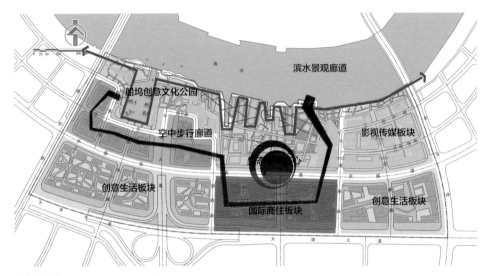

功能分区图

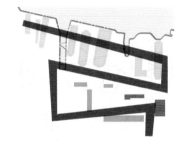

怀旧游戏体验线路图

空中连廊　交通漫道

以"空中连廊"串联各功能区，构建多层次、立体化的步行交通网络。

空中连廊示意图

轮机厂房现状图

船坞遗址保护利用

对沿岸船坞进行修复改造，形成空间形态丰富、高低错落的岸线空间。

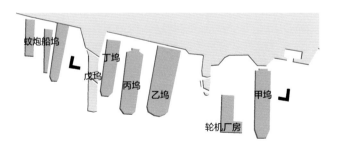

船坞遗址平面示意图

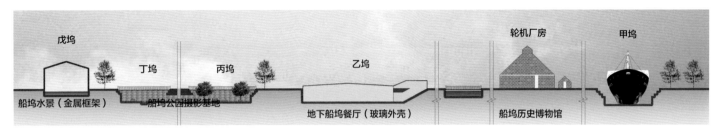

船坞遗址改造剖面示意图

老旧厂房利用：对厂房内部、外部空间进行综合改造，打造风格独特的艺术家工作室。

船坞遗址公园效果图

World
Cutting-Edge Vision
国际一流的愿景

天津滨海新区规划设计国际征集汇编
Compilation of International Competitions for Urban
Planning & Design Schemes in Binhai New Area, Tianjin

影视媒体板块效果图

游船码头效果图

专家意见

1. 对遗址区的保护利用方案考虑周全，布局合理。

2. 空间形态方面，沿河地带产业区较低矮，南侧堤岸空间较舒展，与于家堡地区的空间形态关系处理较好。

3. 分期实施和可操作性较好，有修改完善和进一步深化的空间。

标志性建筑——风帆

World Cutting-Edge Vision
国际一流的愿景

天津滨海新区规划设计国际征集汇编
Compilation of International Competitions for Urban
Planning & Design Schemes in Binhai New Area, Tianjin

一号方案
Scheme No.1

设计单位 清华大学建筑设计研究院

Design Firm Architectual Design and Research Institute of Tsinghua University

清华大学建筑设计研究院成立于 1958 年，为甲级建筑设计院。依托清华大学深厚广博的学术、科研和教学资源，十分重视学术研究与科技成果的转化，规划设计水平在国内名列前茅。业务范围涵盖各类公共与民用建筑工程设计、城市设计、居住区规划与住宅设计、古建筑保护及复原、景观园林、室内设计、检测加固、前期可研和建筑策划研究以及工程咨询等。

设计理念

区域包括六大片区、四个功能区。南侧布置七幢大尺度的媒体办公楼和五环单轨系统。

总平面图

空间对景

媒体园中设置了七幢体量巨大的媒体办公楼，与于家堡商务区主轴形成强烈的空间共鸣。建筑立面以塘沽剪纸为符号，以不同的色彩划分不同的功能。原本消失的船坞遗址被修复后，与滨水公园有机结合。

总体鸟瞰图

World Cutting-Edge Vision

国际一流的愿景

大津滨海新区规划设计国际征集汇编
Compilation of International Competitions for Urban
Planning & Design Schemes in Binhai New Area, Tianjin

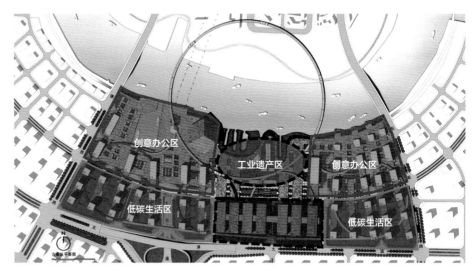

将轮机厂房改造为大沽船坞历史博物馆，
保留现有的建筑结构，并进行加固。

功能分区图

室内效果图

专家意见

1. 设计理念前卫，构思富有创意，整体特色鲜明。
2. 特别注意了遗址公园的保护利用以及防洪工程与沿海河区域城市空间的有机结合。
3. 影视媒体区的空间尺度过于巨大。

沿河效果图

World Cutting-Edge **Vision**
国际一流的愿景

天津滨海新区规划设计国际征集汇编
Compilation of International Competitions for Urban
Planning & Design Schemes in Binhai New Area, Tianjin

二号方案
Scheme No.2

设计单位　日本菊竹清训建筑设计事务所

Design Firm　*Kikutake Architects*

菊竹清训，日本著名建筑师，毕业于早稻田大学建筑学院，1953 年自设事务所——日本菊竹清训建筑设计事务所。
20 世纪 60 年代，菊竹清训曾为新陈代谢派成员，60 年代提出"神""型""形"三阶段的设计方法论。

设计理念

立意：环形回廊围合的文化园，Y 字形标志性建筑，七栋公寓组成"城市屏风"

总平面图

总体鸟瞰图

World Cutting-Edge Vision
国际一流的愿景

天津滨海新区规划设计国际征集汇编
Compilation of International Competitions for Urban
Planning & Design Schemes in Binhai New Area, Tianjin

船坞文化园

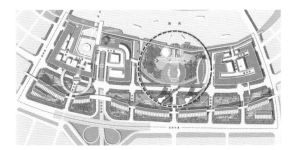

空间分析图

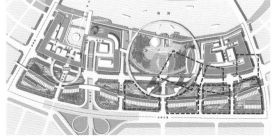

空间分析图

建筑设计

独特设计的 Y 字形建筑（高度 180 米）
设置在中央人道的延长线上；后排公寓
起到城市屏风的作用，并融合了绿色建
筑理念。

文化园区效果图

专家意见

1. 方案的视觉冲击力较强。

2. 对遗址的保护和利用考虑不多，整片 88 公顷土地的尺度和空间把握比较失控。

3. 城市设计的要素和内容涉及不多，深度不够。

人视点园区效果图

标识性建筑仰视图

总体鸟瞰图

World Cutting-Edge **Vision**
国际一流的愿景

天津滨海新区规划设计国际征集汇编
Compilation of International Competitions for Urban
Planning & Design Schemes in Binhai New Area, Tianjin

Int'l Competition for Urban Design Schemes of Riverfront Leisure Street around Tanggu South Railway Station

塘沽南站滨河休闲风情街
规划设计方案国际征集

项目概况

项目位于塘沽海河北岸，西与响螺湾商务区隔河相望，北临天碱、解放路地区，海河南岸为大沽生态居住区，东侧为蓝鲸生态岛。在中心商务区的规划中，塘沽南站被列入了于家堡金融区的整体规划。随着滨海新区的高速发展以及新区建设铁路功能的调整，塘沽南站已无昔日繁忙的景象。除少量运输从铁路通过外，车站几近闲置。为更好地保护文化遗址风貌，与规划的高铁车站、海河开启桥等交通设施相呼应，结合中心商务区的总体定位，建设极具特色的滨河休闲风情街，滨海新区规划和国土资源管理局以及滨海新区中心商务区管理委员会特组织该次方案国际征集活动。

项目名称：天津滨海新区中心商务区塘沽南站滨河休闲风情街规划设计方案国际征集

项目区位：天津滨海新区中心商务区

设计要求：对规划范围内的空间结构、道路交通、景观绿地以及建筑进行研究，结合本地区的功能定位和空间形态研究，提出符合地区发展的设计理念和空间形象。

设计内容：规划范围约 46.85 公顷，其中陆地面积约 23.03 公顷，水域面积约 23.82 公顷，总建筑规模不超过 7.4 万平方米。

设计时间：2010 年 12 月 8 日—2011 年 3 月 2 日

应征单位：一号方案　澳大利亚 LAB 建筑师事务所（一等奖）

　　　　　　三号方案　北京易兰建筑规划设计有限公司

　　　　　　二号方案　美国麦格斯建筑设计有限公司

组织单位：天津市滨海新区规划和国土资源管理局

主办单位：天津滨海新区中心商务区管理委员会

评审专家

彭一刚　　中国科学院院士，天津大学建筑学院名誉院长、教授

柯焕章　　北京 CBD 规划建设总顾问、原中国城市规划协会副会长、原北京市城市规划设计研究院院长

朱嘉广　　中国城市规划学会副理事长、原北京市城市规划设计研究院院长

戴　月　　中国城市规划设计研究院副总规划师

王富海　　住建部城乡规划专家委员会委员、深圳市蕾奥城市规划设计有限公司董事长

彭一刚　　　　　　　　柯焕章　　　　　　　　朱嘉广　　　　　　　　戴　月　　　　　　　　王富海

 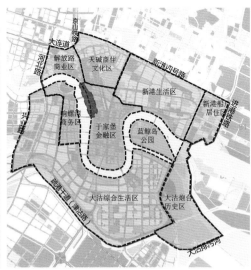 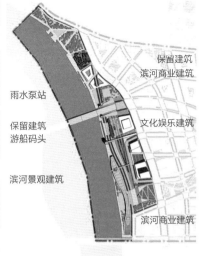

项目区位图　　　　　　　　　　　　　　　　项目位置示意图　　　　　　　　　　　　北部区域景观体系构想图

一号方案（一等奖）
Scheme No.1
First-award

设计单位 澳大利亚 LAB 建筑师事务所

Design Firm LAB Architecture Studio

澳大利亚 LAB 建筑师事务所是一家国际化的建筑设计机构，总部设立于墨尔本，其经典建筑作品分布于澳洲、亚洲及欧洲各地。LAB 独特的建筑设计和富有创造性的可持续城市规划设计已被国际公认。LAB 的设计方法坚持经济、社会与环境三大路线。可持续设计是 LAB 设计实践中不可或缺的组成部分。

设计理念

立意：突出沿河区域活动，塑造丰富的公共空间

方案特点

强化沿河区域活动与周边城市功能的衔接及过渡；强化沿河景观动线与周边城市功能的衔接。突出多样、丰富的公共空间及功能主题；突出临河历史建筑与周边城市活动的衔接，体现生态、可持续的理念。

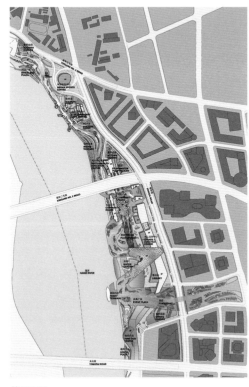

总平面图

总体鸟瞰图

专家意见

1. 设计理念以人为本，从人的活动着手进行城市设计、强化与城市景观的联络，细节处理设计感强，定位以体育运动休闲为主较适宜。

2. 城市设计的素养较成熟。公共空间设计流线合理节奏感较强，内容丰富。

3. 总体设计、具体项目及周边城市设计关系的处理有很多可取之处。

4. 铺装面积和绿化面积比例过大，且屋顶绿化过多，效果欠佳。

5. 项目过多过密，公共投资大。

河滨广场　　地下通道　　城市体育中心　当代艺术中心　台地水景　可持续发展　泵站　　　社区　社区　移动　水上　水园　冬季花园　图书馆　游船　庆典　多功能　连接至大
　　　　　　　　　　　　　　　　　　　　　　　　　　　　教育中心　　　　广场　之家　主题　运动　　　　　　　　　　　码头　广场　宴会厅　桥景观道
　　　　　　　　　　　　　　　　　　　　　　　　　　　　　　　　　　　　　乐园　中心

丰富多元的滨河公共空间

World
Cutting-Edge Vision
国际一流的愿景

天津滨海新区规划设计国际征集汇编
Compilation of International Competitions for Urban
Planning & Design Schemes in Binhai New Area, Tianjin

三号方案
Scheme No.3

设计单位 北京易兰建筑规划设计有限公司

Design Firm Ecoland

北京易兰建筑规划设计有限公司由 150 名来自海内外的规划、建筑及景观专业的设计精英组成。公司凭借其国际化的视野、卓越的设计团队、多国项目操作经验以及对中国文化理念的深刻理解，致力于土地规划、城市设计、建筑设计及景观设计等专业化服务。

设计理念

区域规划以于家堡 CBD 为依托，力求建造尺度适宜、融商于景、融景于乐的商业景观带，为忙碌的都市人提供精神放松的城市娱乐休闲地。

方案特点

以滨河绿化为根本，以南站铁道文化传承为纽带，以涟漪状绸带串起丰富多元的滨河商业空间。

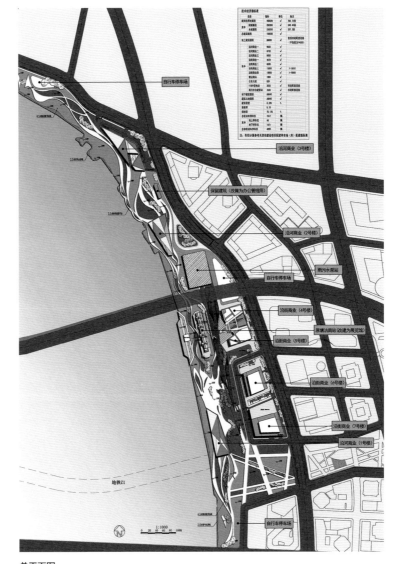

总平面图

专家意见

1. 总体特色突出，以绿色生态为主，步行道、自行车道串联在一起，形成线性自由的景观流线，效果较好。

2. 符合设计任务书的要求，但应该重点落实建筑公共功能，公共空间与景观设计、建筑设计能力有待提升。

3. 设计理念表达不够清晰，应该增强设计手法的丰富性。

总体鸟瞰图

夜景鸟瞰图

World
Cutting-Edge Vision
国际一流的愿景

天津滨海新区规划设计国际征集汇编
Compilation of International Competitions for Urban
Planning & Design Schemes in Binhai New Area, Tianjin

二号方案
Scheme No.2

设计单位 美国麦格斯建筑设计有限公司

Design Firm M.I.G. Architects Co.

美国麦格斯建筑设计有限公司创立于1978年，总部设在美国纽约。作品包括酒店、商业建筑、办公楼、住宅别墅等。公司的业务范围包括建筑设计、室内设计、城市规划和景观设计等。到目前为止，其中国区公司已承接了许多大中型项目的规划设计、建筑设计及室内设计。

设计理念

开启滨海新区之门，突出休闲与旅游的设计意图，提升地块价值；传承历史，将文化背景与现代天津相结合，形成一条南北贯穿的生态绿廊。

总平面图
1. 都市休闲动步公园
2. 异域风情街
3. 古船餐厅
4. 树森林构筑体
5. 摩天轮
6. 污水处理厂
7. 水上巴士站
8. 塘沽南站
9. 保留铁轨
10. 机动车及自行车停车场
11. 船吧
12. 公共广场
13. 滨海民俗文化展览馆
14. 城市之花眺望塔
15. 城市之花入口广场

主入口　次入口　停车场入口

专家意见

1. 设计以 CBD 到河边的过渡为出发点，采用了分带分环的格局，简洁明快；建筑与景观的处理亲切宜人，塑造了 CBD 高层建筑背景下滨河地带的宜人轮廓。

2. 休闲区各出入口的布置充分考虑了与周边区域和道路的联系。

3. 商业娱乐休闲的定位与缓冲区的理念有矛盾，设计稍显繁杂。

4. 滨水街建筑的布置方式，影响了行人的连贯性；水质和场地高度有待研究。

异域风情街鸟瞰图

夜景鸟瞰图

World
Cutting-Edge Vision
国际一流的愿景

天津滨海新区规划设计国际征集汇编
Compilation of International（Int'l）Competition
for Binhai Planning & Design Schemes, Tianjin

Int'l Competition for Conceptual Planning of Central Binhai Tourism Area & Urban Design of Schemes Core Area

旅游区中心区概念规划及核心区
城市设计方案国际征集

项目介绍

滨海旅游区原为滨海新区重要功能区之一，现被纳入中新天津生态城，是以旅游产业为主导、二三产业协调发展的综合性城区，致力于成为以主题公园、休闲总部、生态宜居、游艇总会为核心，京津共享的滨海旅游城。该地区依托南湾的优越景观条件，结合国家海洋博物馆和滨海旅游区城市中心区，力求打造独具特色的滨海城市中心区和景观标志区。

滨海旅游区正在加紧填海成陆、基础设施建设和项目引进。目前，远望高科技主题公园、宝龙欧洲公园、渤海监测监视基地、海斯比游艇城等项目纷纷进驻滨海旅游区。

该次征集活动旨在向国际优秀设计团队征集规划方案，将滨海旅游区中心区打造成集商务商业、都市娱乐、人文居住等综合城市中心功能和多样化的滨海旅游功能于一体的地区。

征集范围：

北至北堤路，南至产业大道，东至规划水域，西至海滨大道。总用地面积12.8平方千米，其中包括陆域9.7平方千米，水域3.1平方千米。

项目名称： 天津滨海新区旅游区中心区概念规划及核心区城市设计方案国际征集

项目区位： 天津滨海新区中新天津生态城

设计要求： 提出总体发展策略和规划模式，以及各功能布局，结合水体管理、水体景观、岸线功能，整合海洋文化资源，营造城市特色滨水公共空间，优化道路交通体系，提高交通效率。
强化地区城市形象与特征，构建城市商务商业中心、休闲娱乐区，完善多元化的城市功能。

设计内容： 中心区概念规划——12.8平方千米
核心区城市设计——7.9平方千米

设计时间： 2010年12月8日—2011年2月28日

应征单位： 二号方案　香港指南设计有限公司、佳木斯市建筑设计研究院（一等奖）
一号方案　安诚大地工程顾问（上海）有限公司
三号方案　新加坡筑土国际顾问咨询公司

组织单位： 天津市滨海新区规划和国土资源管理局

主办单位： 原天津滨海旅游区管理委员会

评审专家

柯焕章　北京 CBD 规划建设总顾问、原中国城市规划协会副会长、原
　　　　北京市城市规划设计研究院院长

肖连望　天津市滨海新区规划和国土资源管理局副局长

邹　哲　中国城市交通规划学会副主任委员、天津市城市规划设计研
　　　　究院总工程师、天津市规划委员会委员

黄文亮　天津华汇环境规划公司营运主持人、规划总监

刘泓志　美国 AECOM 亚太区规划设计 / 经济高级副总裁

李　彤　天津市城市规划设计研究院副院长、天津市城市规划协会理事

罗家均　中新天津生态城管委会副主任

评审现场

项目区位图

设计范围示意图

World
Cutting-Edge Vision
国际一流的愿景

天津滨海新区规划设计国际征集汇编
Compilation of International （Int'l） Competition
for Binhai Planning & Design Schemes, Tianjin

二号方案（一等奖）

Scheme No.2
First-award

设计单位 香港指南设计有限公司、佳木斯市建筑设计研究院

Design Firm SPoint Design Limited & Jiamusi Architectural Deign and Research Institute

香港指南设计有限公司在建筑、室内、规划等领域均处于领先地位，与之合作的公司及机构也在设计方面拥有卓越的成就。团队由来自不同国家且拥有多元文化背景的优秀设计师组成。擅长领域包括：城市规划、景观设计。

设计理念

立意：提供未来城市中心24小时生活方式的全新体验

整体方案依托南湾优越的景观条件，结合国家海洋博物馆和滨海旅游区城市中心区，力求打造独具特色的滨海城市中心区和景观标志区。设计突出体现生态可持续的理念、绿色生活的出行方式、完善的现代高端服务行业、一流的基础设施，以城市空间轴线呼应城市主干道和人性绿化轴线及中央的公共建筑主轴，在绿化带的侧面设立两层楼的零售商铺及办公用房，打造极具立体感的多元景观。

功能分区

新区划分成八个主要功能分区：核心商务区、高级办公区、SOHO生活区、市民中心/博物馆区、滨水商业/展览馆区、中心商业区、主题公园区、高级酒店区。

总平面图

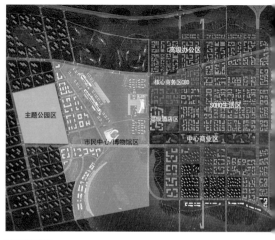

功能分区图

专家意见

1. 总体布局合理，路网结构清晰。
2. 功能关系紧密，形态特征突出。
3. 岸线处理多样且自然，做了水动力模型。
4. 交通疏散设施考虑不足。

CBD 核心商务区

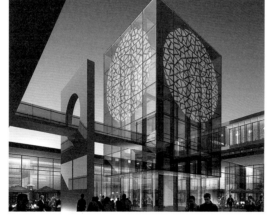

中心商业区

高级酒店区

SOHO 生活区

市民中心 / 博物馆区

滨水商业区 / 展览馆区

World
Cutting-Edge Vision
国际一流的愿景

天津滨海新区规划设计国际征集汇编
Compilation of International （Int'l） Competition
for Binhai Planning & Design Schemes, Tianjin

一号方案
Scheme No.1

设计单位 安诚大地工程顾问（上海）有限公司

Design Firm Hyder Consulting （Shanghai） Limted

安诚大地工程顾问有限公司是一家拥有150年悠久历史的跨国设计顾问公司，办公室遍布亚洲、澳洲以及欧洲，并聘用超过3700名专业人士，在房地产、交通规划、公共基设和水资源及环境管理的领域屡获殊荣，2002年在伦敦证券交易所挂牌。安诚大地工程顾问（上海）有限公司是其子公司。

设计理念

立意：全新且为所有物种所共享的"栖息地"

整体方案以生态共生为根本，以文化传承为纽带，打造集商务商业、都市娱乐、人文居住等综合城市中心功能和多样化的滨海旅游功能于一体的滨海旅游区城市中心区；以肌理创新为骨架，共同构筑现代化综合性城市滨海休闲旅游中心区，成为展示天津历史文化兼具现代活力的城市风貌新窗口。

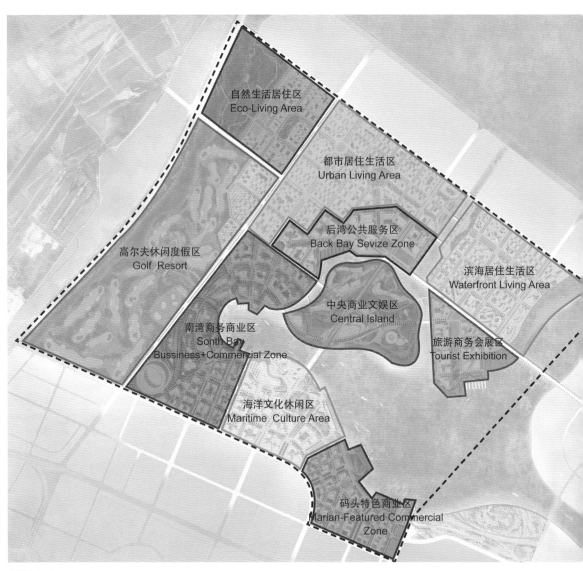

自然生活居住区
Eco-Living Area

都市居住生活区
Urban Living Area

后湾公共服务区
Back Bay Sevize Zone

滨海居住生活区
Waterfront Living Area

高尔夫休闲度假区
Golf Resort

中央商业文娱区
Central Island

旅游商务会展区
Tourist Exhibition

南湾商务商业区
Sonth Bay
Bussiness+Commercial Zone

海洋文化休闲区
Maritime Culture Area

码头特色商业区
Marian-Featured Commercial Zone

功能分区图

总平面图

World
Cutting-Edge Vision
国际一流的愿景

天津滨海新区规划设计国际征集汇编
Compilation of International (Int'l) Competition
for Binhai Planning & Design Schemes, Tianjin

节点一：海洋文化休闲区

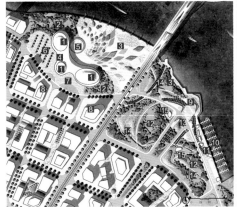

节点二：中央商业文娱区

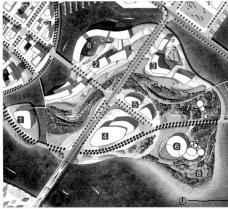

节点三：南湾商务商业区

1. 国家海洋博物馆	9. 海洋雕塑广场
2. 广场绿地公园	10. 码头
3. 室外陆地展场	11. 滨水散步广场
4. 海洋文化广场	12. 海洋主题公园
5. 户外剧院	13. 入口水景
6. 停车场	14. 景观特色联系水景
7. 下客处	15. 休闲广场
8. 商业 + 文化	

1. 文化中心	5. 市民活动中心
2. 一站式商业休闲综合体	6. 生态体验馆
3. 五星酒店	7. 南湾水岸公园
4. 演艺中心	8. 特色喷泉水景

1. 地标建筑	6. 景观轴线绿地
2. 酒店度假	7. 南湾商务办公
3. 码头	8. 南湾海岸公园
4. 观景码头	9. 主题公园
5. 商业步行街	10. 体育馆

在城市原路网的基础上，构建层级清晰、交通便捷、公交优先、行人优先、水陆联动的交通体系。

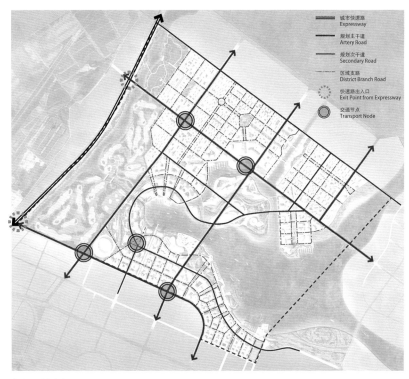

━━━	城市快速路 Expressway
━━	规划主干道 Artery Road
──	规划次干道 Secondary Road
──	区域支路 District Branch Road
◌	快速路出入口 Exit Point from Expressway
⊗	交通节点 Transport Node

道路系统规划图

专家意见

1. 总体空间架构简单合理。

2. 路网结构较规整、均衡，内部交通衔接较好。

3. 注重人的活动需求与尺度上的需求。

4. 开发量、开发强度有待深入研究。

总体鸟瞰图

World
Cutting-Edge Vision
国际一流的愿景

天津滨海新区规划设计国际征集汇编
Compilation of International（Int'l）Competition
for Binhai Planning & Design Schemes, Tianjin

三号方案
Scheme No.3

设计单位 新加坡筑土国际都市设计事务所

Design Firm Archiland International

新加坡筑土国际都市设计事务所是一家由规划、建筑、景观等不同学科的专业设计师和研究人员组成且于 2003 年在新加坡成立的设计公司，擅长解决城市设计、景观、规划和建筑等方面的复杂问题，为客户提供全方位的服务，拥有建筑设计甲级资质、规划乙级资质。

设计理念

立意：两极、双心、三带——打造蓝色生态花园城

整体方案由曲回的海湾线勾勒出两条彼此呼应且衔接自然的多功能条带，延长了海岸线，在空间上串接起整块区域的各功能分区，由此打造绿化海岸空间，实现人与大自然的联结；针对不同的使用功能，建立城市与海岸的联系；以海岸空间实现不同文化之间的串联，提供兼具生活、工作、娱乐功能的新典范场所。

未来新城采用 EOD、SOD、TOD 发展模式，海岸沿线的滨海大道串联起整个地块的主要游览线路，内部自北向南的两条主要交通线路贯穿了两心区域，同时作为内部与外部的主要连通途径。

总平面图

总体鸟瞰图

World
Cutting-Edge Vision
国际一流的愿景

天津滨海新区规划设计国际征集汇编
Compilation of International (Int'l) Competition
for Binhai Planning & Design Schemes, Tianjin

节点一：滨海岸线

蜿蜒的海岸曲线自南向北呈反向的 S 形，重点在于打造该 S 形岸线，使其成为该地区的形象品牌。

节点二：四季内港

内湾为区域双心中的"蓝心"，将被打造成四季皆宜的休闲商业娱乐中心。

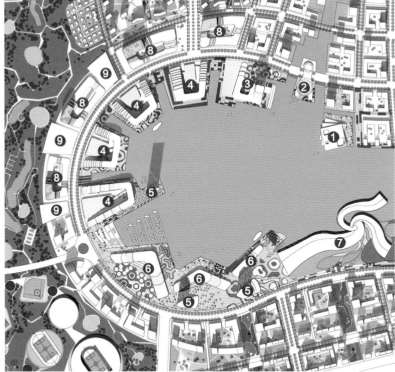

1. 海滩	6. 酒店餐饮
2. 室内运动场馆	7. 休闲码头
3. 停船库	8. 海洋博物馆
4. 旅游博览会	9. 海洋主题公园
5. 码头	10. 滨海步道

1. 会展中心	6. 大型室内娱乐
2.CBD 会所	7. 海洋博物馆
3. 办公建筑	8. 酒店式公寓
4. 大型室内娱乐	9. 停车楼
5. 酒店	

专家意见

1. 方案体现了旅游城市的特色，框架构建的思路比较清晰。
2. 运河水廊、商务区的设想颇有特色。
3. 空间形式的塑造上略显直接和呆板。

节点三：生态绿心

由中央公园、商业中心、行政中心以及文化体育中心共同构成的片区为生态花园城市的核心。

节点四：运河水廊 CBD

沿袭天津运河文化，引入外部水域，形成运河水廊，促进该区域的商业、商务和居住的品质提升融合，营造内静外动的最佳魅力区域。

1. 奥特莱斯	8. 商业办公	15. 观景平台
2. 购物中心	9. 娱乐休闲	16. 行政办公中心
3. 零售超市	10. 展览中心	17. 会议中心
4. 动感影院	11. 培训中心	18. 购物广场
5. 餐饮中心	12. 体育艺术会馆	19. 中心公园
6. 证券交易大厅	13. 图书馆	
7. 金融中心	14. 科技研究中心	

1. 商务办公	6. 娱乐休闲	1. 入口广场	5. 开放式草坪
2. 酒店	7. 商务会所	2. 休闲庭院	6. 健身区
3. 酒店式公寓	8. 零售商业	3. 水岸广场	7. 沿河步道
4. 购物中心	9. 餐饮	4. 景观桥	
5. 会议中心			

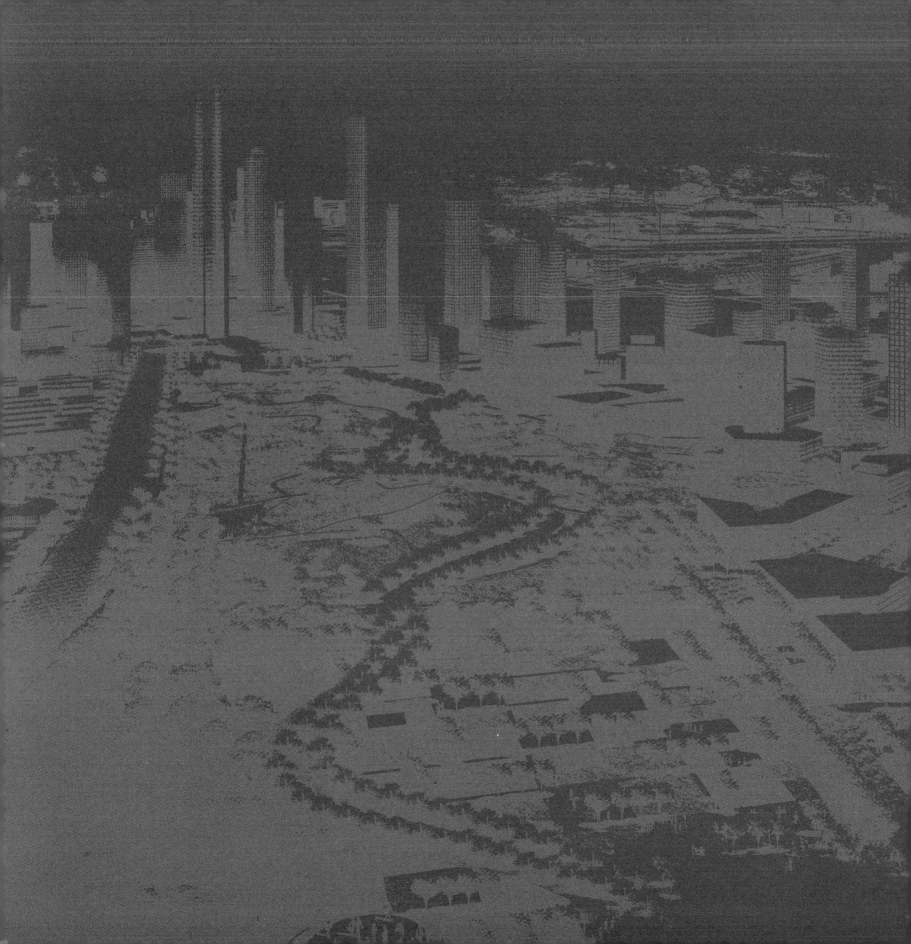

2011—2012 年

天津滨海新区核心区中央大道
景观规划方案国际征集

2011—2012 Int'l Competition for Landscape Planning
Schemes of Central Boulevard, Binhai Core Area, Tianjin

Overall Description

总体概况

滨海新区核心区是落实天津"双城双港"战略中滨海新区城区的重要的空间载体,确定了"一心集聚、两轴延伸、三区联动"的空间发展布局,作为"两轴"的中央大道轴带和海河轴带,共同构成引导核心区发展的"十"字形轴带。2010年,滨海新区规划和国土资源管理局组织编制了海河下游两岸综合开发改造规划,统筹协调了两岸的建筑及景观。作为另一条发展轴线的中央大道,两侧建设迅速,其整体的规划亟待统筹。为借鉴国内外先进的景观规划设计理念和方法,促进滨海新区独具特色的核心区景观形象的生成,滨海新区规划和国土资源管理局组织开展了核心区中央大道景观规划(包括两侧的公园及开放空间)方案国际征集活动,旨在对中央大道两侧的建成部分和规划待建部分进行统一的控制,形成优美且整体性强的景观轴线带,使滨海新区核心区的规划具有国际水准及良好的操作性。

项目名称: 天津滨海新区核心区中央大道景观规划方案国际征集

项目区位: 天津滨海新区核心区

规划范围: 东至中央大道(或公园)的建筑外墙(含300米绿化带),南至中部新城北组团中心湖的南边界,西至中央大道(或公园)的建筑外墙(含若干公园),北至第二大街,总长度约10千米,总用地面积约9平方千米。

设计要求: 从总体层面和节点层面展开设计工作:总体层面针对全部范围(约9平方千米),分析整理已有的规划设计,从整体考虑,提出总体规划概念、构思及相关方案;节点层面对九个节点提出较详细的景观设计内容。

设计时间: 2011年12月15日—2012年3月30日

应征单位: 三号方案　德国戴水道景观设计咨询有限公司

　　　　　二号方案　美国哈格里夫斯设计公司

　　　　　一号方案　华汇(厦门)环境规划设计顾问有限公司

主办单位: 天津市滨海新区规划和国土资源管理局

评审专家

沈　磊	天津市规划局副局长、北京大学景观设计研究院客座教授
霍　兵	天津市规划局副局长、滨海新区规划和国土资源管理局局长
李　伟	原天津港（集团）有限公司总工程师
李建伟	美国 EDSA 亚洲总裁兼首席设计师、美国注册景观规划设计师
周保华	中国香港周保华景观设计工作室负责人及设计总监、哈佛大学景观设计硕士
刘晓都	深圳都市实践建筑事务所创建人、主持建筑师

评审现场

项目区位图

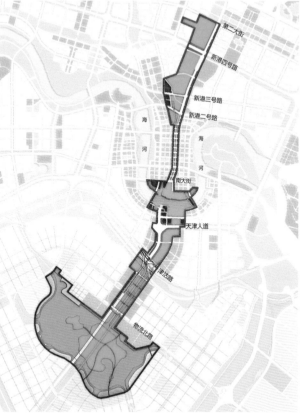

设计范围示意图

World
Cutting-Edge Vision
国际一流的愿景

天津滨海新区规划设计国际征集汇编
Compilation of International Competitions for Urban
Planning & Design Schemes in Binhai New Area, Tianjin

Design Schemes

征集方案

三号方案
Scheme No.3

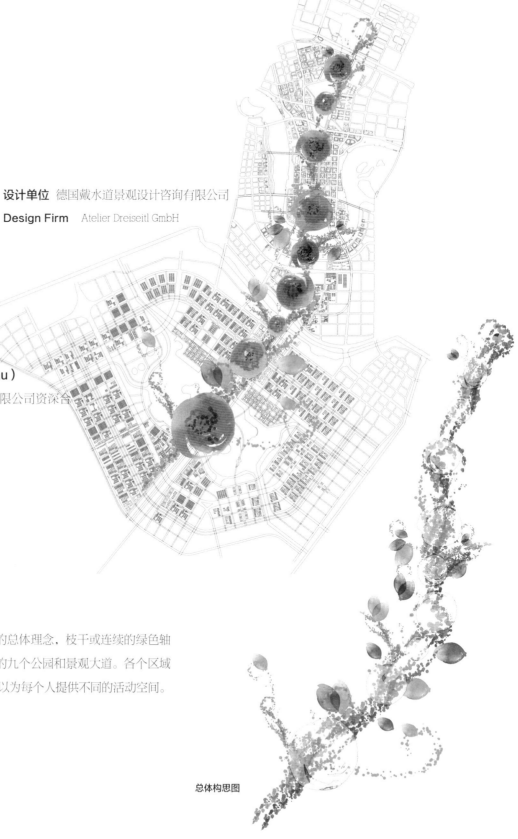

设计单位 德国戴水道景观设计咨询有限公司
Design Firm　Atelier Dreiseitl GmbH

主创设计师

迪特尔 · 格劳（Dieter Grau）
德国戴水道景观设计咨询有限公司资深合
伙人，景观设计师
德国注册景观规划师
20 年国际化设计经验

设计理念

区域规划整合了九个公园，体现了"滨海花树"的总体理念，枝干或连续的绿色轴
线代表着绿色的骨干，滨海之花呈现了绿轴沿线的九个公园和景观大道。各个区域
各具特色，根据其不同的使用功能和周边环境，可以为每个人提供不同的活动空间。

总体构思图

1. 文化公园临时绿地——文化、艺术展示和城市花园
2. 紫云公园——山体、森林、休闲游憩
3. 宝龙公园——购物与河道景观
4. 城际站公园——广场、树林和公共集会空间
5. 中央景观大道——绿化设施和城市公园
6. 丁家堡滨河公园——城市滨河公园
7. 大沽船坞媒体公园——工业滨河区改造与更新，码头景观
8. 300 米绿化带生态走廊——自然与休闲公园
9. 新城中心湖——湖景、生态岛、城市水岸和自然岸线景观

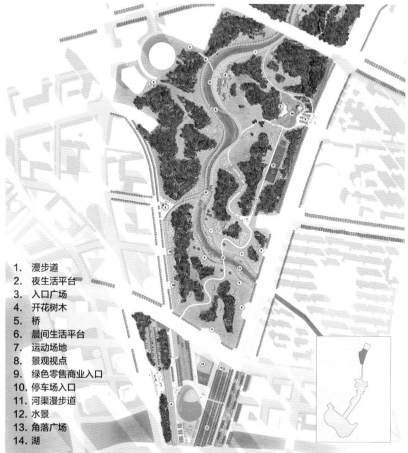

1. 漫步道
2. 夜生活平台
3. 入口广场
4. 开花树木
5. 桥
6. 晨间生活平台
7. 运动场地
8. 景观视点
9. 绿色零售商业入口
10. 停车场入口
11. 河渠漫步道
12. 水景
13. 角落广场
14. 湖

规划总平面图

紫云公园、宝龙公园、城际站公园节点平面图

World Cutting-Edge **Vision**
国际一流的愿景

天津滨海新区规划设计国际征集汇编
Compilation of International Competitions for Urban
Planning & Design Schemes in Binhai New Area, Tianjin

文化公园至城际站公园鸟瞰图

紫云公园效果图

城际站公园效果图

中央大道效果图

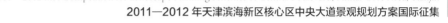

宝龙公园效果图

于家堡滨河公园港口和滨河广场效果图

World
Cutting-Edge Vision
国际一流的愿景

天津滨海新区规划设计国际征集汇编
Compilation of International Competitions for Urban
Planning & Design Schemes in Binhai New Area, Tianjin

大沽船坞媒体公园鸟瞰图

300 米绿化带生态走廊 - 南段效果图

专家意见

1. 通过系统分析，提出"花树"的设计理念，立意好，定位准确。

2. 对水资源进行全面系统的管理，研究有独到之处。

3. 对公共地面交通和轨道交通的思考较深入；交通与人流的关系有待研究。

生态走廊和中心湖鸟瞰图

World Cutting-Edge **Vision**
国际一流的愿景

天津滨海新区规划设计国际征集汇编
Compilation of International Competitions for Urban
Planning & Design Schemes in Binhai New Area, Tianjin

二号方案
Scheme No.2

设计单位 美国哈格里夫斯设计公司

Design Firm Hargreaves Associates

主创设计师

乔治·哈格里夫斯（George Hargreaves）

美国哈格里夫斯设计公司总监

世界风景园林设计界领军人物

获得数百项各类国内外奖项

担任多所著名大学客座教授

梯级框架

树形框架

节点框架

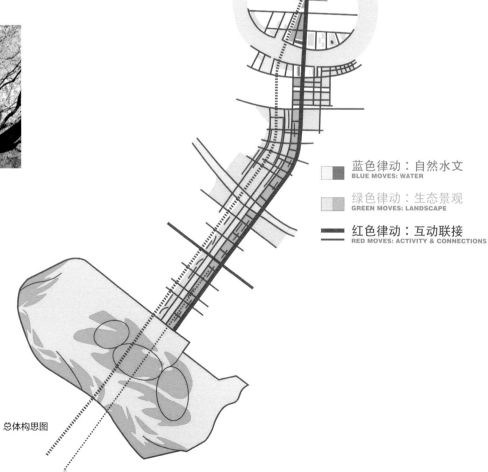

蓝色律动：自然水文
BLUE MOVES: WATER

绿色律动：生态景观
GREEN MOVES: LANDSCAPE

红色律动：互动联接
RED MOVES: ACTIVITY & CONNECTIONS

总体构思图

设计理念

立意：开发连接，自然生态，永续发展，城市绿轴

整体方案将中央大道城市绿轴定位为一个集各种公园、广场和滨水空间于一体的特色绿色脊柱。整个脊柱作为新区的绿色心脏，为城市居民、上班族及游客提供一个内涵和层次极其丰富的户外空间；它同时也扮演着"都市之肺"的角色，带动各种生命形态，共建蓬勃发展、欣欣向荣的未来都市，并兼具打通都市内各重要空间、举行人文活动及促进相关都市功能互动的作用。通过各项复合层次的整合，展现一个兼具包容性、灵活性和强大动力的城市发展蓝图，有助于确保开放空间的可操控性，并适应未来城市发展的需求。

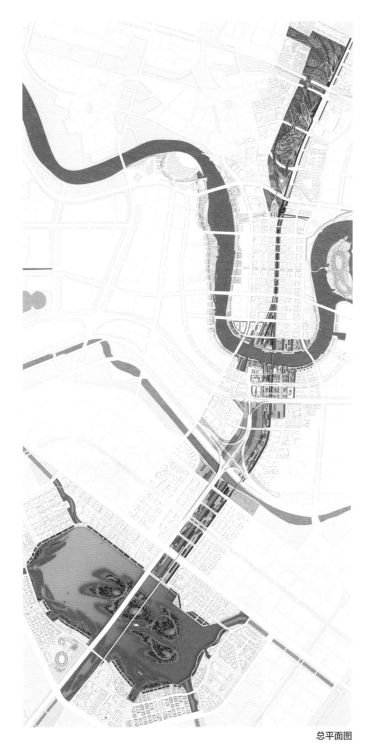

总平面图

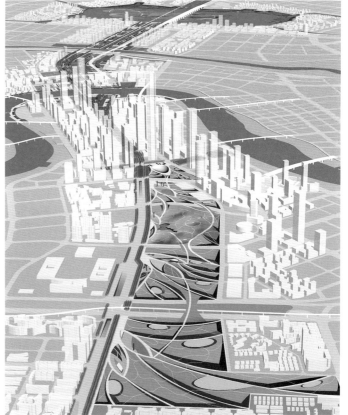

整体鸟瞰图

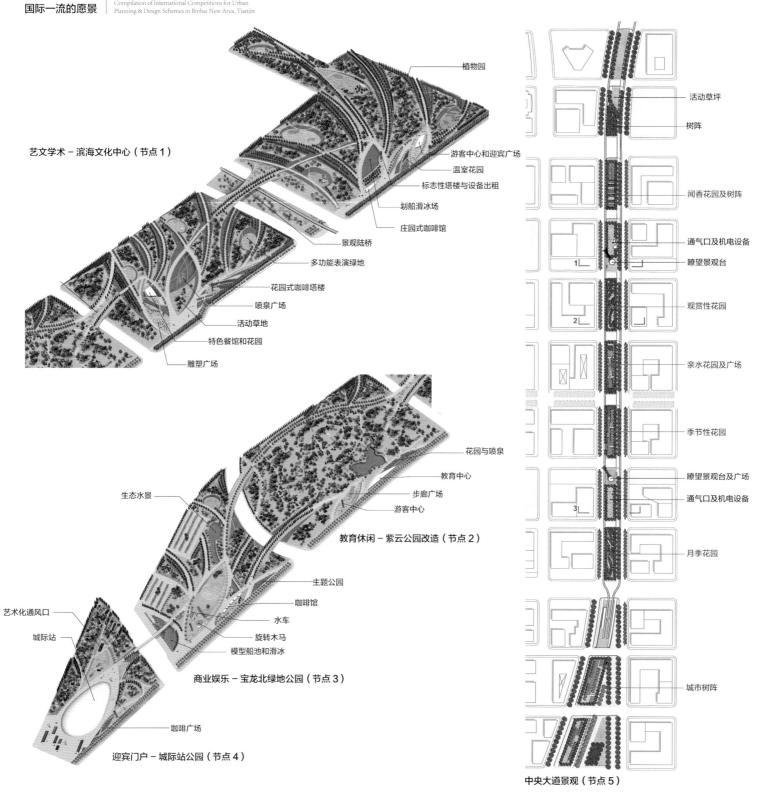

艺文学术－滨海文化中心（节点1）

植物园

游客中心和迎宾广场
温室花园
标志性塔楼与设备出租
划船滑冰场
庄园式咖啡馆

景观陆桥

多功能表演绿地

花园式咖啡塔楼
喷泉广场
活动草地
特色餐馆和花园
雕塑广场

生态水景

花园与喷泉
教育中心
步廊广场
游客中心

教育休闲－紫云公园改造（节点2）

主题公园
咖啡馆
水车
旋转木马
模型船池和滑冰

商业娱乐－宝龙北绿地公园（节点3）

艺术化通风口
城际站

咖啡广场

迎宾门户－城际站公园（节点4）

活动草坪
树阵

闻香花园及树阵

通气口及机电设备
瞭望景观台

观赏性花园

亲水花园及广场

季节性花园

瞭望景观台及广场
通气口及机电设备

月季花园

城市树阵

中央大道景观（节点5）

专家意见

1. 利用花园长廊进行整体把握，对景观视觉进行统一和整合。
2. 水文系统设计突出，对景观和生态系统具有明显的优化作用。
3. 中心湖设计应该更好地体现当代人的智慧和人文特征。

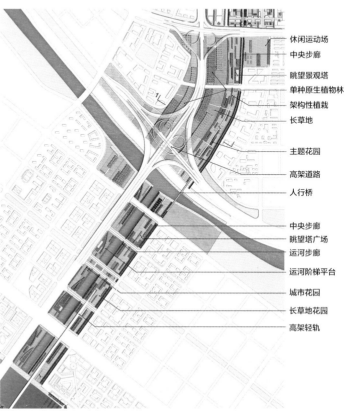

休闲运动场
中央步廊
眺望景观塔
单种原生植物林
架构性植栽
长草地

主题花园
高架道路
人行桥

中央步廊
眺望塔广场
运河步廊
运河阶梯平台
城市花园
长草地花园
高架轻轨

门户绿化带及运河公园（节点 8）

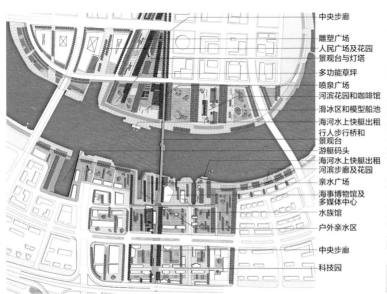

中央步廊
雕塑广场
人民广场及花园
景观台与灯塔
多功能草坪
喷泉广场
河滨花园和咖啡馆
滑冰场和模型船池
海河水上快艇出租
行人步行桥和景观台
游艇码头
海河水上快艇出租
河滨步廊及花园
亲水广场
海事博物馆及多媒体中心
水族馆
户外亲水区

中央步廊
科技园

于家堡岛南公园（节点 6）大沽历史公园及多媒体园区（节点 7）平面图

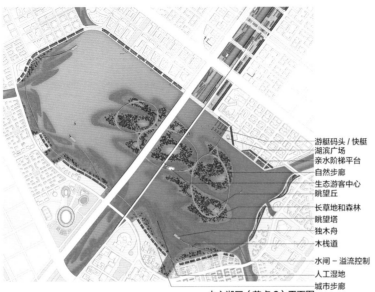

游艇码头 / 快艇
湖滨广场
亲水阶梯平台
自然步廊
生态游客中心
眺望丘
长草地和森林
眺望塔
独木舟
木栈道
水闸 – 溢流控制
人工湿地
城市步廊

中心湖区（节点 9）平面图

中心湖区（节点 9）鸟瞰图

World
Cutting-Edge **Vision**
国际一流的愿景

天津滨海新区规划设计国际征集汇编
Compilation of International Competitions for Urban
Planning & Design Schemes in Binhai New Area, Tianjin

一号方案
Scheme No.1

设计单位　华汇（厦门）环境规划设计顾问有限公司

Design Firm　Huahui（Xiamen）Environmental Planning and Design, Ltd.

主创设计师

黄文亮

公司营运主持人

华汇设计规划总监

美国建筑师协会成员（AIA）

设计理念

立意：和谐的城市厅堂带，一曲展现和谐城市
的交响乐章

整体方案确立了滨海新区核心城区的"十"字
架构，充分体现了滨海新区在新世纪承载的新
使命。其东西向轴线上蜿蜒的蓝色海河带体现
了永续发展的理念，即永续蓝色海河带；南北
向轴线上几何的城市厅堂带体现了和谐社会的
理念。

主题：城市中的"和谐旋律"——虚实和谐（阴
阳和谐）、天人和谐、新旧和谐、族群和谐、
多元和谐。

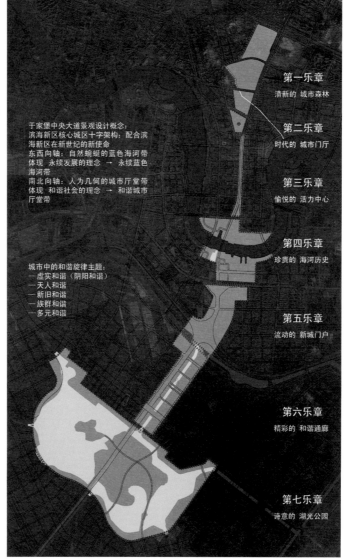

于家堡中央大道景观设计概念：
滨海新区核心城区十字架构；配合滨
海新区在新世纪的新使命
东西向轴：自然蜿蜒的蓝色海河带
体现 永续发展的理念 → 永续蓝色
海河带
南北向轴：人为几何的城市厅堂带
体现 和谐社会的理念 → 和谐城市
厅堂带

城市中的和谐旋律主题：
一虚实和谐（阴阳和谐）
一天人和谐
一新旧和谐
一族群和谐
一多元和谐

第一乐章
清新的 城市森林

第二乐章
时代的 城市门厅

第三乐章
愉悦的 活力中心

第四乐章
珍贵的 海河历史

第五乐章
流动的 新城门户

第六乐章
精彩的 和谐通廊

第七乐章
诗意的 湖光公园

规划构思图

清新的城市森林

实景图

时代城市门厅

规划总平面图

World
Cutting-Edge Vision
国际一流的愿景

天津滨海新区规划设计国际征集汇编
Compilation of International Competitions for Urban
Planning & Design Schemes in Binhai New Area, Tianjin

珍贵的海河历史

愉悦的活力中心

精彩的和谐通廊

诗意的湖光公园

湖边东、西、南三侧采用宽阔的软岸。蜿蜒宽敞的社区公园和形态柔和的弯月形绿丘共同围塑出各种尺度的避风场所，为社区居民提供日常所需的各种活动空间。

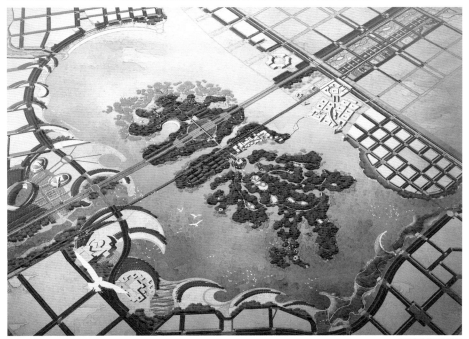

诗意的湖光公园

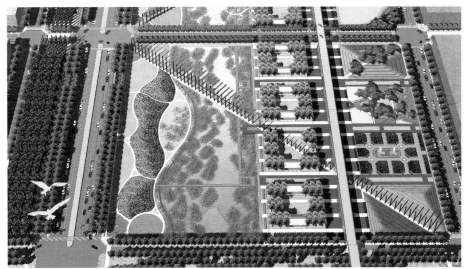

流动的新城门户

专家意见

1. 乐章的整体架构比较好，但乐章之间的串联性有待加强。

2. 对各节点和区块的设计研究比较深入。

3. 海河两岸节点、大沽船坞历史看台、中央湖的设计比较突出。

2012-2013 年

天津滨海新区中建南部新城

概念规划及启动区城市设计国际征集

2012—2013 Int'l Competition for Conceptual
Planning of Binhai South New Town & Urban Design
of Primary Area, Tianjin

World
Cutting-Edge Vision
国际一流的愿景

天津滨海新区规划设计国际征集汇编
Compilation of International Competitions for Urban
Planning & Design Schemes in Binhai New Area, Tianjin

Overall Description

总体概况

中建南部新城地处滨海新区核心区西侧新城镇地区，距离于家堡中心商务区 2 千米、距离天津市中心 36 千米。新城镇地区北临海河，与南窑半岛隔河相望，东侧依靠海河湾规划区，天津大道从南侧穿过，地理位置优越，是未来滨海新区核心区的生活居住区，以低人口密度、高生态资源为定位。为加速本地区农村城市化的发展目标，建设高端生活住区，中建（新塘）公司向优秀规划设计团队征集规划方案，旨在打造一个结合海河资源并使农民还迁与新城开发和谐发展的亮丽社区，成为滨海新区的新典范。2012 年 6 月，受中建（新塘）公司委托，美国 AECOM 集团及英国阿特金斯设计顾问集团开展了"滨海新区中建南部新城概念规划及启动区城市设计"比选工作，并于 2012 年 12 月提交了城市设计成果文件。

项目名称： 滨海新区中建南部新城概念规划及启动区城市设计

项目区位： 东起西中环，南至大沽排污河 - 津晋高速，西至西外环，北至海河

设计要求： 在滨海新区的发展背景下，结合区域实际资源状况和地理条件与周边各组团错位竞争，打造天津滨海新区的中央休闲生活区——绿色农业 + 休闲 + 宜居住宅，将规划区域建设成一个集休闲、科技创新型都市农业带以及中高档产业化宜居住宅为一体且环境优美、功能齐全、产业并重的国际化宜居生态新城区。

设计内容： 总体概念规划（1447.8 公顷）和启动区城市设计（528.4 公顷）

设计时间： 2012 年 6 月 1 日—12 月 31 日

应征单位： 美国 AECOM 集团、英国阿特金斯设计顾问集团

主办单位： 中建新塘（天津）投资发展有限公司

项目区位图

World
Cutting-Edge Vision
国际一流的愿景

天津滨海新区规划设计国际征集汇编
Compilation of International Competitions for Urban
Planning & Design Schemes in Binhai New Area, Tianjin

Design Schemes

征集方案

设计单位 美国 AECOM 集团

Design Firm AECOM

AECOM 方案

美国 AECOM 集团致力于提供专业技术和管理服务，业务涵盖交通运输、基础设施、环境、能源、水务、政府服务等领域。通过全球 45000 名员工的共同努力，AECOM 已成为各服务领域的业界翘楚。AECOM 以全球视野、本土认知、技术创新与专业知识持之以恒地构筑、改善、维护世界各地的建筑设施并推动自然环境和社会环境的可持续发展。AECOM 是世界 500 强公司之一，业务遍及全球 150 多个国家。

设计理念

明日典范社区	低密尊贵	公交优先	邻里交往
	生态项链	高品质核心	持续增值
	滨水体验		

总平面图

总体鸟瞰图

World
Cutting-Edge Vision
国际一流的愿景

天津滨海新区规划设计国际征集汇编
Compilation of International Competitions for Urban
Planning & Design Schemes in Binhai New Area, Tianjin

综合交通规划图

▬	高速公路
▬	快速公路
▬	主干道
▬	次干道
▬	支路
▬	滨河路
▬	货运交通

绿地系统规划图

▨	滨水绿地
▨	公园
▨	社区绿地
▨	街头绿地
▨	防护绿地
▨	农业公园
▨	水系

中心广场效果图

城市商业街效果图

滨水生态小镇节点效果图

活力风尚小镇节点效果图

媒体商务小镇节点效果图

World
Cutting-Edge **Vision**
国际一流的愿景

天津滨海新区规划设计国际征集汇编
Compilation of International Competitions for Urban
Planning & Design Schemes in Binhai New Area, Tianjin

设计单位　英国阿特金斯设计顾问集团

Design Firm　Atkins Group

英国阿特金斯设计顾问集团是英国最具威望的公司之一，欧洲最大的跨学科设计与工程咨询公司，国际领先的大型上市顾问集团公司。阿特金斯成立于1938年，1994年进入中国市场；以北京、上海和深圳为主要基地，开展城市规划、建筑设计和景观设计服务，是低碳规划和设计的倡导者与实践者。

英国阿特金斯设计
顾问集团方案

设计理念

立意：U形城市，生态优化

总平面图

总体鸟瞰图

World Cutting-Edge Vision
国际一流的愿景

天津滨海新区规划设计国际征集汇编
Compilation of International Competitions for Urban
Planning & Design Schemes in Binhai New Area, Tianjin

酒吧街效果图

城市商业文化枢纽区效果图

2012–2013 年

国家海洋博物馆

建筑方案及园区概念性城市设计方案国际征集

2012—2013 Int'l Competition for Architectural
Design of National Ocean Museum & Conceptual
Urban Design Schemes of Ocean Park

World
Cutting-Edge Vision
国际一流的愿景

天津滨海新区规划设计国际征集汇编
Compilation of International Competitions for Urban
Planning & Design Schemes in Binhai New Area, Tianjin

Overall Description

总体概况

征集阶段

建设国家海洋博物馆是我国海洋事业发展史上一项具有里程碑意义的大事，国家海洋博物馆收藏、保护、研究和展示人类海洋活动和海洋自然环境的见证物，对于全面提升我国文化国力和全民族素质，特别是强化全民海洋意识、提高海洋知识水平具有积极意义。该项目按照"馆园结合"的发展理念，在选址区域建设具有海洋文化代表性以及中国和天津特色的国家级海洋博物馆。

为借鉴国内外海洋博物馆建设的先进经验，提升国家海洋博物馆建筑方案及园区城市设计水平，滨海新区规划和国土资源管理局以及国家海洋博物馆筹建处共同组织了该次方案国际征集活动，邀请了六家国际知名的设计大师及其团队参加。

项目名称： 国家海洋博物馆建筑方案及园区概念性城市设计方案国际征集

地 点： 天津滨海新区中新天津生态城

设计时间： 2012 年 8 月 13 日—11 月 11 日

应征单位： 三号方案　澳大利亚考克斯（Cox）建筑事务所（入围方案一）

　　　　　　二号方案　华南理工大学建筑设计研究院（入围方案二）

　　　　　　四号方案　西班牙米勒莱斯 - 塔格里亚布 EMBT 建筑事务所、美国 KDG 建筑设计有限公司（入围方案三）

　　　　　　六号方案　英国沃特曼国际工程公司

　　　　　　五号方案　德国 GMP 国际建筑设计有限公司、天津市建筑设计院

　　　　　　一号方案　美国普雷斯顿·斯科特·科恩设计公司、法国普瑞思建筑规划设计有限公司

组织单位： 天津市滨海新区规划和国土资源管理局

主办单位： 国家海洋博物馆筹建处

国家海洋博物馆位于滨海新区中新天津生态城内，用地为填海造陆区域。其建设将按照"馆园结合"的发展理念，在选址区域对海洋文化公园、博物馆及其预留发展建设用地进行统一规划；按项目建议书确定建设规模的国家海洋博物馆将一次设计，分期开馆，逐步完善。

项目区位图

南湾

海博馆及广场　海上展示

海博馆备用地

商业配套区

海洋文化娱乐区

海博道

美林路

设计范围示意图

World Cutting-Edge Vision
国际一流的愿景

天津滨海新区规划设计国际征集汇编
Compilation of International Competitions for Urban
Planning & Design Schemes in Binhai New Area, Tianjin

评审专家

崔　恺　　　盖广生　　　陈秉钊　　　邢同和　　　严迅奇

张海河　　　周　恺　　　李光照　　　孙　涛　　　霍　兵

崔　恺　　　中国工程院院士，中国建筑设计研究院副院长、总建筑师

盖广生　　　国家海洋局宣教中心主任

陈秉钊　　　中国城市规划学会顾问、同济大学建筑与城市规划学院教授

邢同和　　　上海现代建筑设计（集团）有限公司总建筑师

严迅奇　　　香港许李严建筑师有限公司执行董事

张海河　　　原天津市海洋局局长

周　恺　　　全国工程勘察设计大师、天津华汇工程建筑设计有限公司总建筑师

李光照　　　天津滨海新区建设投资集团有限公司董事长

孙　涛　　　天津市滨海新区副区长、原天津滨海新区建设投资集团有限公司总经理

霍　兵　　　天津市规划局副局长、滨海新区规划和国土资源管理局局长

2012—2013 Int'l Competition for Architectural Design of National Ocean
Museum & Conceptual Urban Design Schemes of Ocean Park

2012—2013 年国家海洋博物馆建筑方案及园区概念性城市设计方案国际征集

设计大师

菲利普 · 考克斯

（Philip Cox）

世界建筑大师，1962 年创建了澳大利亚考克斯（Cox）建筑事务所——世界百强设计公司。设计并已建成两座世界上著名的海洋博物馆（澳大利亚国家海洋博物馆、西澳大利亚海事博物馆）。

何镜堂

中国工程院院士，华南理工大学建筑学院院长兼设计院院长，中国建筑学会副理事长。国家首届梁思成建筑奖获得者。

贝娜蒂塔 · 塔格里亚布

（Benedetta Tagliabue）

西班牙最具传奇色彩的女建筑师之一，2010 年获得英国皇家建筑师学会国际奖，主持设计了上海世博会西班牙馆。

西蒙 · 哈登

（Simon Harden）

英国沃特曼国际工程公司最高董事会常务总裁。

斯特凡 · 胥茨

（Stephan Schutz）

德国 GMP 国际建筑设计有限公司合伙人之一，在天津有较多的项目经验，包括天津文化中心大剧院建筑设计、国家会展中心建筑设计等。

普雷斯顿 · 斯科特 · 科恩

（Preston Scott Cohen）

哈佛大学建筑学院教授。其作品多以折面和三维渐变为特色，具有强烈的视觉冲击力。

World Cutting Edge **Vision**
国际一流的愿景

天津滨海新区规划设计国际征集汇编
Compilation of International Competitions for Urban
Planning & Design Schemes in Binhai New Area, Tianjin

Design Schemes

征集方案

三号方案（入围方案一）
Scheme No.3
Nominee Scheme 1

设计单位 澳大利亚考克斯（Cox）建筑师事务所
Design Firm Cox Architecture PTY. LTD.

主创设计师

菲利普·考克斯（Philip Cox）

世界建筑大师，1962年创建了澳大利亚考克斯（Cox）建筑事务所——世界百强设计公司。设计并已建成两座世界上著名的海洋博物馆（澳大利亚国家海洋博物馆、西澳大利亚海事博物馆）。

LEGEND
GREEN SPACE

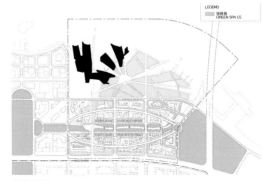

绿化系统

水环系统

总体鸟瞰图

2012—2013 Int'l Competition for Architectural Design of National Ocean
Museum & Conceptual Urban Design Schemes of Ocean Park

2012—2013 年国家海洋博物馆建筑方案及园区概念性城市设计方案国际征集

设计理念

规划方案强调城市空间的营造，通过绿化系统和水环系统连接新城区与博物馆及博物馆公园，打造一个多样性相关联的园区。

区域规划致力于打造一个"整合式城市"。一条完整循环的水道流经并环绕新都会发展区、帆船俱乐部、海湾、海洋公园等，串联城市各功能区；"整合式城市"设计融入码头元素，突出馆园结合的特色，将公园地貌提升至博物馆顶层，这些斜坡使游人可欣赏"海洋广场"等园区内其他景点，如同露天博物馆；海港及水道让漂浮的古船有足够的码头边界来停泊。

规划总平面图

中央海洋广场

三个活跃景点

World
Cutting-Edge Vision
国际一流的愿景

天津滨海新区规划设计国际征集汇编
Compilation of International Competitions for Urban
Planning & Design Schemes in Binhai New Area, Tianjin

建筑设计

建筑方案源于码头、防波堤、海港，跳向海湾的鱼群有"鱼跃龙门"之意。 博物馆建筑由多个桥梁连接的展览馆组成，营造出了泊船海湾、水滨嬉戏的灵活空间，游人经博物馆到达水域，博物馆恰好位于陆地和水域之间的开放通道上；建筑从景观中延伸出来并与公园连为一体。由多个展览馆组成的博物馆建筑有利于分展管理和分期建设。

意向图

意向图

鸟瞰图

2012—2013 Int'l Competition for Architectural Design of National Ocean
Museum & Conceptual Urban Design Schemes of Ocean Park

2012—2013 年国家海洋博物馆建筑方案及园区概念性城市设计方案国际征集

专家意见

1. 设计强调景观与建筑的融合。
2. 建筑设计导入多种与海洋相关的寓意。
3. 建筑设计突出人的空间体验，不同展馆营造不同的个性空间。
4. 分期建设合理。
5. 广场与主入口的布置需进一步结合。

重点内部空间

共享大厅与临时展厅

共享大厅与临时展厅

建筑的曲面几何形体由直线系统细分构成，每一个曲面都由标准化的平面组成。

外立面由金属板和玻璃构成。金属的反射和玻璃表面的透明性之间的相互作用，使人们在漫步周边的过程中强烈地感受到建筑在不断变化。

中华海洋文明馆效果图

World
Cutting-Edge Vision
国际一流的愿景

天津滨海新区规划设计国际征集汇编
Compilation of International Competitions for Urban
Planning & Design Schemes in Binhai New Area, Tianjin

二号方案（入围方案二）
Scheme No.2
Nominee Scheme 2

设计单位 华南理工大学建筑设计研究院
Design Firm Architectural Design Research Institute of South China University of Technology

主创设计师

何镜堂

中国工程院院士，华南理工大学建筑学院院长
兼设计院院长，中国建筑学会副理事长，国家
首届梁思成建筑奖获得者。

总体鸟瞰图

2012—2013 Int'l Competition for Architectural Design of National Ocean
Museum & Conceptual Urban Design Schemes of Ocean Park

2012—2013 年国家海洋博物馆建筑方案及园区概念性城市设计方案国际征集

设计理念

跃舞丝绢——一岛、两带、三圈层。三圈层从规整的城市界面到相对自由的建筑形态，再到开放性公园，层次分明、有序；理性与浪漫相结合。

示意图

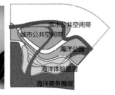

示意图

博物馆园区整体形态由外圈层至滨水圈层，组团式布置商务及酒店配套区、流水型网状空间的休闲服务区以及自由开放式的海洋公园。园区内主次干道界面运用规整控制、适当自由开放和曲面形态围合的手法，形成鲜明的城市形象和更具舒适性及商业氛围的多元空间；以标志性建筑为节点，形成跳跃性与梯度相结合的城市天际线；丰富的城市景观形成具有海洋文化特色的门户景观廊道；通过人行廊桥、架高平台等立体方式有效地将人车分流，在营造安全的步行环境的同时，获得不同标高的观景平台，形成丰富的空间体验。

剖面图

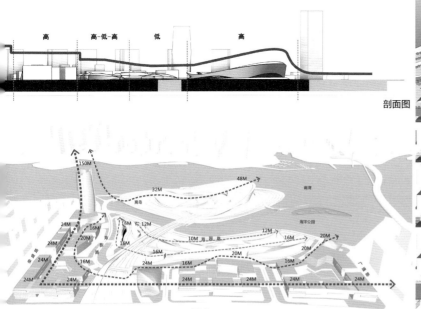

高度控制分析图

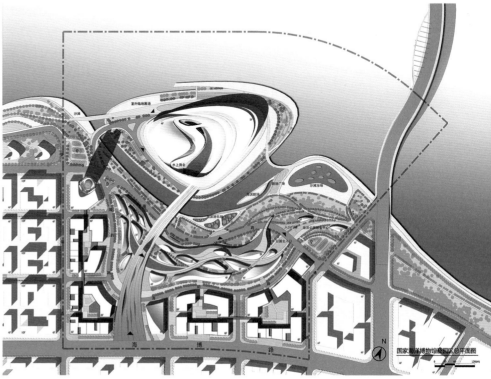

国家海洋博物馆园区总平面图

总平面图

建筑设计

建筑上部向海面倾斜，仿佛从海浪中即将升腾而出的蛟龙，又仿佛徜徉游弋的巨舰。馆岛合一：建筑用地设计为离岛状，建筑、场地及景观做一体化处理。联璧聚气：建筑形体围合了一个意义丰富的内广场，体现了中国建筑传统中的内聚性和负阴抱阳等理念。游海探奇：强调内外部空间的视线穿越关系和流动性的空间体验。建筑底部似海浪起伏，形成入口拱门和面向海洋的视线通廊。内部空间以共享大厅为核心，展厅围绕其布置，保持不同方向的观海空间。建筑一、二期可联可分，均不损坏形态的完整性。

意向图

意向图

海博馆西南侧鸟瞰图

2012—2013 Int'l Competition for Architectural Design of National Ocean
Museum & Conceptual Urban Design Schemes of Ocean Park

2012—2013 年国家海洋博物馆建筑方案及园区概念性城市设计方案国际征集

专家意见

1. 整体布局比较理性。
2. 城市设计注重空间层次，突出滨水活动带和生态景观带。
3. 建筑形态盘旋而生，动感强烈，形体具有标志性。
4. 分期建设合理，建筑逻辑性与内外功能一致。
5. 离岛与陆地交通联系薄弱。

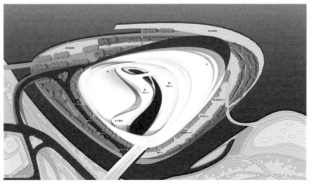

海博馆平面图

海博馆鸟瞰图

World
Cutting-Edge Vision
国际一流的愿景

天津滨海新区规划设计国际征集汇编
Compilation of International Competitions for Urban
Planning & Design Schemes in Binhai New Area, Tianjin

四号方案（入围方案三）
Scheme No.4
Nominee Scheme 3

设计单位 西班牙米勒莱斯 - 塔格里亚布 EMBT 建筑事务所、美国 KDG 建筑设计有限公司

Design Firms Miralles Tagliabue EMBT & Kalarch Design Group, Inc.

主创设计师

贝娜蒂塔·塔格里亚布（Benedetta Tagliabue）

西班牙最具传奇色彩的女建筑师之一，2010 年获得英国
皇家建筑师学会国际奖，主持设计了上海世博会西班牙馆。

意向图

设计理念

立意：场景拼贴，坡道造景，海洋意向

意向图

意向图

城市设计

园区整体将博物馆、室外陆地展和海上展场以及周边的城市景观环境进行统一设计。建筑依海布局，延绵至海岸更远距离的海上展场；由地面道路和坡道构成的立体交通体系使园区的静、动空间如海洋般流动，让人感受仿佛置身其中；展馆周边设置配套功能区域，为游人提供集酒店、餐饮和相关商业空间于一体的周到服务。

总体鸟瞰图

World
Cutting-Edge Vision
国际一流的愿景

天津滨海新区规划设计国际征集汇编
Compilation of International Competitions for Urban
Planning & Design Schemes in Binhai New Area, Tianjin

建筑设计

洋流的运动——建筑造型动感强烈，似洋流一直延伸到海洋。整体建筑是集展示、剧场、休闲、娱乐、运动、景观绿化为一体的滨海乐园。主入口广场由花园和荷花池组成。水面、荷花、水岸展区、建筑及其倒影以及到访的游人共同组成国家海洋博物馆的整体形象。

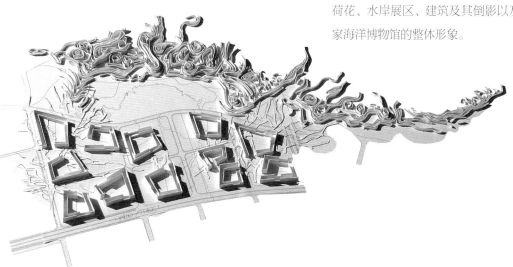

模型

地球水流现状

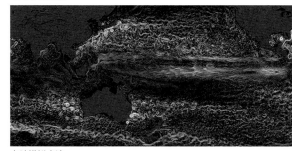

电脑模拟水流

夜景效果图

2012—2013 Int'l Competition for Architectural Design of National Ocean
Museum & Conceptual Urban Design Schemes of Ocean Park

2012—2013 年国家海洋博物馆建筑方案及园区概念性城市设计方案国际征集

效果图

效果图

专家意见

1. 方案创意性强，充满想象力和浪漫
   色彩，与周边环境有效融合。
2. 建筑形态突出海洋特色。
3. 内部空间体验感强，是艺术与技术
   的巧妙结合。
4. 功能设计需进一步考虑，内部空间
   较小，不利于布展。
5. 造价高，实施有难度。

效果图

六号方案（合格方案一）
Scheme No.6
Qualified 1

设计单位 英国沃特曼国际工程公司
Design Firm Waterman International

英国最大的工程设计集团上市公司之一，成立于1952年，于伦敦股票交易市场上市。主要服务包括建筑和规划、基础设施和市政工程、环保工程三大类。

主创设计师

西蒙·哈登（Simon Harden）

英国沃特曼国际工程公司最高董事会
常务总裁。

设计理念

立意：海洋——展馆，流动的海床——景观，潮汐——公众流线

太平洋　　　北冰洋　　　印度洋　　　南大洋　　　大西洋

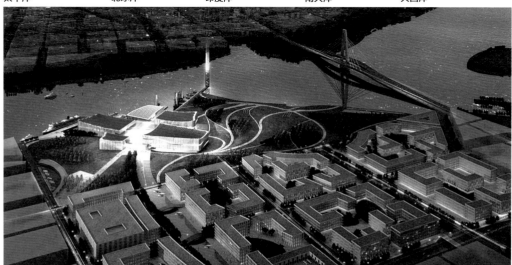

示意图

意向图

2012—2013 Int'l Competition for Architectural Design of National Ocean
Museum & Conceptual Urban Design Schemes of Ocean Park

2012—2013 年国家海洋博物馆建筑方案及园区概念性城市设计方案国际征集

城市设计

博物馆建筑在布局上充分利用南湾的优势，突出其标志性；"灯塔"成为南湾的中心和观景平台，可俯瞰 500 米长的海上展区，远眺大海，回望贝壳堤湿地公园以及规划中的博物馆园区和配套区；景观设计体现大海与陆地碰撞时的自然形态，行人路线随高低起伏的景观开放空间，一览城市"脉络"和公园组合；配套区将公园特色融入周边城市区域，打造内部绿色庭院，营造私人绿色休闲区，街道绿荫赋予城市活力和空间感。整体方案将公园区域与博物馆、海湾相融合，营造景观独特的"未知"区域，让游人享受全新的探索体验。

配套区的中央景观大道通向展馆

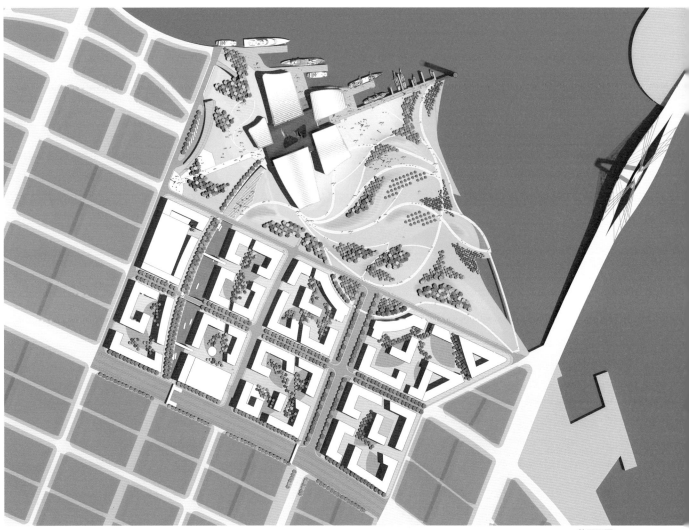

总平面图

建筑设计

建筑设计采用抽象的手法，五个展厅寓意"五大洋"。周边景观是海床的缩影，海床的多变性和流动性相当于各季节变化下灵活的外部展示空间。潮汐和洋流的运动象征着海洋博物馆的参观流线，连续流动的"洋流"是海洋博物馆游客的活动路线。

灯塔，象征着海洋不同的深度，是探索海洋的"海洋核心"。

人视效果图

人视效果图

2012—2013 Int'l Competition for Architectural Design of National Ocean
Museum & Conceptual Urban Design Schemes of Ocean Park

2012—2013 年国家海洋博物馆建筑方案及园区概念性城市设计方案国际征集

专家意见

1. 设计充分考虑建筑与环境的关系。
2. 方案经济实用，建筑内部空间灵活，展馆布置简单合理。
3. 建筑形式单调平淡，整体建筑形象缺乏特色。
4. 二期建筑的建设对一期建筑有较大影响。

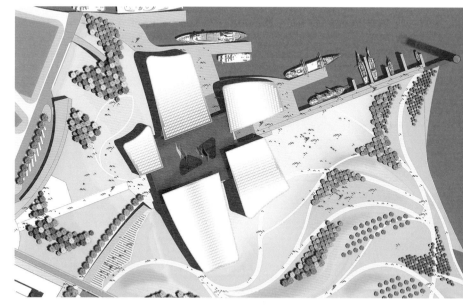

总平面图

总体鸟瞰图

World Cutting-Edge **Vision**
国际一流的愿景

天津滨海新区规划设计国际征集汇编
Compilation of International Competitions for Urban
Planning & Design Schemes in Binhai New Area, Tianjin

五号方案（合格方案二）

Scheme No.5
Qualified 2

设计单位 德国 GMP 国际建筑设计有限公司、天津市建筑设计院

Design Firms GMP International GmbH & Tianjin Architecture Design Institute

主创设计师

斯特凡·胥茨（Stephan Schutz）

德国 GMP 国际建筑设计有限公司合伙人之一，在天津有较多的项目经验，包括天津文化中心大剧院建筑设计、国家会展中心建筑设计等。

多中心的城市架构和几何化的城市空间构成

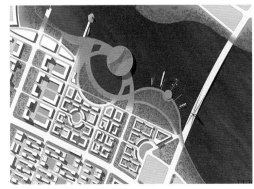

提倡开放连续的水边步道系统

总体鸟瞰图

2012—2013 Int'l Competition for Architectural Design of National Ocean
Museum & Conceptual Urban Design Schemes of Ocean Park

2012—2013 年国家海洋博物馆建筑方案及园区概念性城市设计方案国际征集

设计理念

建造多中心的城市架构和几何化的城市空间；营造开放连续的水边步道系统；构建网格街区。

城市设计

曲线形态定义了海岸线和博物馆公园的边界，环形的连桥和水岸扩展了现有的海岸，构建了与博物馆、都市和周围景观间的多重视觉联系。链状绿色景观带沿海岸和水景延伸，景观设计强调了博物馆作为地标性建筑的重要性，使其不受其他景观元素的干扰。连桥式的广场区通向博物馆，连桥的设置使公园内的水景不受潮汐影响；园区环形广场与矩形城市街区形成生动的对话空间；居住区位于公园以南，建筑高 24 米；一座 48 米的塔楼构建了主干路与连桥间的视觉联系，建筑外廓勾勒出中庭的形态，创造了符合人性尺度的都市空间。

总平面图

World Cutting-Edge Vision
国际一流的愿景

天津滨海新区规划设计国际征集汇编
Compilation of International Competitions for Urban
Planning & Design Schemes in Binhai New Area, Tianjin

入口大厅效果图

2012—2013 Int'l Competition for Architectural Design of National Ocean
Museum & Conceptual Urban Design Schemes of Ocean Park

2012—2013 年国家海洋博物馆建筑方案及园区概念性城市设计方案国际征集

展区效果图

展区效果图

World Cutting-Edge **Vision**
国际一流的愿景

天津滨海新区规划设计国际征集汇编
Compilation of International Competitions for Urban
Planning & Design Schemes in Binhai New Area, Tianjin

建筑设计

海上巨轮——圆锥形的建筑体量形成悬挑，犹如一艘远洋巨轮的船首，千百个孔洞均匀地分布在圆锥形建筑的外立面上。博物馆建筑融合了天然的海洋环境和人类的航海活动这两个不同的展示重点。前者通过位于圆锥体下部的一个中空空间体现出来，犹如一条体态庞大的蓝鲸，其体量、壳状结构的色彩均清晰地指明：博物馆的下层空间是一个神秘的海底世界；后者体现为：博物馆的上层空间与入口大厅相互交叉，如同一艘木船，标志着人类航海活动历史。

海博馆意向图

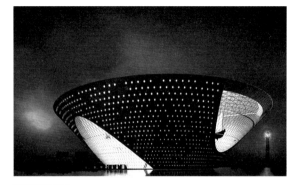

海博馆效果图

海博馆效果图

2012—2013 Int'l Competition for Architectural Design of National Ocean
Museum & Conceptual Urban Design Schemes of Ocean Park

2012—2013 年国家海洋博物馆建筑方案及园区概念性城市设计方案国际征集

专家意见

1. 方案设计比较理性，分析合理。

2. 建筑形体设计简洁清晰、标志性强。

3. 建筑功能组织结构及空间关系理性有序。

4. 倒置的建筑形态造成内部实用面积及展示空间较少。

5. 二期建筑置于地下，实施有难度。

海博馆鸟瞰图

World
Cutting-Edge **Vision**
国际一流的愿景

天津滨海新区规划设计国际征集汇编
Compilation of International Competitions for Urban
Planning & Design Schemes in Binhai New Area, Tianjin

一号方案（合格方案三）

Scheme No.1
Qualified 3

设计单位 美国普雷斯顿·斯科特·科恩设计公司、法国普瑞思建筑规划设计有限公司

Design Firms Preston Scott Cohen, Inc. & ZPLUS

主创设计师

普雷斯顿·斯科特·科恩（Preston Scott Cohen）

哈佛大学建筑学院教授。其作品多以折面和三维渐变为特色，有强烈的视觉冲击力。

引入三种街区类型

街区类型一："上住下店"
实现功能混合最大化

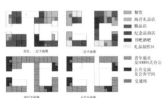

街区类型二："前店后场"
实现功能混合最大化

街区类型三："观景独栋"
实现功能混合最大化

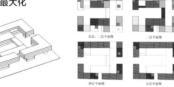

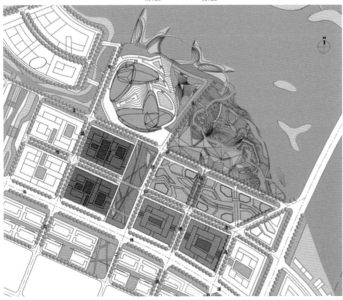

平面布局分析图

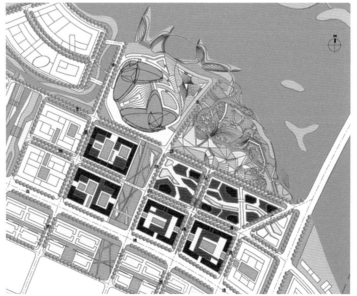

建筑高度分析图

2012—2013 Int'l Competition for Architectural Design of National Ocean
Museum & Conceptual Urban Design Schemes of Ocean Park

2012—2013 年国家海洋博物馆建筑方案及园区概念性城市设计方案国际征集

设计理念

引入特色项目和特色活动的策划——自然生态活动、产业科技及教育旅游活动、海洋经济及文化娱乐、时尚娱乐等。

城市设计

整个基地创造了一个综合生态系统，主入口广场、人行区域、车辆出入口、景观规划和周边环境设计皆与博物馆建筑体交相辉映；建筑由两部分组成，相互统一又相对独立，提供了分两期建设的可能性；景色优美的广场增强了滨水游客集散区景观轴的秩序感，景观设计强调与海岸线的和谐统一，引导游客欣赏海平面与博物馆对外开放公共空间的连续和衔接。

总平面图

总体鸟瞰图

World
Cutting-Edge Vision
国际一流的愿景

天津滨海新区规划设计国际征集汇编
Compilation of International Competitions for Urban
Planning & Design Schemes in Binhai New Area, Tianjin

建筑设计

建筑造型源于海浪、浪花，其外观极具自然雕塑效果。其曲面几何形体由直线和标准平面组成，简化了建造过程；外立面由金属板和玻璃构成，金属的反射性和玻璃表面的透明性之间的相互作用，使人们在漫步周边的过程中强烈地感受到建筑在不断地变化；建筑单体均以中庭组织各层，同时以坡道连接各层楼板，建筑形式、坡道和中庭融合为一个协调统一的整体。

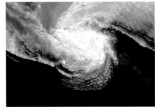

意向图　　　意向图

东南向鸟瞰图

专家意见

1. 规划合理有效，街区形式强调功能混合，形态富有特色。
2. 建筑造型自然，雕塑感强，具有标志性。
3. 城市设计没有考虑海洋馆与周边环境、开放街区的协调关系。
4. 分期建设不合理。

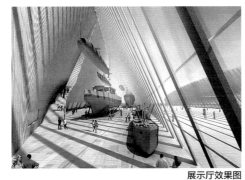

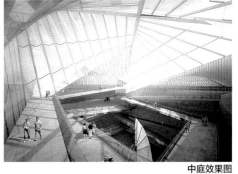

展示厅效果图

报告厅效果图

中庭效果图

室内空间——轮船、桅杆、帆船的结构与表皮

海博馆鸟瞰图

深化阶段

项目概况

国家海洋博物馆城市设计及建筑方案征集工作邀请了六家国际知名设计单位参加，经专家评审和向市领导汇报，最终选出三家设计单位进入第二轮建筑方案深化设计工作。深化设计工作于 2012 年 12 月至 2013 年 2 月展开，期间进行了中期汇报和设计答疑。博物馆的总建筑面积在该阶段调整为 8 万平方米。

2013 年 2 月 28 日，召开了国家海洋博物馆建筑方案深化设计咨询评审会。会议邀请了 10 位规划、建筑、结构及海洋、博物馆学专业的专家作为评委参加，由中国工程院院士马国馨先生担任主任评委。

会上各位专家结合自己的专业特长，通过向设计单位提问、现场评议、填写书面意见、相互交流等多种方式对三个方案进行了点评，并为主办方和业主方提供了宝贵的意见和建议。

项目名称： 国家海洋博物馆建筑方案及园区概念性城市设计国际征集

地　　点： 天津滨海新区中新天津生态城

设计时间： 2012 年 12 月 11 日—2013 年 2 月 28 日

应征单位： 三号方案　澳大利亚考克斯（Cox）建筑事务所、天津市建筑设计院（优胜方案，第一名）

二号方案　华南理工大学建筑设计研究院（并列第二名）

一号方案　西班牙米勒莱斯-塔格里亚布 EMBT 建筑事务所、美国 KDG 建筑设计有限公司（并列第二名）

组织单位： 天津市滨海新区规划和国土资源管理局

主办单位： 国家海洋博物馆筹建处

2012—2013 Int'l Competition for Architectural Design of National Ocean
Museum & Conceptual Urban Design Schemes of Ocean Park

2012—2013 年国家海洋博物馆建筑方案及园区概念性城市设计方案国际征集

评审专家

马国馨　　任庆英　　陈秉钊　　严迅奇　　朱文一

宋汝棻　　钱秀丽　　王　龙　　霍　兵　　于立群

马国馨	中国工程院院士、北京市建筑设计研究院顾问总建筑师
任庆英	全国工程勘察设计大师、中国建筑设计研究院总工程师
陈秉钊	中国城市规划学会顾问、同济大学建筑与城市规划学院教授
严迅奇	香港许李严建筑师有限公司执行董事
朱文一	清华大学建筑学院院长
宋汝棻	国家海洋局宣教中心博物馆学专家
钱秀丽	国家海洋局宣教中心办公室主任
王　龙	国家海洋博物馆筹建处博物馆学专家
霍　兵	天津市规划局副局长、滨海新区规划和国土资源管理局局长
于立群	天津滨海新区建设投资集团有限公司副总经理

设计大师

菲利普·考克斯　　何镜堂　　贝娜蒂塔·塔格里亚布
（Philip Cox）　　　　　　　　（Benedetta Tagliabue）

三号方案（第一名）
Scheme No.3
First-award

设计单位 澳大利亚考克斯（Cox）建筑师事务所、天津市建筑设计院
Design Firm Cox Architecture PTY. LTD.

根据各方面专家的建议，对最初方案"设计概念"、馆园结合形式等方面进行一轮深化的讨论。

手掌

泊船

鱼

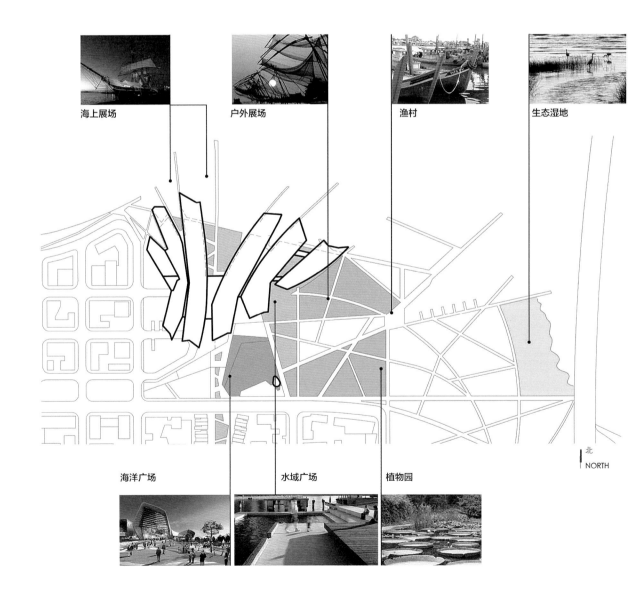

海上展场　户外展场　渔村　生态湿地

海洋广场　水域广场　植物园

北
NORTH

设计理念　　　　　深化方案在原设计概念的基础上更加精炼。延续人造水池和海湾上的悬臂结构，让一系列"手指"
伸入海湾；改善展馆间的连接方式，少占用建设空间，使海洋公园的面积最大化。"中央南北都市轴"
有商、有水及地景延伸穿越其中，充满生气；调整"海洋公园区域"面积及园内道路，使其与海洋
广场的联系更加紧密，并将生态湿地和海事博物馆外部展示纳入其中；"海博馆塔楼"作为博物
馆入口区大型露天展场的空间"支点"，既是城市地标，也是博物馆的主要能源塔台，并承担博物
馆辅助功能，成为整体建设的一个整合元素。

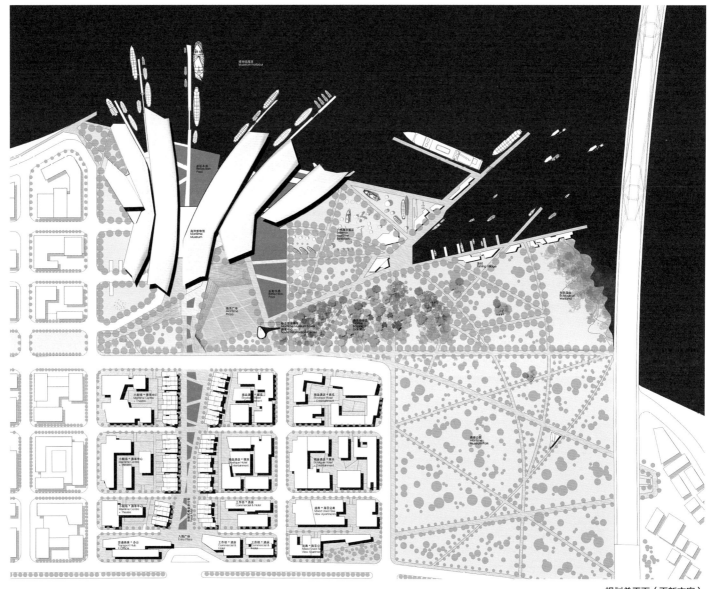

规划总平面（更新方案）

建筑设计

集中的展馆建筑，增强了中央海港南北轴线的存在感；结构采用倾斜龙门架和横向支撑，将建筑体向上抬升，悬于海堤之外，让人印象深刻，同时降低挖掘成本；每个展馆由序厅放射状而出，形成环状动线系统，解决两层楼间的连续参观问题；大型船只可直接从海湾运送进主题展厅。整体建筑力求实现与城市更好的接合。

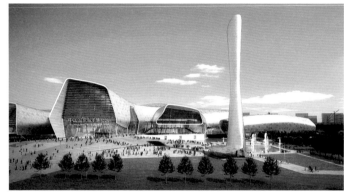

海博馆入口节点透视图

海博馆整体鸟瞰图

专家意见

1. 建筑与周边环境结合较好。

2. 博物馆功能考虑充分，流线分配合理。

3. 建筑造型独特，具有原创性。

4. 结构形式合理可行，易于实施。

博物馆夜景鸟瞰图

二号方案
Scheme No.2

设计单位 华南理工大学建筑设计研究院
Design Firm Architectural Design Research Institute of South China University of Technology

设计理念

建筑、场地与景观的一体化处理，建筑基地与建筑总平面形态统一，实现建筑与场地的融合，体现整体和谐关系的建构。

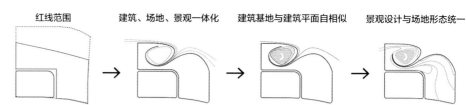

红线范围　建筑、场地、景观一体化　建筑基地与建筑平面自相似　景观设计与场地形态统一

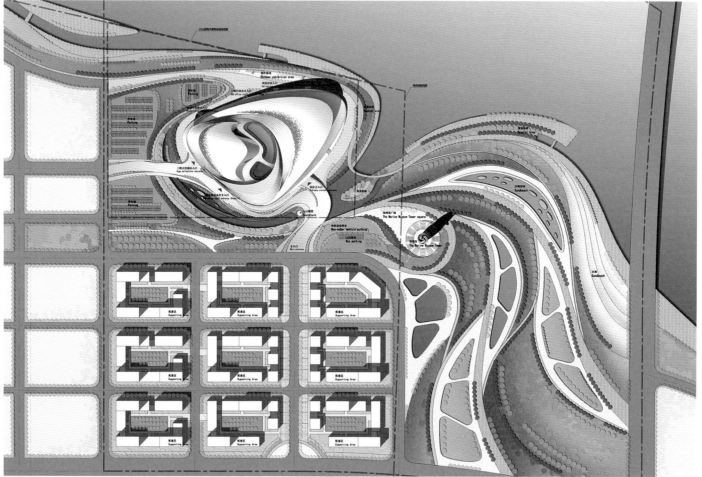

总平面图

2012—2013 Int'l Competition for Architectural Design of National Ocean
Museum & Conceptual Urban Design Schemes of Ocean Park

2012—2013 年国家海洋博物馆建筑方案及园区概念性城市设计方案国际征集

园区整体配合城市设计格局的调整，强调馆园结合的一体化设计思路，并适当突出博物馆主体地位，带动整个周边区域的形态变化。设计与城市轴线相呼应，对东西向绿轴进行延伸，以海博塔作为轴线对景，从海博塔延伸至整个公园范围，加强公园与城市的衔接；海洋公园在延续博物馆形态的同时，设置海博塔广场、海滨剧场、海上展场、沙滩浴场等多个与海洋文化相关的景观节点。海博塔、博物馆和海洋公园，三者有机统一，形成生动的城市天际线。

总体鸟瞰图

建筑设计

海洋之心中华宝船——重新建构形体逻辑，采用主题展厅序列、临时展厅、办公空间 + 特殊展厅三环相扣的形态关系，围合出一个内部庭院，整体协调统一。建筑形体好像一艘乘风破浪蓄势待发的中华宝船；与之遥相呼应高 80 米的海博塔，犹如一座"灯塔"，指引"大船"主体的方向，同时具备观光旅游、信息发布、服务接待、娱乐等综合功能。虚实相生的博物馆建筑外观彰显出了海洋的动感；室内壁面肌理似海面粼粼波光，营造了绚烂多姿且富于想象力的室内环境氛围。

 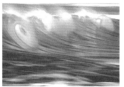

意向图

海博馆鸟瞰图

2012—2013 Int'l Competition for Architectural Design of National Ocean
Museum & Conceptual Urban Design Schemes of Ocean Park

2012—2013 年国家海洋博物馆建筑方案及园区概念性城市设计方案国际征集

专家意见

1. 建筑造型简洁、视觉冲击力强。

2. 建筑空间合理。

3. 建筑尺度偏大，与周边环境不够协调。

4. 结构设计造价偏高，施工难度大。

海博馆鸟瞰图

World
Cutting-Edge Vision
国际一流的愿景

天津滨海新区规划设计国际征集汇编
Compilation of International Competitions for Urban
Planning & Design Schemes in Binhai New Area, Tianjin

建筑设计

建筑造型源于海浪。其博物馆波浪形态的屋顶下，蕴藏着海洋核心知识，同时也是人们可以到达并游览的室外范围。人们在进行建筑内、外空间体验时，犹如置身神秘和浩瀚的海洋之中。波浪造型的屋顶也将成为滨海新区的新象征。

海博馆鸟瞰图

World
Cutting-Edge Vision
国际一流的愿景

天津滨海新区规划设计国际征集汇编
Compilation of International Competitions for Urban
Planning & Design Schemes in Binhai New Area, Tianjin

建筑设计

建筑造型源于海浪。其博物馆波浪形态的屋顶下，蕴藏着海洋核心知识，同时也是人们可以到达并游览的室外范围。人们在进行建筑内、外空间体验时，犹如置身神秘和浩瀚的海洋之中。波浪造型的屋顶也将成为滨海新区的新象征。

海博馆鸟瞰图

2012—2013 Int'l Competition for Architectural Design of National Ocean
Museum & Conceptual Urban Design Schemes of Ocean Park

2012—2013 年国家海洋博物馆建筑方案及园区概念性城市设计方案国际征集

专家意见

1. 建筑造型简洁、视觉冲击力强。

2. 建筑空间合理。

3. 建筑尺度偏大，与周边环境不够协调。

4. 结构设计造价偏高，施工难度大。

海博馆鸟瞰图

World
Cutting-Edge Vision
国际一流的愿景

天津滨海新区规划设计国际征集汇编
Compilation of International Competitions for Urban
Planning & Design Schemes in Binhai New Area, Tianjin

建筑设计

建筑造型源于海浪。其博物馆波浪形态的屋顶下，蕴藏着海洋核心
知识，同时也是人们可以到达并游览的室外范围。人们在进行建筑
内、外空间体验时，犹如置身神秘和浩瀚的海洋之中。波浪造型的
屋顶也将成为滨海新区的新象征。

海博馆鸟瞰图

城市设计

设计遵循馆园一体的原则，统筹规划周边未来待开发地块。博物馆园区是一个集公园、海洋体验、群体展示、社会经济和文化发展于一体的城市综合设施。从陆地到海上展示区规划整合新城市区、城市景观以及海洋自然环境，成为人与海洋互动的新场所、新空间媒介，形成全新的城市滨海边界；景观设计综合了洋流运动、海洋生物、陆海资源等形态，营造了新的城市景观空间，让游客在建筑和景观之间有不同的空间体验。

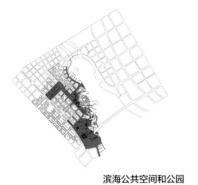

滨海公共空间和公园

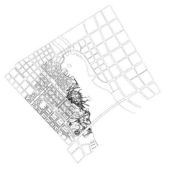

水上栈道和浮桥系统

与景观结合之后的水域边界

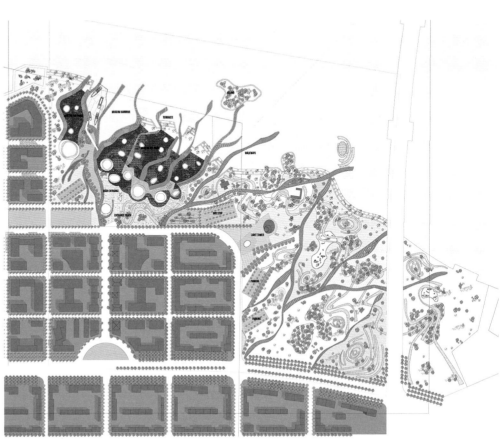

总平面图

World
Cutting-Edge Vision
国际一流的愿景

天津滨海新区规划设计国际征集汇编
Compilation of International Competitions for Urban
Planning & Design Schemes in Binhai New Area, Tianjin

一号方案
Scheme No.1

设计单位 西班牙米勒莱斯 – 塔格里亚布 EMBT 建筑事务所、美国 KDG 建筑设计有限公司

Design Firms Miralles Tagliabue EMBT & Kalarch Design Group, Inc.

设计理念

海洋不间断的运动，孕育出生命，直到有了我们现在美好的生活。

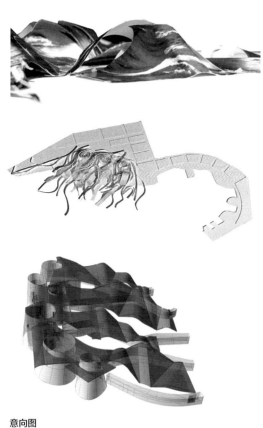

意向图

效果图

2012—2013 Int'l Competition for Architectural Design of National Ocean
Museum & Conceptual Urban Design Schemes of Ocean Park

2012—2013 年国家海洋博物馆建筑方案及园区概念性城市设计方案国际征集

专家意见

1. 建筑造型简洁、视觉冲击力强。

2. 建筑空间合理。

3. 建筑尺度偏大，与周边环境不够协调。

4. 结构设计造价偏高，施工难度大。

海博馆鸟瞰图

2012—2013 Int'l Competition for Architectural Design of National Ocean
Museum & Conceptual Urban Design Schemes of Ocean Park

2012—2013 年国家海洋博物馆建筑方案及园区概念性城市设计方案国际征集

专家意见

1. 建筑外形体现了海洋特色,波浪屋顶彰显出海浪的流动性。

2. 建筑内部空间丰富，变化多元。

3. 建筑面向城市的立面不够活泼。

4. 建筑结构相对经济，但施工有一定难度。

海博馆效果图

海博馆效果图

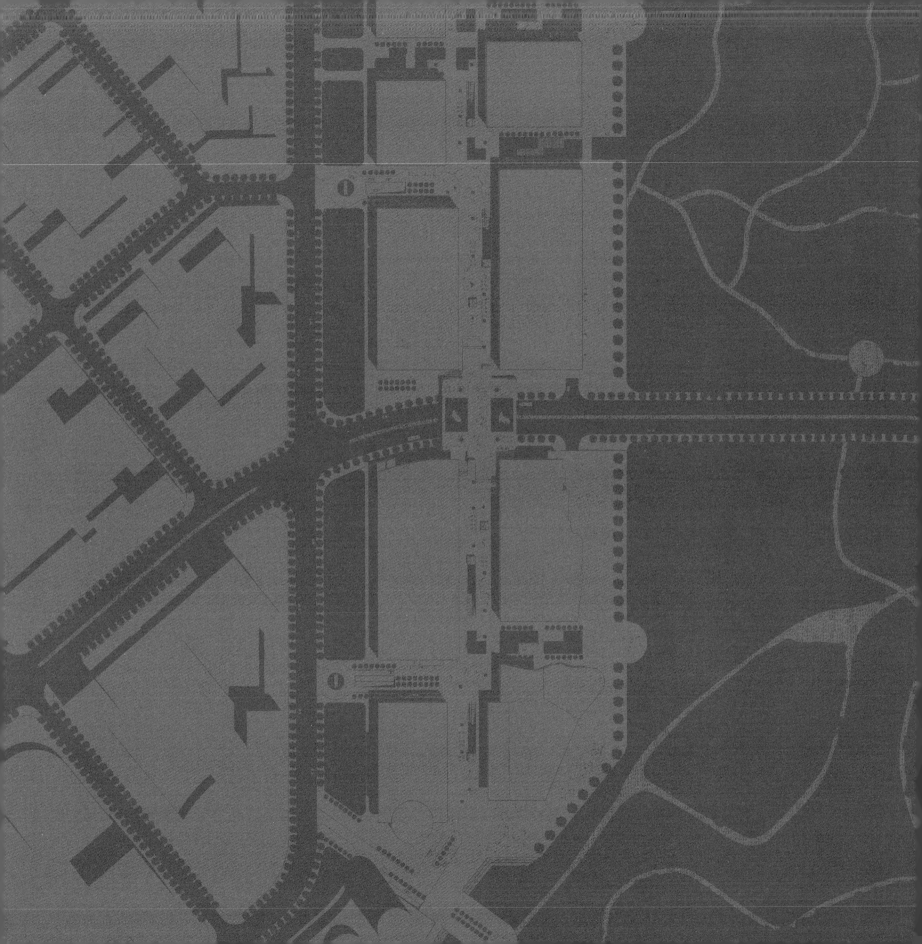

2013年

天津滨海新区文化中心（一期）

建筑群方案设计国际咨询

2013 Int'l Consultation for Architectural Design of Binhai Cultural Center (Phase I), Tianjin

World
Cutting-Edge **Vision**
国际一流的愿景

天津滨海新区规划设计国际征集汇编
Compilation of International Competitions for Urban
Planning & Design Schemes in Binhai New Area, Tianjin

Overall Description

总体概况

为贯彻落实党中央、国务院加快滨海新区开发开放的重大战略部署，进一步完善城市功能，在滨海新区核心区规划建设滨海文化中心。该中心对于提升滨海新区的公共文化水平，促进和谐新区的建设具有重要意义，是落实"双港双城"战略的重要举措。为借鉴国际先进的设计理念，高起点、高水平建设滨海新区文化艺术中心，天津市滨海新区规划和国土资源管理局与天津滨海新区建设投资集团有限公司共同开展滨海新区文化中心（一期）建筑群方案设计国际咨询工作。

该次咨询活动采用邀请报名的方式，经资质预审，选定五位国际知名设计大师及其团队参加；每个单体建筑项目由一位设计大师负责，其中一位大师同时负责总图设计，并协调各单体建筑的设计工作。为保证设计质量，从概念方案设计阶段开始，每个项目由一家国内设计单位提供技术支持和配合。五位大师历时十周（期间三次到津开展现场工作营）的设计，提出各自的方案。参与该次国际咨询活动并提供专项顾问服务和技术支撑的设计团队还有日本株式会社日建设计、中国香港 MVA 交通咨询公司、华汇（厦门）景观规划设计顾问有限公司、第一太平戴维斯策划公司，以及当地的天津市城市规划设计研究院、天津市建筑设计院、天津市渤海城市规划设计研究院等。

项目概况

滨海新区文化中心毗邻文化公园大片绿地，依托天碱解放路商业中心区，与文化商务中心相望。规划定位为国际一流、滨海特色、充满活力的文化艺术综合体，突出文化事业与文化产业的融合。规划建设七组文化建筑，包括一期的五个建筑、二期的演艺中心和三期的文博中心，并融入配套商业、酒店、办公等多元功能。

总体空间布局突出文化艺术综合体的特色，以文化长廊衔接各组文化建筑，使其成为多元活力、促进市民交流的核心空间。围绕文化长廊形成三个区域：文化核心区、演艺中心区、文博产业区。长廊结合各场馆以及联系公园的绿廊形成多个公共空间节点。

滨海新区文化中心（一期）建筑群规划为文化核心区，功能定位为填补新区级文化中心空白项目，满足"文、图、博、美、剧院"的功能，与市文化中心错位发展，占地 11 公顷，建设规模 27 万平方米。基地西侧为规划旭升路（规划城市次干路），北侧为规划中滨海新区文化中心(三期)，东侧为紫云公园，南侧为规划中滨海新区文化中心（二期）、紫云公园碱渣山。

项目名称： 天津滨海新区文化中心（一期）建筑群方案设计国际咨询
设计时间： 2013 年 7 月 3 日—9 月 11 日（评审会暨研讨会 9 月 12 日—13 日）
应征单位： 美国伯纳德·屈米建筑事务所
美国墨菲扬建筑师事务所
荷兰 MVRDV 建筑事务所
德国 GMP 国际建筑设计有限公司
天津华汇工程建筑设计有限公司、加拿大 Bing Thom 建筑师事务所
主办单位： 天津市滨海新区规划和国土资源管理局
天津滨海新区建设投资集团有限公司

滨海新区文化中心东临滨海新区文化商务中心，南临于家堡商务区，西临响螺湾商务区、天碱解放路商业区及塘沽中心区，北临泰达开发区。

项目区位图

项目位置示意图

天碱地区城市设计图

文化中心概念规划图

World
Cutting-Edge Vision
国际一流的愿景

天津滨海新区规划设计国际征集汇编
Compilation of International Competitions for Urban
Planning & Design Schemes in Binhai New Area, Tianjin

设计原则

空间形态：建筑与天碱地区城市空间取得良好的衔接，沿规划路形成连续的街墙。

功能布局：强调立体复合，塑造综合性城市空间。

交通组织：结合文化建筑群的交通特点，合理组织各类交通流线及交通接驳关系。

建筑风格：塑造具有天津滨海城市特色的标志性城市空间和形象，营造滨海新区新世纪现代化氛围。

整体协调：整体考虑文化艺术中心内各个建筑之间的关系，保持区域风格协调统一，协调处理好与周边大环境的关系。

生态环保：重视可持续发展理念和绿色环保技术的应用，鼓励应用绿色建筑设计以及可持续的基础设施。

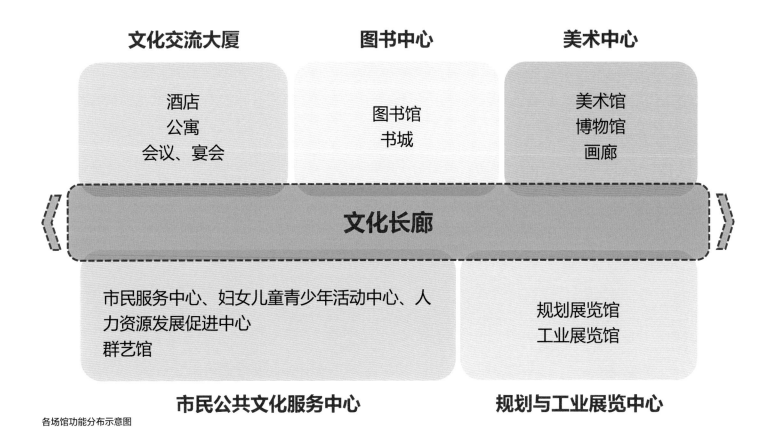

各场馆功能分布示意图

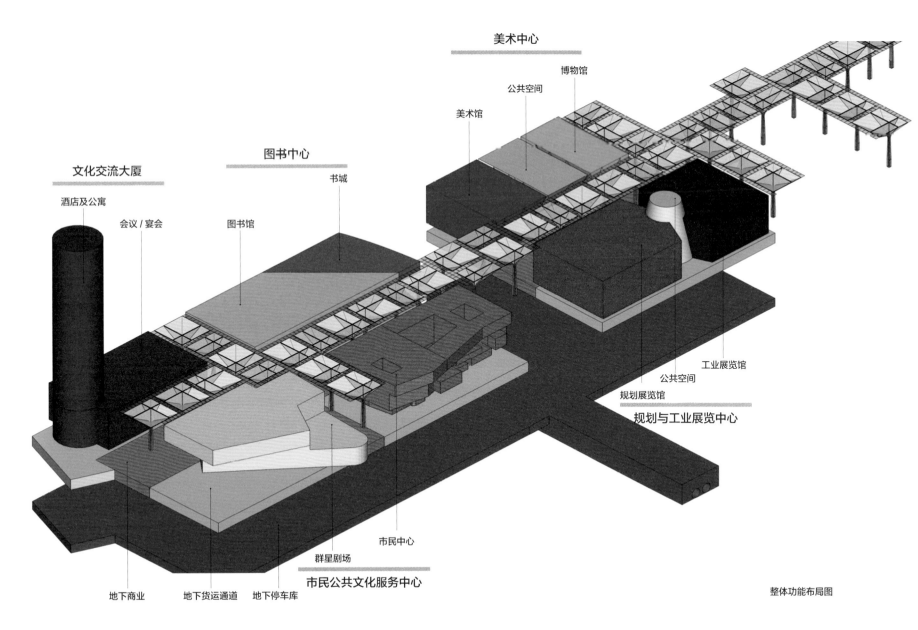

美术中心

博物馆

公共空间

美术馆

图书中心

书城

文化交流大厦

酒店及公寓

会议 / 宴会

图书馆

工业展览馆

公共空间

规划展览馆

规划与工业展览中心

市民中心

群星剧场

市民公共文化服务中心

地下商业

地下货运通道

地下停车库

整体功能布局图

World
Cutting-Edge Vision
国际一流的愿景

天津滨海新区规划设计国际征集汇编
Compilation of International Competitions for Urban
Planning & Design Schemes in Binhai New Area, Tianjin

评审专家

马国馨

中国工程院院士、北京市建筑设计研究院顾问总建筑师

任庆英

全国工程勘察设计大师、中国建筑设计研究院总工程师

陈秉钊

中国城市规划学会顾问、同济大学建筑与城市规划学院教授

栗德祥

清华大学教授、博导，清华建筑设计院绿色建筑工程设计所设计总监

谭伟霖

香港许李严建筑师有限公司董事、香港知名建筑师

沈磊

天津市规划局副局长、北京大学景观设计学研究院客座教授

孙涛

天津滨海新区副区长、原天津滨海新区建设投资集团有限公司总经理

霍兵

天津市规划局副局长、滨海新区规划和国土资源管理局局长

设计大师

伯纳德·屈米

美国建筑师学会会员、英国皇家建筑师学会会员、当代最具影响力的建筑师之一

赫尔穆特·扬

世界高层建筑与人居协会终身成就奖获得者、美国建筑师协会终身成就奖获得者、美国建筑师协会院士

韦尼·马斯

荷兰著名设计大师、荷兰 MVRDV 建筑事务所创始人之一

斯特凡·胥茨

德国 GMP 国际建筑设计有限公司合伙人、德国建筑师联合会会员、德国汉堡建筑文化学院教授

周恺

全国工程勘察设计大师、中国建筑学会理事、天津华汇工程建筑设计有限公司总建筑师

谭秉荣

加拿大著名华裔建筑设计大师，擅长观演建筑设计

World Cutting-Edge Vision
国际一流的愿景

天津滨海新区规划设计国际征集汇编
Compilation of International Competitions for Urban Planning & Design Schemes in Binhai New Area, Tianjin

评审会暨研讨会

汇报研讨

专家踏勘现场

World
Cutting-Edge Vision
国际一流的愿景

天津滨海新区规划设计国际征集汇编
Compilation of International Competitions for Urban
Planning & Design Schemes in Binhai New Area, Tianjin

Workshop

工作营

第一次工作营

现场工作营

现场踏勘、参观规划馆

World Cutting-Edge Vision
国际一流的愿景

天津滨海新区规划设计国际征集汇编
Compilation of International Competitions for Urban Planning & Design Schemes in Binhai New Area, Tianjin

第二次工作营

视频会交流，方案讨论

第三次工作营

视频会议

World
Cutting-Edge Vision
国际一流的愿景

天津滨海新区规划设计国际征集汇编
Compilation of International Competitions for Urban
Planning & Design Schemes in Binhai New Area, Tianjin

Design Schemes

设计方案

长廊、美术中心
Gallery, Arts Center

设计单位 德国 GMP 国际建筑设计有限公司

Design Firm GMP International GmbH

德国 GMP 国际建筑设计有限公司成立于 1965 年，是少数进行全方位设计的建筑师事务所之一，其项目涉及面极为广阔，从总体规划和博物馆、音乐厅、办公楼、贸易中心、医院，到科研教育设施及交通建筑。建筑理念遵循"维特鲁威三准则"：实用、坚固、美观。基于此，GMP 成功地在世界各地不同的文化背景下从事设计建造，并赢得了广大业主的认同。

总图

长廊的活跃性通过建筑立面的"错落"得到实现。同时，对每栋建筑的形体及立面提出了非常严格的要求。

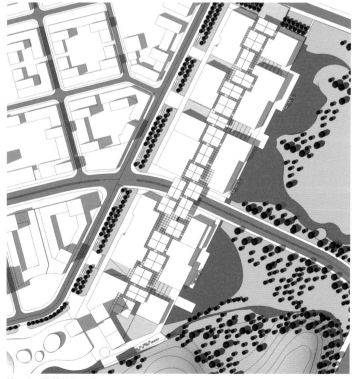

第一次工作营总平面图

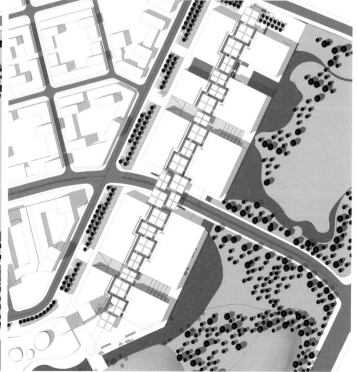

第二次工作营总平面图

专家意见

1. 总图设计结构清晰、整体性强、布局灵活、便于实施。
2. 融合多元化功能，形成"中央活动区"的整体公共空间。
3. 文化长廊设计保证中央公园的南北连贯性，形成丰富的空间感受。
4. 应该深入研究交通专项和长廊空间尺度及开敞方式。

在上版方案的基础上，将长廊的通透宽度改善至 21 米，增强其通透性。同时，考虑到连桥广场的空间功能以及地下空间的更好衔接，取消此处的"错落"。错落的入口小广场，形成错落的景观廊道。错落的"伞"结构使长廊空间丰富活跃。

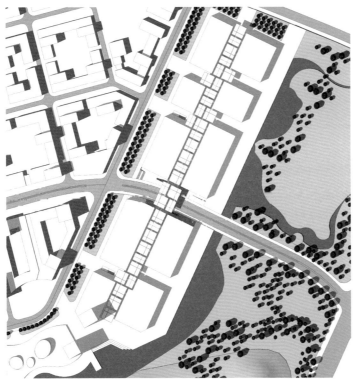

第三次工作营总平面图

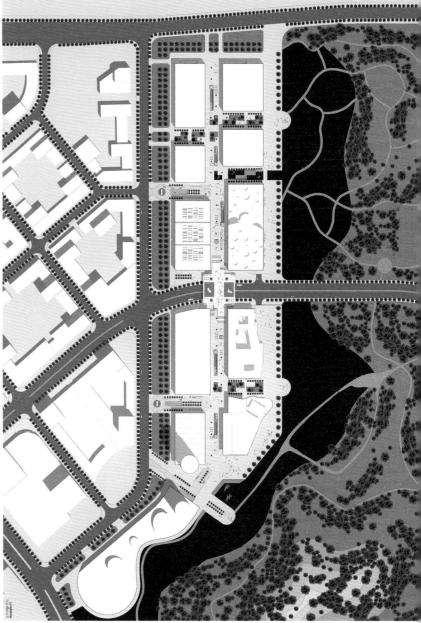

专家研讨评审会总平面图

长廊

设计理念

统筹与协调建筑群。

既富有变化和个性，又协调统一。

文化长廊效果图

文化长廊节点透视图

文化长廊透视图

方案 1（优选方案）　　　　**防雨**　　　　　　√
伞高 30 米，廊宽 30 米　　**建筑立面完整可见**　　√

方案 2　　　　　　　　　　**防雨**　　　　　　×
伞高 24 米，廊宽 30 米　　**建筑立面完整可见**　　×

方案 3　　　　　　　　　　**防雨**　　　　　　×
伞高 18 米，廊宽 30 米　　**建筑立面完整可见**　　×

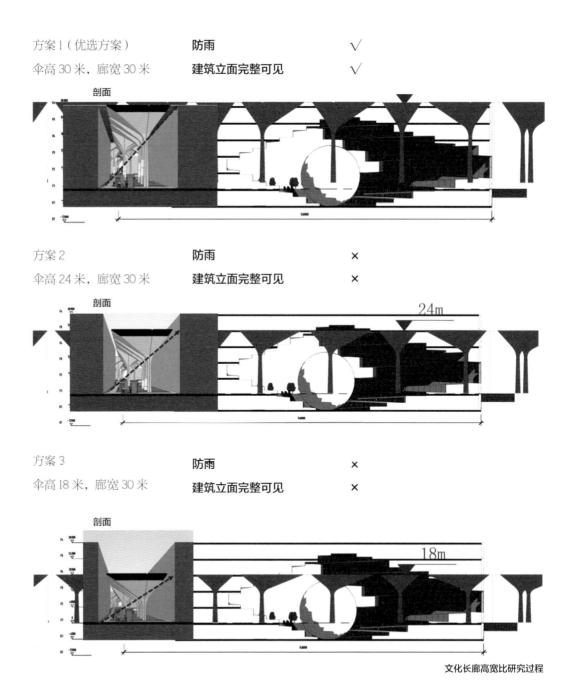

文化长廊高宽比研究过程

World Cutting-Edge **Vision**
国际一流的愿景

天津滨海新区规划设计国际征集汇编
Compilation of International Competitions for Urban
Planning & Design Schemes in Binhai New Area, Tianjin

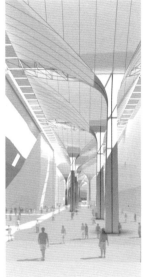

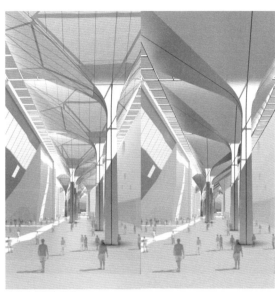

方案 1 钢壳体结构　　方案 2 钢骨架结构　　方案 3 膜结构

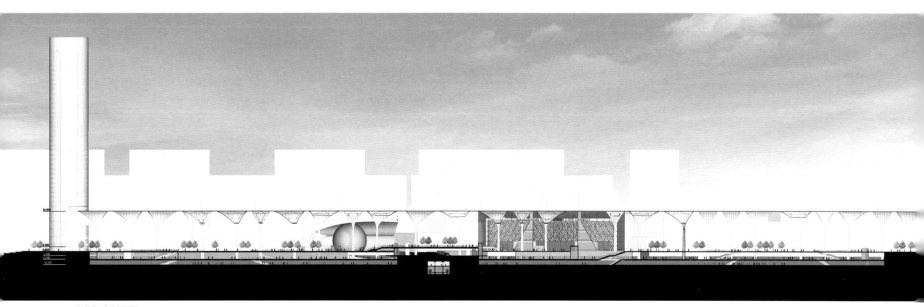

文化长廊剖面图

沿公园一侧鸟瞰图

统筹策略

1. 建筑高度：30 米（高层塔楼除外）。

2. 色彩材质：规划展览中心、市民中心统一采用浅暖
   色调，衬托白色长廊构件。

3. 立面划分：横向划分。

4. 第五立面：东侧建筑采用绿化屋面。

5. 强化长廊：延伸长廊构件、强化统筹作用。

World Cutting-Edge Vision
国际一流的愿景

天津滨海新区规划设计国际征集汇编
Compilation of International Competitions for Urban
Planning & Design Schemes in Binhai New Area, Tianjin

美术中心

设计理念

立意：外表粗粝、内在精致夺目的水晶

专家意见

1. 与文化长廊局部形成小广场，营造多元化的空间。
2. 内部功能分区和空间组织良好。
3. 辅助用房和长廊包围需要空调的空间，有效地减少能耗。
4. 建议增加一、二层的使用面积，注意立面除尘。

曼哈德·冯·格康　　　　斯特凡·胥茨
Meinhard von Gerkan　　Stephan Schutz

斯特凡·胥茨（Stephan Schutz）

德国 GMP 国际建筑设计有限公司合伙人之一，在天津有较多的项目经验，包括天津文化中心大剧院建筑设计、国家会展中心建筑设计等。

水晶立意

项目位置图

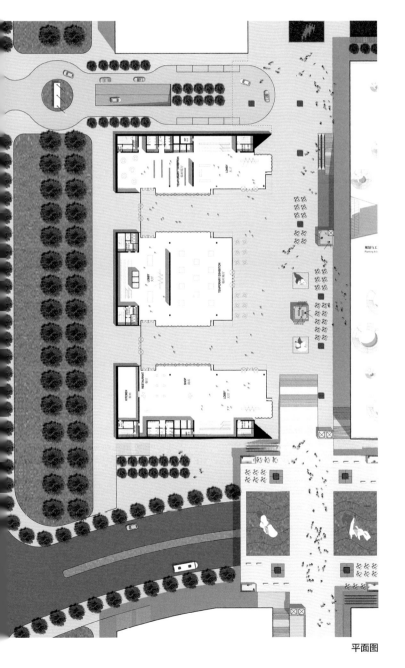

平面图

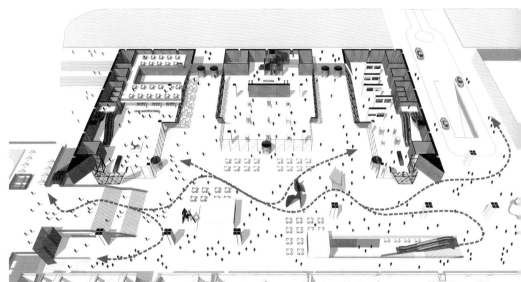

内部空间布局示意图

剖面图

World
Cutting-Edge Vision
国际一流的愿景

天津滨海新区规划设计国际征集汇编
Compilation of International Competitions for Urban
Planning & Design Schemes in Binhai New Area, Tianjin

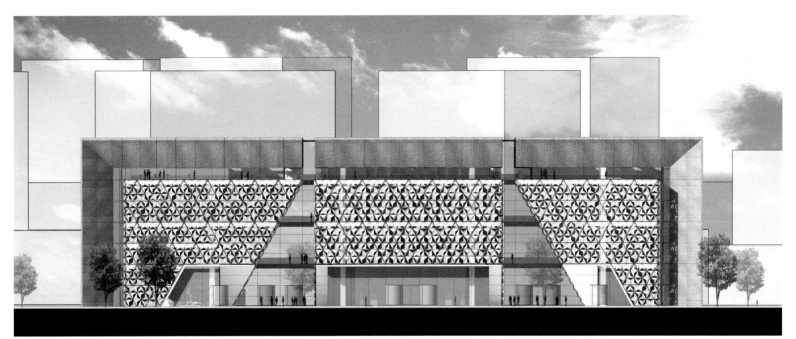

沿长廊立面图

沿旭升路立面图

内部效果图 1

内部效果图 2

沿长廊效果图

World Cutting-Edge **Vision** 国际一流的愿景

天津滨海新区规划设计国际征集汇编
Compilation of International Competitions for Urban Planning & Design Schemes in Binhai New Area, Tianjin

规划与工业展览中心
Urban Planning and Industry Exhibition Center

设计单位 美国伯纳德·屈米建筑事务所
Design Firm Bernard Tschumi Architects

设计理念

立意：未来馆，城市发生器，工业化特征

专家意见

1. 构思独特，造型新颖。
2. 功能划分清晰、合理。
3. 应加强与公园对话，简化立面和屋顶凸窗。

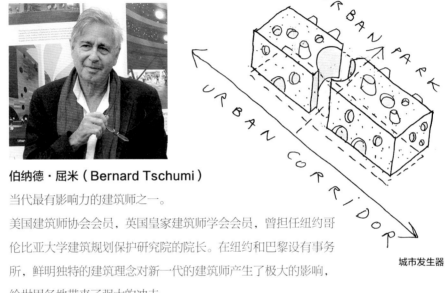

伯纳德·屈米（Bernard Tschumi）

当代最有影响力的建筑师之一。

美国建筑师协会会员，英国皇家建筑师学会会员，曾担任纽约哥伦比亚大学建筑规划保护研究院的院长。在纽约和巴黎设有事务所，鲜明独特的建筑理念对新一代的建筑师产生了极大的影响，给世界各地带来了强大的冲击。

城市发生器

项目位置图

总体鸟瞰图

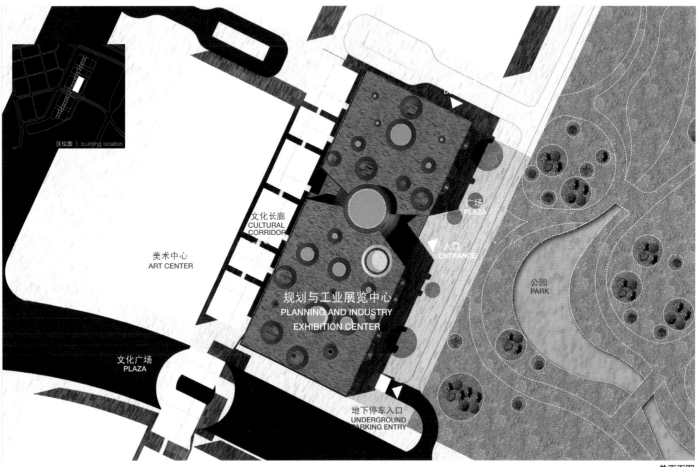

区位图 | building location

文化长廊
CULTURAL
CORRIDOR

美术中心
ART CENTER

规划与工业展览中心
PLANNING AND INDUSTRY
EXHIBITION CENTER

文化广场
PLAZA

广场
PLAZA

入口
ENTRANCE

公园
PARK

地下停车入口
UNDERGROUND
PARKING ENTRY

总平面图

沿公园立面图

沿长廊立面图

沿文化长廊界面效果图

内部效果图

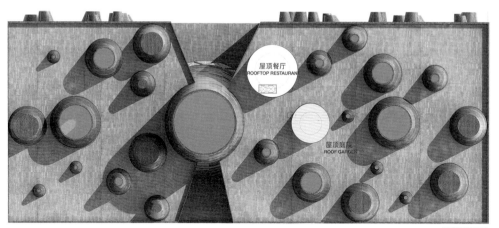

屋顶餐厅
ROOFTOP RESTAURANT

屋顶庭院
ROOF GARDEN

建筑顶视图

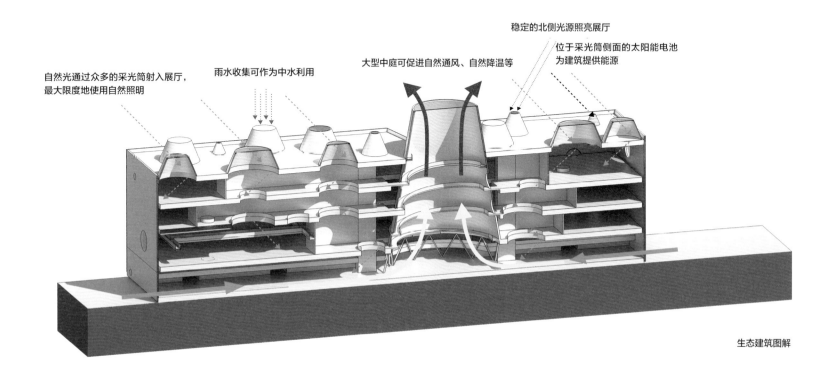

稳定的北侧光源照亮展厅

位于采光筒侧面的太阳能电池为建筑提供能源

大型中庭可促进自然通风、自然降温等

自然光通过众多的采光筒射入展厅，最大限度地使用自然照明

雨水收集可作为中水利用

生态建筑图解

World Cutting-Edge **Vision**
国际一流的愿景

天津滨海新区规划设计国际征集汇编
Compilation of International Competitions for Urban
Planning & Design Schemes in Binhai New Area, Tianjin

图书中心
Book Center

设计单位 荷兰 MVRDV 建筑事务所
Design Firm MVRDV

韦尼·马斯（Winy Maas）

荷兰 MVRDV 建筑事务所三个合伙人之一，创新型年轻设计师。通过对当代建筑和设计过程相关的大量复杂数据的分析来塑造空间，将众多的研究成果融于设计中，并注重与景观设计的结合，作品受到国际建筑界的广泛关注。

设计理念

立意：滨海之"眼"，"书山"有路勤为径

专家意见

1. 造型颇具视觉冲击力，设计特色突出。
2. 阅览空间变化丰富。
3. 内部空间的利用率有待探讨。

荷兰 MVRDV 建筑事务所合伙人

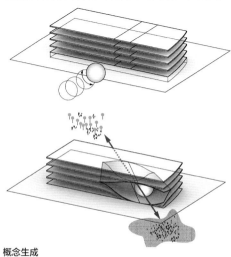

概念生成

项目位置图

发现之"眼"

东北面鸟瞰图

World Cutting-Edge Vision
国际一流的愿景

天津滨海新区规划设计国际征集汇编
Compilation of International Competitions for Urban
Planning & Design Schemes in Binhai New Area, Tianjin

中庭公共空间效果图

沿文化长廊界面效果图

沿长廊立面图

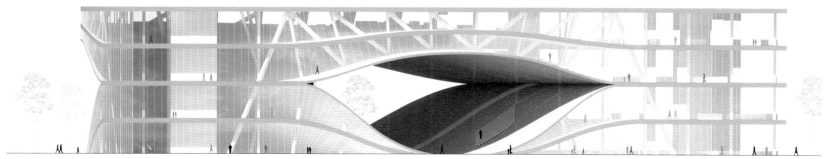

沿旭升路立面图

室内效果图

室内效果图

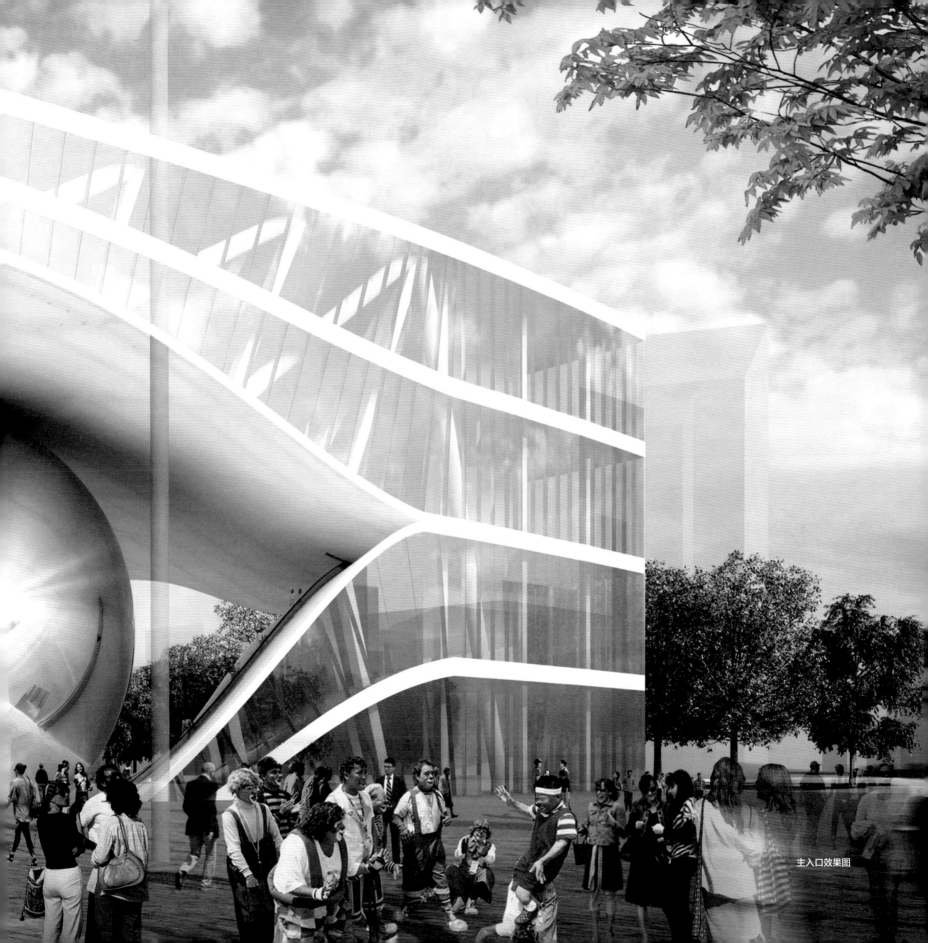

主入口效果图

World Cutting-Edge Vision 国际一流的愿景

天津滨海新区规划设计国际征集汇编
Compilation of International Competitions for Urban Planning & Design Schemes in Binhai New Area, Tianjin

文化交流大厦
Cultural Exchange Center

设计单位 美国墨菲扬建筑师事务所

Design Firm JAHN, LLC

设计理念

立意：艺术文化灯塔，文化中心制高点，生态塔楼

专家意见

1. 方案设计成熟，布局、结构、经济性均得以很好的体现。
2. 高层塔楼可成为区域标志性建筑，体现高技派特点。
3. 建筑表皮效果应多考虑文化性、艺术性的特征。

赫尔穆特·扬（Helmut Jahn）

"十大最具影响力的美国当代建筑大师"、美国建筑师协会院士；获世界高层建筑与人居协会终身成就奖、美国建筑师协会终身成就奖；作品响应城市责任，关注性能和工程结合，注重细节和可持续设计，因其革新的建筑设计而赢得美誉。

项目位置图

鸟瞰图

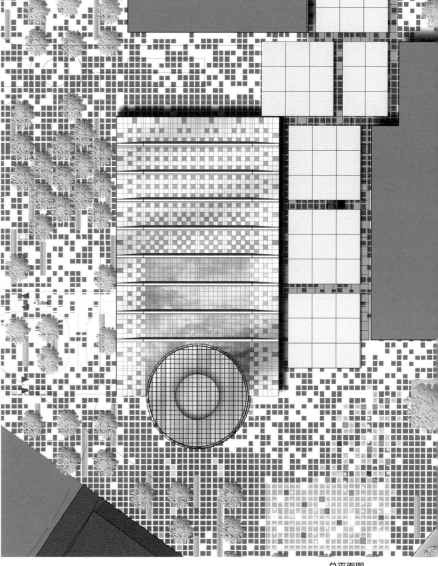

总平面图

World
Cutting-Edge Vision

国际一流的愿景

天津滨海新区规划设计国际征集汇编
Compilation of International Competitions for Urban
Planning & Design Schemes in Binhai New Area, Tianjin

建筑效果图

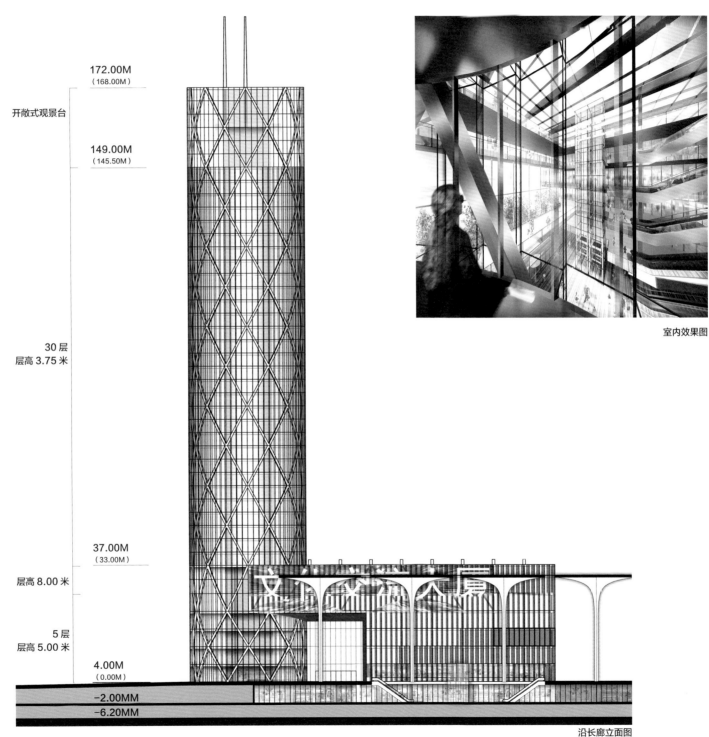

室内效果图

开敞式观景台

172.00M
（168.00M）

149.00M
（145.50M）

30 层
层高 3.75 米

37.00M
（33.00M）

层高 8.00 米

5 层
层高 5.00 米

4.00M
（0.00M）

−2.00MM
−6.20MM

沿长廊立面图

夜景效果图

World
Cutting-Edge **Vision**
国际一流的愿景

天津滨海新区规划设计国际征集汇编
Compilation of International Competitions for Urban
Planning & Design Schemes in Binhai New Area, Tianjin

市民公共文化服务中心
Civic Cultural Center

设计单位 天津华汇工程建筑设计有限公司 、加拿大 Bing Thom 建筑师事务所

Design Firms Engineering Co., Ltd. & Bing Thom Architects & Tianjin Huahui Architectural Design

设计理念

立意：向自然与公众开放的活力场所

周恺
全国工程勘察设计大师
中国建筑学会理事
华汇公司总建筑师

谭秉荣
加拿大著名华裔建筑
大师
加拿大谭秉荣建筑师
事务所创始人

专家意见

1. 强调对大自然开放，形成柔和的空间。

2. 首层通透，有效协调建筑的室内外环境，提供人性化的尺度。

3. 建议推敲立面造型，考虑小剧场的单独运营。

项目位置图

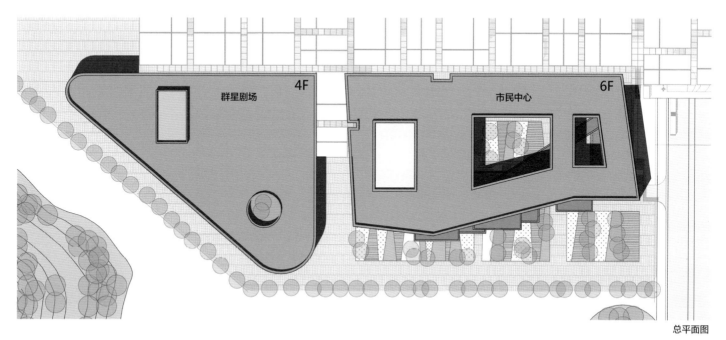

群星剧场　　4F　　市民中心　　6F

总平面图

总体鸟瞰图

World
Cutting-Edge Vision
国际一流的愿景

天津滨海新区规划设计国际征集汇编
Compilation of International Competitions for Urban
Planning & Design Schemes in Binhai New Area, Tianjin

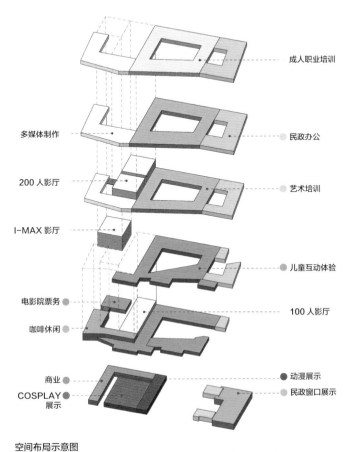

成人职业培训

多媒体制作　　　　　　　　　　　　　　　　　民政办公

200 人影厅　　　　　　　　　　　　　　　　　　艺术培训

I-MAX 影厅

　　　　　　　　　　　　　　　　　　　　　　　儿童互动体验

电影院票务　　　　　　　　　　　　　　　　　100 人影厅

咖啡休闲

商业　　　　　　　　　　　　　　　　　　　　　动漫展示

COSPLAY
展示　　　　　　　　　　　　　　　　　　　　　民政窗口展示

空间布局示意图

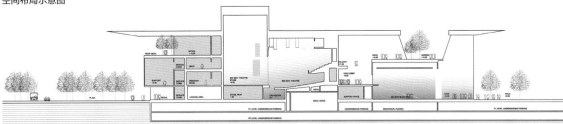

剧场剖面图

市民中心剖面图

沿文化长廊界面效果图

群星剧场效果图

附 录 天津滨海新区总体规划介绍
Appendix Introduction of Tianjin Binhai New Area Master Plan

一、城市总体空间布局

国务院《关于推进天津滨海新区开发开放有关问题的意见》，明确滨海新区功能定位是：依托京津冀，服务环渤海，辐射"三北"，面向东北亚，努力建设成为我国北方对外开放的门户、高水平的现代制造业和研发转化基地、北方国际航运中心和国际物流中心，逐步成为经济繁荣、社会和谐、环境优美的宜居生态型新城区。

规划包括滨海新区行政区的全部用地及东丽、津南两个行政区部分用地，陆域总面积约为 2270 平方千米，海域区域纳入总体规划范围。至 2020 年，规划滨海新区建设用地总规模为 1339 平方千米，城镇建设用地规模约 800 平方千米，常住人口规模约为 600 万人，城镇化率 100%，地区生产总值为 2 万亿元。

滨海新区总体规划图

重点强化生态空间控制、明确城市增长边界，通过优化港区布局和产业布局、统筹片区发展，加快实现定位。新区南北向 100 千米，东西向 50 千米。超常规的城市尺度决定新区具有鲜明的海湾型城市区域特征。以 30~50 平方千米为单元，配合完善公共交通和服务网络，划分生活组团。以多组团、海湾型网络化的城市发展模式，形成"一城双港，三片四区"的发展格局。

一城： 滨海核心城区
双港： 北港区、南港区
三片： 北片区、南片区、西片区
四区： 盐田生态区、北三河生态区、官港—临港生态区、北大港生态区

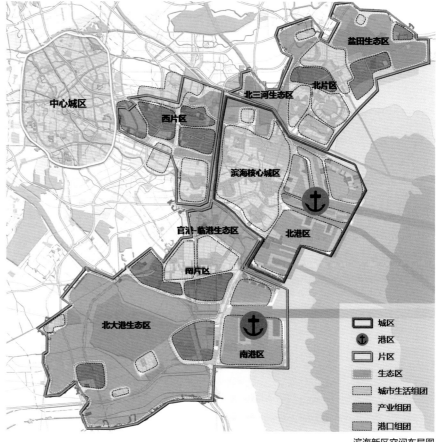

滨海新区空间布局图

二、总体产业布局

加快现代制造业和研发转化基地建设

形成"中服务、北旅游、东海港、南基础、西高新"的总体产业格局；围绕中心商务区加快商业商贸、金融商务功能完善；发挥重大旅游生态项目的带动作用；提升海港服务水平和辐射能力；实施重工业集聚升级策略；滨海高新区等功能区共建科技城。

按照"行政区统领，功能区支撑，街镇整合提升"的总体思路，新区形成7大功能区和19个街镇，发挥功能区的带动作用，统筹区域发展和城市建设，按"强街强镇"的思路，不断提升街镇的经济活力和水平，增强街镇的经济实力和社会服务能力。

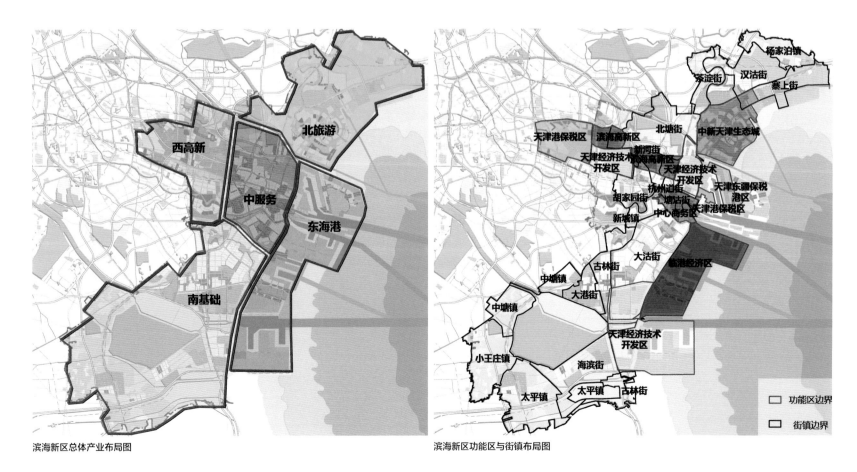

滨海新区总体产业布局图   滨海新区功能区与街镇布局图

统筹考虑区域和自身产业发展特点，明确滨海新区未来产业发展方向。各功能区形成3～4个工业重点和2～3个服务业重点领域，科学布局空间资源为主有效延伸产业链。

依托海河构建城市综合服务带以及市域轨道线构建总部经济服务带，与市域服务业集聚区对接，总体上形成"两带七区"的现代服务业空间格局，全面提升滨海新区服务能级。

近期加快于家堡—响螺湾、开发区MSD等地区配套设施建设，加快金融商务企业入住；加快海河、北片区旅游设施建设，增强新区吸引力。

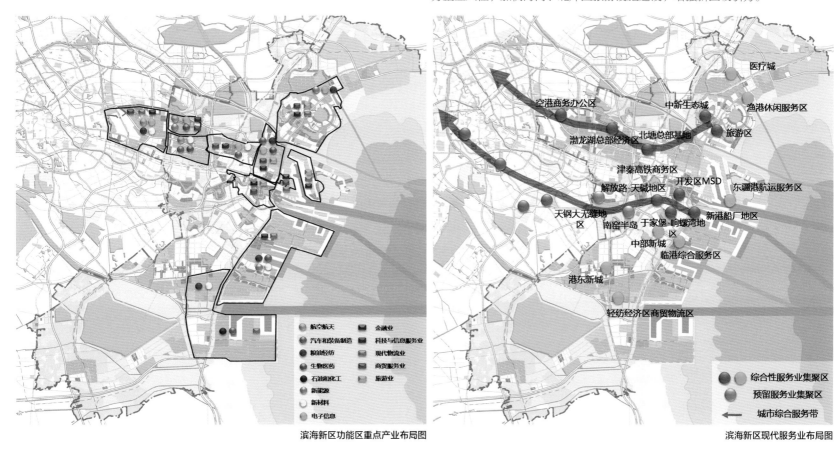

滨海新区功能区重点产业布局图

滨海新区现代服务业布局图

三、交通体系

加快北方国际航运中心和国际物流中心建设

按照"北方国际航运中心和国际物流中心"的定位，打造畅达交通体系，不断优化提升交通环境。通过优化空港、推动北港转型、加快南港建设、提升航道等级等措施，提升海港、空港区域服务辐射能力。到2020年，空港旅客吞吐量达2500万人次，港口吞吐量7亿吨，集装箱吞吐量2800万标箱。基本建成航运资源高度集聚、航运服务功能健全完善、集疏运体系发达、现代物流服务高效、具有全球资源配置能力的国际航运中心和国际物流中心。

建设航运服务区

依托海港、空港资源和优势政策，建设北港、南港、空港等三大航运服务产业区，强化国际航运服务能力，带动区域发展，加快实现北方国际航运中心的城市定位。近期加快建设自由贸易港区；完善于家堡航运服务产业，开展航运金融、保险服务等业务；加快建设空港航站楼三期、城际延伸线等设施。

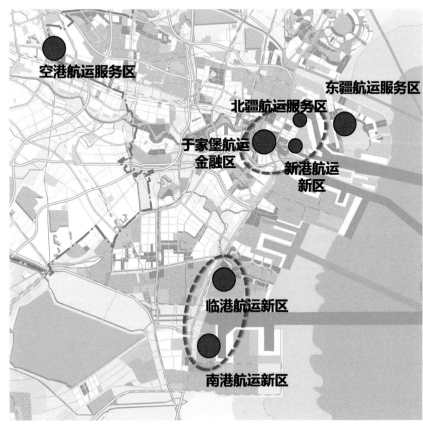

滨海新区航运服务区布局图

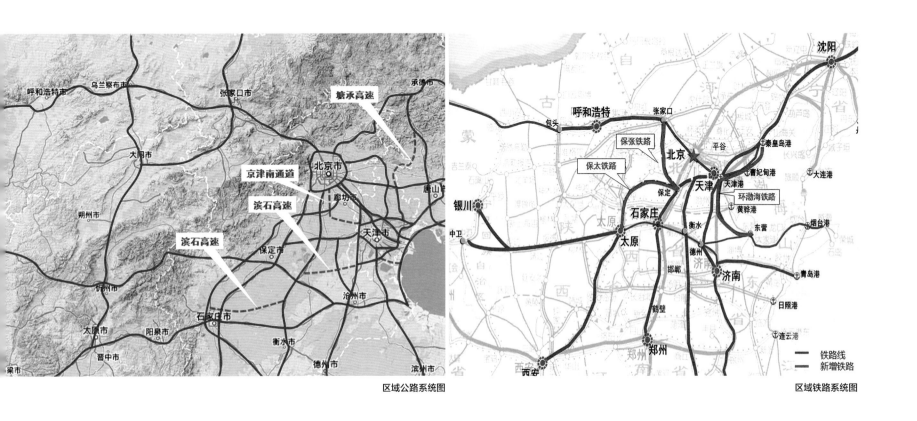

区域公路系统图

区域铁路系统图

铁路线
新增铁路

打通区域疏港大通道

铁路通道：新建保张铁路、保太铁路，打通天津与张家口—呼和浩特—包头城镇走廊、保定—太原—西安/银川2条集装箱运输通道。建设环渤海铁路，有效促进天津港与环渤海港口之间的协作。天津港对外铁路运输通道由5条增加为9条，增强服务三北地区能力。

公路通道：打通滨石、塘承、京津南通道等高速公路，强化与石家庄、承德方向交通联系，与首都第二机场实现海空两港联动。天津港对外高速集疏港通道将由8条增加至11条。

港城分离的疏港公路系统

新建京港高速、津港高速二期、滨石高速、南港高速等直接进港高速公路，形成"7横2纵"共9条高速疏港通道。平行疏港高速公路规划相应的辅助通道，提高公路集疏运体系可靠性。近期加快建设滨石高速、津港二期等疏港高速，改造拓宽唐津高速、京津塘高速等现有高速公路，启动建设轻纺城路、津晋北辅道等辅助通道。

构建三级物流体系

完善生产—交易—物流链条，大力发展物流业，构筑以国际物流为重点、区域转运物流和产业配送物流为支撑的三级物流园区体系。近期加快北疆集装箱物流园区、空港国际物流中心、东疆物流园区、南港散货物流园区建设；建设西堤头、汉沽、塘沽、大港四个多式联运物流园区。

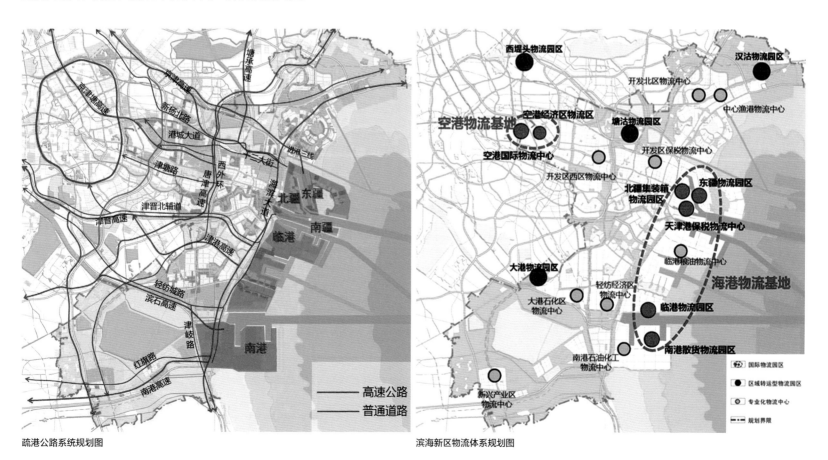

疏港公路系统规划图　　　　　　　　　　　滨海新区物流体系规划图

四、生态宜居建设

加快宜居生态型城区建设

围绕建设宜居生态型新城区的目标，开展"四清一绿"美化绿化工作，提高公共设施配置标准，统筹功能区、街镇社会事业发展，优化住房供应体系，完善城市交通网络，提升城市宜居水平。按照建设生态城区的要求，构建区域生态格局，布局生态服务基础设施，持续提高碳汇能力，统筹市政设施建设，改善城市环境质量，制订针对区域灾害特点的综合性灾害防御方案。到 2020 年基本建成经济繁荣、社会和谐、环境优美的宜居生态型新城区。

完善公共服务设施布局

结合多组团空间发展模式，建立公平普惠的基础型公共设施网络，设立多层次公共中心体系，配置行政办公、文化体育、教育科研、医疗卫生、社会福利等设施，实现公共设施全覆盖，提升新区辐射区域、服务市民的能力。近期实施十大民生工程，优先建设新区文化中心、国家海洋博物馆、总医院滨海医院等新区级大型设施 20 项，增强新区辐射力和吸引力，完成各街镇社区服务中心建设。

滨海新区公共服务设施布局规划图

建设城市公园和绿道系统

构建城市休憩休闲空间，规划茶淀、北三河、官港、独流减河、南三河等五处郊野公园；规划建设区域—新区—社区三级绿道体系，串接自然人文与公交节点；均衡布局城区公园，建设慢行设施。近期完成生态控制红线划定，建成北三河、官港、独流减河等三座郊野公园，开展绿道建设和河道整治工作。

完善居住用地布局和住房保障体系

按照"大混居、小聚居"原则布局居住用地；按照"职住平衡、资源均配，各片区综合发展"原则均衡布局保障性住房。近期重点建设欣嘉园、和谐新城等区域，加快蓝白领公寓、限价商品房、定单式商品房建设。完成整治杭州道等15条道路（总长43千米），整治福建里等42个社区，改造250万平方米的旧楼区。

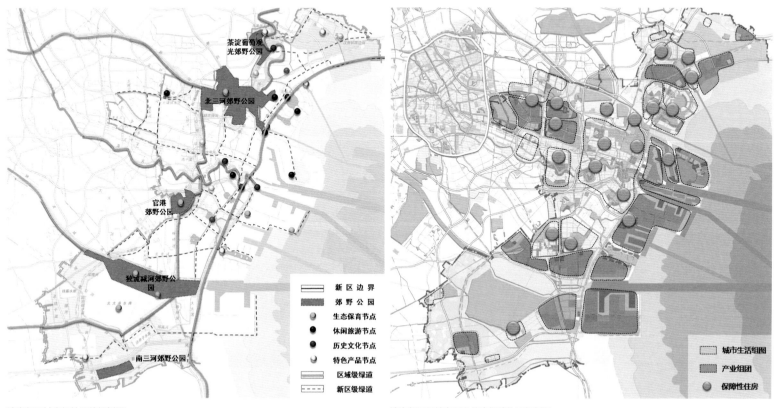

滨海新区城市绿地系统规划图　　　　　　　　　　　　　滨海新区用地布局及住房保障体系规划图

后 记
Postscript

　　规划在城市建设中发挥着"龙头"作用，规划设计的水平决定着城市未来发展的前景和综合竞争力。为了推动滨海新区的开发开放、谋划城市发展、完善功能布局、提升城市形象，滨海新区规划和国土资源管理局开展了一系列重点项目的规划设计及建筑设计方案国际征集工作。历经数年磨砺，方案征集成果从一系列设计理念、图纸和决策转变成宜人的城市空间、精彩的建筑、优美的景观环境。

　　规划工作以"国际一流的愿景"为目标，以方案征集为切入点，通过在功能区规划、城市设计、建筑设计、环境提升、民生项目建设等众多方面积极探索和实践，以及设计大师领衔的境内外设计团队、院士专家学者、管理人员、施工单位、社会各界的积极谋划、昼夜奋战和热情参与，新区引入了国际一流的设计理念和建设方法，城市面貌日新月异，功能区支撑作用日益增强，区域发展更加均衡，城市生态环境显著提升，社会事业飞速发展。

　　将滨海新区十年来的规划设计方案国际征集成果编纂成册很有意义，这就像一部叙事影片，真实并生动地记录了滨海新区规划设计方案国际征集历程。从概念规划到详细的城市设计，再到渐进式的建筑设计付诸实施，这其中的点滴进步，充分展现了滨海新区规划设计水平的不断提升。

　　规划设计方案国际征集是非常好的形式，集思广益，百家争鸣。各位规划设计大师的专业水平、经验和创造力有助于我们更加全面地考虑各个方面的问题，也可以拓展思路，使规划设计更加因地制宜，使城市变得更加宜居。当然，在众多的征集方案中，只有一个能够中选实施，但不能因此而忽视其他方案的贡献。因此，我们尽可能将参与征集的方案都纳入书中，让读者有一个全面的了解。

　　参与滨海新区规划设计方案国际征集的规划设计大师和国际一流的规划设计公司对方案展示给予了高度重视，并付出了大量心血，我们表示衷心的感谢。由于篇幅有限，本书中每个征集方案仅有几个版面，无法反映征集方案的全部内容，这是一个遗憾。为此，一方面，本套丛书中的于家堡金融区、滨海新区文化中心两册，专门介绍并展示区域性规划设计，读者从中可以深入了解征集方案的相关内容；另一方面，我们计划建立一个网站，将征集方案的 PPT 或 PDF 汇报文件完整地放在网站上，供大家浏览学习。

　　本书历时两年，在编委会各个单位及成员的共同努力下，终于编撰成册，在此对各位的辛勤付出表示感谢。由于本书涉及的项目较多，时间跨度较大，编辑的成果难免存在不足之处，敬请读者批评指正，不胜感激。

2016 年 4 月

图书在版编目（CIP）数据

国际一流的愿景 ：天津滨海新区规划设计国际征集
汇编 / 《天津滨海新区规划设计丛书》编委会编 ；霍兵
主编. -- 南京 ：江苏凤凰科学技术出版社，2016.5
（天津滨海新区规划设计丛书）
ISBN 978-7-5537-6246-3

Ⅰ．①国　Ⅱ．①天　②霍　Ⅲ．①城市规划-建
筑设计-作品集-滨海新区　Ⅳ．①TU984.221.3

中国版本图书馆CIP数据核字(2016)第064211号

国际一流的愿景——天津滨海新区规划设计国际征集汇编

编　　　者	《天津滨海新区规划设计丛书》编委会
主　　　编	霍　兵
项 目 策 划	凤凰空间/陈　景
责 任 编 辑	刘屹立
特 约 编 辑	林　溪

出 版 发 行	凤凰出版传媒股份有限公司
	江苏凤凰科学技术出版社
出版社地址	南京市湖南路1号A楼，邮编：210009
出版社网址	http://www.pspress.cn
总 经 销	天津凤凰空间文化传媒有限公司
总经销网址	http://www.ifengspace.cn
经 销	全国新华书店
印 刷	上海雅昌艺术印刷有限公司

开　　　本	787 mm×1 092 mm　1/12
印　　　张	39
字　　　数	281 000
版　　　次	2016年5月第1版
印　　　次	2016年5月第1次印刷

标 准 书 号	ISBN 978-7-5537-6246-3
定　　　价	468.00元

图书如有印装质量问题，可随时向销售部调换（电话：022-87893668）。